航天、人文与艺术

闻 新 编著

电子工业出版社
Publishing House of Electronics Industry
北京·BEIJING

内 容 简 介

本书兼顾文理科爱好者，突出科普特色，配有大量的图片资料，通过一些历史事件，帮助读者了解航天领域的过去、现在和未来，以浅显易懂的方式介绍神秘的人类航天、宇宙探索活动和深奥的飞行知识与艺术。

本书是作者在其创建的"航天、人文与艺术"国家视频公开课、国家精品在线课程基础上，进一步完善和归纳出来的一本科普类教材。

本书可作为高中生报考航空航天专业的入门参考读物，也可作为当代大学生的通识课程教材，还可供广大航天科技爱好者、相关领域的干部和技术人员阅读，尤其对于希望未来从事航空航天事业工作的青年学生具有指导作用。本书还适合作为大学毕业生报考航空航天专业研究生复试时的参考资料。本书涉及的航天天文学、群智能航天器和未来憧憬艺术作品适合从事航天总体设计的工程师参考。

未经许可，不得以任何方式复制或抄袭本书之部分或全部内容。
版权所有，侵权必究。

图书在版编目（CIP）数据

航天、人文与艺术 / 闻新编著．—北京：电子工业出版社，2018.4
ISBN 978-7-121-33977-6

Ⅰ．①航… Ⅱ．①闻… Ⅲ．①航天科技—科学探索—高等学校—教材 Ⅳ．① V1

中国版本图书馆 CIP 数据核字（2018）第 065980 号

策划编辑：宋　梅
责任编辑：夏平飞
印　　刷：北京天宇星印刷厂
装　　订：北京天宇星印刷厂
出版发行：电子工业出版社
　　　　　北京市海淀区万寿路173信箱　邮编　100036
开　　本：787×980　1/16　印张：22　字数：428千字
版　　次：2018年4月第1版
印　　次：2022年1月第2次印刷
定　　价：68.00元

凡所购买电子工业出版社图书有缺损问题，请向购买书店调换。若书店售缺，请与本社发行部联系，联系及邮购电话：（010）88254888，88258888。
质量投诉请发邮件至zlts@phei.com.cn，盗版侵权举报请发邮件至dbqq@phei.com.cn。
本书咨询联系方式：mariams@phei.com.cn。

前言

随着我国高校课程改革的不断深入，通识教育在高等教育中的地位和作用越来越受到重视。与此同时，由于科学技术和经济社会的飞速发展，航空航天技术开始走进人们日常生活之中，极大地影响着人们的思维和观念。特别是近几年来我国航天事业取得了举世瞩目的辉煌成就，更加引起人们的关注。为了适应时代发展的需要，目前国内很多知名高校先后成立航空航天专业；一些高校将"航空航天技术概论""航空航天博览"作为必选课，一些文科高校（如南京财经大学）将"航空与航天"作为全校通识课。

本书编写的目的旨在拓宽学生的知识面、优化学生的知识结构和提高学生的综合素质。本书内容没有过多地描述航天材料性能、机构设计、维修及仪表等技术方面的知识，重点放在航天概念、航天文化、航天活动、航天先驱、探索宇宙、未来世界憧憬和艺术等方面的知识，目的是让读者通过学习人类航天活动，了解航天先驱们在攀登科技高峰的伟大征程中，以特有的崇高境界、顽强意志和杰出智慧，铸就了辉煌的世界航天的历史。本书的部分内容也是中国科协面向全国青少年连续举办近10年的"大手拉小手"科普活动的讲座材料。

本书笔者在编写过程中，得到了"两弹一星"院士们和中国航天高层领导们的鼓励；在成稿过程中，还得到了沈阳航空航天大学、南京航空航天大学、哈尔滨工业大学和北京航空航天大学等院校的同仁、朋友和同学们的支持；本书的出版得到了电子工业出版社宋梅编审的支持和帮助。在此，向他们表示深深的感谢。

笔者结合自身在中国航天领域工作和大学任教的经历，跟踪美国、加拿大等国家中学和大学开设素质课程的教学内容，探索性地组织编写了这本科普类教材。由于在编写过程中时间紧张，没有比较成熟的模式可以借鉴，书中不妥之处恳请读者批评指正，欢迎提出宝贵意见。

编著者
2018 年 2 月 于蒲新教师公寓

目　录

第 1 章　绪论 / 001

    1.1　航空与航天的基本概念 / 001

    1.2　航天系统 / 004

    1.3　空间资源 / 005

    1.4　从古代航天员遗迹到神话飞天故事 / 006

    1.5　图解人类航天历史 / 010

第 2 章　航天文化与航天人 / 024

    2.1　航天文化的形成 / 024

    2.2　梦想成为现实 / 034

    2.3　航天早期试图探索的问题 / 040

    2.4　第一批航天员 / 042

    2.5　中国航天精神的形成 / 054

    2.6　创造航天文化的先驱 / 063

第 3 章　飞向月球 / 081

    3.1　水星计划 / 082

    3.2　双子星计划 / 087

    3.3　阿波罗计划 / 094

第 4 章　航天飞机和空间站 / 103

    4.1　美国航天飞机简介 / 103

4.2 航天飞机 / 105

4.3 国际空间站 / 133

4.4 图解航天员在空间站里生活的一天 / 137

第 5 章　飞向金星 / 143

5.1 大起底：金星探测器 / 143

5.2 从地球到金星需要多长时间 / 145

5.3 解密金星 / 146

5.4 金星与地球的参数对比 / 149

5.5 探索金星 / 151

5.6 发现达人 / 153

5.7 传奇故事 / 154

第 6 章　飞向火星 / 158

6.1 火星探测器 / 159

6.2 从地球到火星需要多长时间 / 160

6.3 火星的基本参数 / 161

6.4 特别星球 / 162

6.5 火星四季和地貌特征 / 165

6.6 发现达人 / 170

6.7 传奇故事 / 170

第 7 章　飞向木星 / 173

7.1 飞向木星的勘探利器 / 173

7.2 从地球到木星需要多长时间 / 176

7.3 解密木星大气和神奇的木星环 / 176

7.4 揭秘绚丽多彩的木星云层 / 180

7.5 木星与地球的参数对比 / 182

7.6 敢于竞争太阳的中心地位 / 184

7.7　发现达人 / 187

7.8　传奇故事 / 189

第 8 章　飞向空间的小天体 / 192

8.1　观测和访问小天体 / 192

8.2　飞往小天体需要多长时间 / 196

8.3　彗星那些事 / 197

8.4　流星和陨石 / 201

8.5　小行星那些事 / 202

8.6　发现达人 / 206

8.7　传奇故事 / 207

第 9 章　航天器飞行与力学 / 210

9.1　太空飞行与大气层内飞行的区别 / 210

9.2　开普勒定律和宇宙速度 / 210

9.3　轨道基础 / 212

9.4　椭圆轨道 / 216

9.5　卫星轨道的数学模型 / 217

第 10 章　航天器轨道和太空机动 / 221

10.1　空间几何学的限制 / 221

10.2　一般轨道 / 226

10.3　卫星仰角与地面覆盖范围的关系 / 232

10.4　卫星的机动 / 234

10.5　太空机动技术细节 / 244

第 11 章　空间望远镜 / 250

11.1　望远镜的故事 / 250

11.2　哈勃空间望远镜 / 255

11.3 哈勃空间望远镜的组成 / 257
11.4 哈勃空间望远镜的成就 / 259
11.5 哈勃空间望远镜的五次太空维修 / 266
11.6 韦伯望远镜 / 273

第 12 章　空间碎片 / 278

12.1 空间碎片的来源 / 279
12.2 空间碎片的分布 / 280
12.3 空间碎片的危害 / 282
12.4 空间碎片的观测 / 284
12.5 空间碎片的清理 / 285
12.6 各国空间碎片清理方案实例 / 292

第 13 章　新概念航天器 / 298

13.1 机器航天员 / 298
13.2 小卫星及其编队飞行 / 306
13.3 捕获小行星的航天器 / 313
13.4 模块化分离卫星 / 317
13.5 未来 NASA 的群卫星系统分析与展望 / 321
13.6 基于纳卫星组成的天基镜群 / 325
13.7 未来太空任务设想 / 328
13.8 气体行星飘浮探测器 / 330
13.9 一种可以装进衣兜的微小航天器 / 334
13.10 星际旅行与艺术 / 340

第1章 绪　　论

1.1 航空与航天的基本概念

钱学森定义的人类飞行活动可以分为三个阶段，即航空、航天、航宇。那么，什么是航空、航天和航宇呢？

航空是指人类在大气层内从事的飞行活动。

航天是指人类在大气层外从事的飞行活动。

航宇是指人类在太阳系外从事的飞行活动。

钱学森曾经说："'航天'一词是我首创。我把人类在大气层之外的飞行活动称为'航天'，是从航海、航空'推理'而成的。"他说，最初是从毛泽东的诗句"巡天遥看一千河"中得到启示。他还提出了"航宇"一词，亦即"星际航行"，他在《星际航行概论》一书中详尽地论述了行星之间以至恒星之间的飞行。

今天，如果说"航宇"一词对于中国人而言还不为所有人知晓的话，那"航天"一词已经是家喻户晓了。

"航空与航天"一词，既蕴含了人类进行航空航天的活动，又包含了航空航天飞行活动所涉及的各种技术。但通常人们习惯于将航空和航天理解为技术，甚至与高科技联系在一起。事实上，航空、航天、航宇同时还包含着人类思维的进步，因为人类思维活动驱动着航空与航天活动的发展，它们标志着人类文明程度的高度发展。

"航空与航天"是人类利用载人或不载人的飞行器，在地球大气层内和大气层外的航行活动的总称。经过人类近百年来的努力，目前"航空与航天"已经成为当下及未来最活跃和最有影响的科学技术领域，同时也代表着一个国家科学技术的发展水平，它也是科学技术和意识形态结合的产物。

1.1.1 航空

航空活动通常是指载人或不载人的飞行器在大气层内飞行，所以，航空器必须置身于空气介质之中，同时还要克服航空器自身的重力才能飞行。航空器一般受到 4 个作用力的作用，即推力、阻力、重力和升力，如图 1.1 所示。

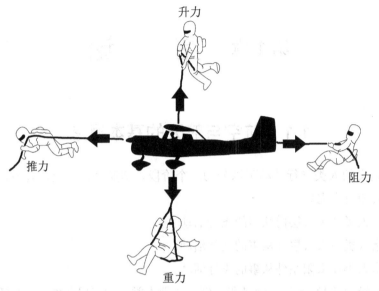

图 1.1　航空器受到的 4 个作用力

因为航空器置身于空气之中，所以空气动力学是航空技术的理论基础，航空技术的每一项成就都离不开人类对空气动力的探索与实践。那么，什么是空气动力呢？在我们生活中，空气动力的现象很多，如飓风将房盖掀起的现象就是空气动力的表现（见图 1.2）。空气动力是怎样产生的呢？只要物体和空气之间有相对运动，就会在物体上产生空气动力。

航空按其应用领域划分，包括军用航空和民用航空。

图 1.2　飓风将房盖掀起

1. 军用航空

军用航空泛指用于军事目的的一切航空活动,主要包括作战、侦查、运输、警戒、训练和联络救生等。在 20 世纪的战争中,夺取制空权是战争胜利的重要手段,也是军用航空的主要活动。军用飞机可分为作战飞机和作战支援飞机两大类。典型的作战飞机有战斗机(又称歼击机)、攻击机(又称强击机)、战斗轰炸机、反潜机、战术轰炸机和战略轰炸机等。作战支援飞机包括军用运输机、预警指挥机、空中加油机、侦察机和军用教练机等。除固定翼飞机外,军用直升机在对地攻击、侦查、运输、通信联络、搜索救援以及反潜等方面发挥着巨大作用,已成为现代军队(特别是陆军)的重要武器装备。

2. 民用航空

民用航空是指利用各类航空器为国民经济服务的非军事性航空活动。根据不同的飞行目的,民用航空分为商业航空和通用航空两大类。

① 商业航空。商业航空是指在国内和国际航线上的商业性客货(邮)运输。这类运输服务主要由国内和国际干线客机、货机或客货两用机以及国内支线运输机进行。

② 通用航空。通用航空是指用于公务、工业、农林牧副渔业、地质勘探、遥感遥测、公安、气象、环保、救护、通勤、体育和观光游览等方面的飞行活动。

通用飞机主要有公务机、农业机、林业机、轻型多用途飞机、巡航救护机、体育运动机和私人飞机等。

1.1.2 航天

航天又称空间飞行、太空飞行、宇宙航行或航天飞行,是指航天器在太空的航行活动。

从广义上理解,航天活动包括空间技术(也称航天技术)、空间应用和空间科学三部分。航天活动的目的是探索、开发和利用太空资源,从而更好地为人类服务。

航天飞行的基本条件是航天器必须达到足够的速度,摆脱地球或太阳的引力。第一、第二、第三宇宙速度是航天所需的特征速度。

航天实际上包括军事航天和民用航天两部分,但世界各国在宣传自己的航天工业时都主要强调其科学探索或民用市场的潜力。

1. 军事航天

现在,占领和控制近地空间已经成为西方大国争取军事优势的新焦点。在美国、俄罗斯等国已发射的航天器中,具有军事用途的超过 80%。用于军事目的的航天器可分为三类:卫星系统、反卫星系统和载人航天系统。

① 卫星主要分军用通信卫星、导航卫星、气象卫星和侦察（间谍）卫星等。

② 反卫星系统包括反卫星卫星、定向能武器和动能武器。其中，激光武器、粒子束武器和射频武器等属于定向能武器；动能导弹、电磁炮和电热弹等属于动能武器的范围。

③ 载人航天系统分为空间站、飞船和航天飞机、空天飞机等，空间站可用作空间侦察与监视平台、空间武器试验基地、天基国家指挥所、未来天军作战基地等。

2. 民用航天

民用航天的潜力是非常巨大的。空间物理探测、空间天文探测、卫星气象观测、卫星海洋观测、卫星广播通信、卫星导航、遥感考古、太空旅游以及地外生命探索等都是民用航天的重要应用领域；微重力环境下完成的各种化学、物理和生物实验成果，是航天为人类文明与进步所做的直接贡献。

1.1.3 航空与航天的联系

航天不同于航空，航天器是在极高的真空宇宙空间以类似于自然天体运动的规律飞行的。但航天器的发射和回收都要经过大气层，这就使航空与航天之间产生了必然联系。尤其是水平降落的航天飞机和水平起降的空天飞机，兼有航空与航天的特点。

从科学技术的角度看，航空与航天之间是紧密联系的。航空航天技术是高度综合的现代科学技术。力学、热力学和材料学等是航空航天的科学基础；电子技术、自动控制技术、计算机技术、喷气推进技术和制造工艺技术等对航空航天的进步发挥了重要作用；医学、真空技术和低温技术的发展促进了航空和航天的发展。这些科学技术在航空和航天的应用中相互交叉和渗透，产生了一些新的学科，促使航空和航天科学技术形成了完整的体系。

航空和航天的发展都与其军事应用密切相关，人类在该领域取得的巨大进展也对国民经济和社会生活产生了重大影响，甚至改变了世界的面貌。航空和航天科学技术已成为牵动其他高新技术发展的动力之一。航空和航天工业不仅是国民经济建设和发展中的朝阳产业，其产品还是附加值很高的高新技术产品。

1.2 航天系统

航天系统是指由航天器、运载火箭、航天发射场、航天测控网、应用系统组成的完成特定航天任务的工程系统，如图 1.3 所示。其中应用系统指航天器的用户系统，一般是指地面应用系统，如 GPS 接收机、气象预报等。

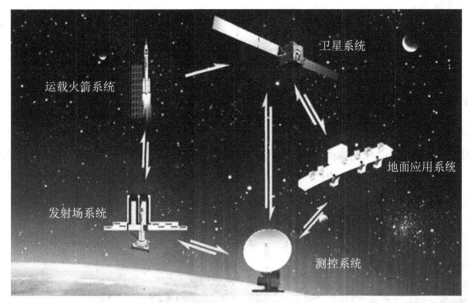

图 1.3　航天系统组成

航天系统是现代典型的复杂工程大系统，具有规模庞大、系统复杂、技术密集、综合性强，以及投资大、周期长、风险大、应用广泛和社会经济效益可观等特点，是国家级大型工程系统。组织管理航天系统的设计、制造、试验、发射、运行和应用，要采用系统工程方法；而在航天工程实践中又形成了航天系统工程，进一步丰富和发展了系统工程的理论和方法。完善的航天系统是一个国家科技水平和经济实力的重要标志，目前世界上只有为数不多的国家拥有这种实力，而我国就是其中之一。

1.3　空间资源

空间资源泛指在太空中人类可以开发利用的环境和物质，主要包括相对于地面的高度资源、真空和微重力环境资源、太阳辐射物质与能量资源、月球矿物资源、行星资源等。

太空中可利用的资源比地球上可利用的资源要丰富得多。就太阳系内部而言，在月球、行星和小行星等天体上，有丰富的矿产资源；在类木行星和彗星上，有丰富的有机化合物资源；在行星际空间，有真空和辐射资源。高真空和失重的空间特征，是生产电子产品和高级药品的理想环境。人类在太空中进行了许多科学实验,获得了相当大的实用效果和经济价值。

1.4 从古代航天员遗迹到神话飞天故事

1.4.1 新石器时代的太空人浮雕

新石器时代,在玛雅遗迹中竟然发现了与航天科技非常接近的痕迹,在巴伦杰神殿的碑铭神庙中,发现在巨大石室的墙上刻有九位盛装的神官及一位带有奇妙头饰的青年浮雕,如图1.4所示。浮雕的碑文描述如下:"白色的太阳之子,仿效雷神,从两手中喷出火焰……"

图 1.4 玛雅遗址(左上)、巴伦杰神殿(右上)、太空人浮雕(左下)和 1100 年前西班牙教堂上面出现了太空人浮雕(右下)

从今天人类的思维看,这个浮雕与太空船十分相似,浮雕中的图画,画着一个青年正在操作一台类似飞行器的机器。这个机器的前端是流线型的,十分精密复杂,并且类似仪表。带着头盔的青年人双眼直视前方,头盔上连接有两条管子。他弯着腰和膝盖,双手正在操纵着一些操纵杆——左手正在调节把手般的东西，右手正在操纵把手控制器，左脚放在有好几道槽痕的踏板上。他后面有个类似宇航员携带的空气和水的箱子，箱子后面喷出火焰，类似宇航员的推进装置。

科学家认为，这个浮雕看起来与今天的载人航天类似，如果这张图是古代玛雅人按照他们建造的机器画的，那么就证明他们已经具备了从事太空探险的能力。

1.4.2　中国古代宇航员

从考古发现来看，古代中国的宇航员与今天的宇航员形象非常接近。在我国甘肃，新石器时代半山文化遗址出土的两个陶质半身人像，形象与现代宇航员模样十分接近，如图 1.5 所示。考古学家认为，其中一位"宇航员"是《山海经·大荒西经》中所说的西海之神，和现代航员一样都身怀绝技，有着过硬的本领和智慧。中国古代的神仙，其实都是宇航员的化身，把航天科技看成"成仙术"，称航天为"升仙"；宇航员被称为"天神"或"仙人"。

另外，《山海经》中记载的"羽人"，雕刻上羽人身长 30～40 cm，头发向后梳起发髻，很有几分唐朝仕女的韵味；与细长的身体相比，脸显得有些微胖；肩膀上有一对大大的翅膀，后面有一片云朵，似乎正在展翅高飞；她双手交握在胸前，细长的身体拖着长长的尾巴，与西方童话中的美人鱼有几分相像，如图 1.6 所示。

目前，世界上有一种至今还没有被证据证明的"古代太空人假说"，该假说大意为"在古时候，外星太空人来到地球，创造了人类，并且还教导人类创造文明"。图 1.7 所示为玛雅帕伦克国王巴加尔二世陵墓的石棺上的图案。这个图案类似于现代宇宙飞船，但也有些历史学家认为这是巴加尔二世在地府旅行。搞笑诺贝尔奖文学奖得主艾利希·冯·丹尼肯也主张外星生物

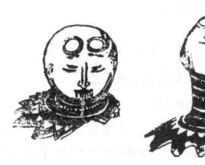

图 1.5　圆头、长颈、额顶有一对极似一副护眼的圆镜状饰物的古代"宇航员"

图 1.6　考古学家从一个明清时期就已经被盗的墓室里发现雕刻有两个《山海经》的"羽人"，模样像美人鱼

创造论，认为远古文明因有外星人帮助而远远超过现在科技，但因发生大灾难而毁灭。

最近，世界最大的贵州平塘射电望远镜刚刚运行就收到了一个可疑宇宙信号，科学家分析的结果显示，这个信号来自1300多光年之外。与此同时，著名天文学家霍金再次发出警告，希望世界上监听到宇宙信号的射电望远镜不要回答任何可疑信号，以免暴露人类文明的存在。霍金还解释：从经济角度看，外星文明要殖民地球，需要造价差

图1.7 玛雅帕伦克国王巴加尔二世陵墓的石棺上的类似现代宇宙飞船的图案

不多为400亿亿美元的飞船群，显然一个地球肯定是不够的，也许这就是为什么至今没有发现外星人的原因。

1.4.3 古代的神话飞天故事

1. 中国人虚构的女航天员们

神话中的嫦娥是人类最早的女"航天员"。今天中国把登月计划命名为"嫦娥工程"，也是基于这个典故。关于嫦娥身份有多种说法，一说是神话人物后羿的妻子，一说是上古黄帝时代的女性。嫦娥为啥奔月？也流传有两种版本，均源于《淮南子》。一种版本是嫦娥偷吃"不死之药"奔月的，另一种版本是嫦娥被迫吃"不死之药"奔月的。

图1.8 马来西亚霹雳州一个寺庙里的"女娲补天"壁雕（左）；"弄玉乘凤"吹箫（右）

不论哪一种版本，都说明嫦娥奔月是服用了王母娘娘的长生不老药，致身体骤然变轻，才升入太空到达月球的。如果将这个传说与现代航天技术相比较，便可以清楚地看出中国古人是借用于外力，克服地心的引力，飞到月球上，其中"不死之药"类似火箭推进剂。另外，传说中的"女娲补天"中的女娲、秦穆公的女儿弄玉等，都是神话传说中的古代中国女航天员，如图1.8所示。

2. 代达罗斯和伊卡洛斯父子的飞天故事

希腊神话中有位名叫伊卡洛斯的年轻人，他的父亲是著名的巧手工匠代达罗斯，代达罗斯有一个神奇的作品，就是用蜜蜡和羽毛为自己和儿子制作了两双翅膀（见图1.9）。身为翅膀的创造者，代达罗斯知道其作品是有限制的，他警告儿子伊卡洛斯：不要飞近太阳，否则蜜蜡会熔化；也不要飞近海面，否则海水的湿气会阻碍双翼飞翔。

然而伊卡洛斯不听劝告，有毛有翼的伊卡洛斯不愿意追随父亲的轨迹，他完全被太阳的光芒所吸引，朝它越飞越近。终于，双翼的蜜蜡被热量熔化，羽毛四散飘开，伊卡洛斯努力摆动双翼，却发现自己原来只剩下光秃秃的两臂，最后伊卡洛斯掉进了大海。

图1.9 伊卡洛斯父子飞天

1.4.4 人类最早构思的宇宙飞船

中国古代已经构思出一种类似现代的宇宙飞船。王子乔所乘坐的"白鹤"是一种载人飞行工具，不算是人造宇宙飞船，如图1.10（左）所示。

中国古人最早设计出的飞行器，《墨子》一书中有这样的记载："公输子削竹木以为鹊，成而飞之，三日不下。"就是说鲁班制作的木鸟，能乘风力飞上高空，三天不降落，如图1.10（右）所示。后来，东汉的张衡、唐代的韩志和，也都曾先后发明了类似的简单飞行器。

在传说中，中国古人发明了宇宙飞船。这种飞船有不同的名字，《博物志》中叫"飞车"，《拾遗记》中叫"巨槎"，《洞天集》中叫"仙槎"。另外的"魔毯""飞扫"，也都是宇宙飞船。其中"巨槎"与现代宇宙飞船名称最接近。

图1.10　王子乔乘坐"白鹤"（左）；鲁班削木竹造鹊（右）

1.5　图解人类航天历史

1.5.1　早期火箭

阿契塔（Archytas），前428年—前347年

阿契塔，希腊哲学家、数学家、天文学家。据说他制作并试飞了一个由蒸汽或压缩空气推动的外形酷似小鸟的装置。这只"小鸟"用绳子悬挂在一根长杆的末端，并绕着这个长杆转动。这是最早有记录的第一个使用火箭作为推进器的装置。

Hero 引擎，10 年—70 年

亚历山大里亚的 Hero（古希腊数学家）发明了一种蒸汽引擎，虽然不是火箭，但运用了火箭的推进器原理。目前关于蒸汽引擎的准确信息早已无迹可寻，只知道它是一种铜容器，其底部可以被火加热，进而获取动力。容器中的水加热成为蒸汽，从球体引出的两根 L 形管高速喷出，导致球体沿着与喷气相反的方向快速转动。当时这种蒸汽引擎被应用于玩具，一千多年之后，人们才开始意识到它的价值。

中国火箭，1232 年

火药的最早起源至今仍是个迷，但据有关资料显示，早在公元一世纪中国就有了它的雏形。由硝石、硫磺和木炭按一定比例混合成的粉末在点燃时，会产生色彩缤纷的火花和烟，中国人用这种粉末制作爆竹。将竹子和毛皮做的管子一端封闭，里面装满火药，并采用特定的开口形状和粉末封装方式，当粉末被点燃时就会产生火花和爆炸。爆竹在开口端处急速喷出气体产生推力，在推力的作用下爆竹会在天空飞掠而过，火箭就这样诞生了。到 1232 年，这些原始的火箭已经被附着在弓箭的箭头上当作武器，在汴京之战中用于击退蒙古侵略者。

罗杰·培根（Roger Bacon），1214 年—1292 年

培根是一名修士，他在提到火药时说："我们可以用硝石等物质，发射到远距离，引发大火……仅仅使用非常少量的这种物质就可以制造出强烈的火光，并伴随着可怕的声响，使用它也许可以摧毁一座城市或一支军队……"

培根改进了火药配方，大大增强了混合物粉末的威力。

万户，16世纪

万户是中国明朝中叶的一名官吏和占星师，他一直梦想飞天。为此，他制作了一把椅子，在底部绑上了47支火药鞭炮，并在他的椅子上安装了风筝作为翅膀。在发射当天，47名助手冲过来，同时点燃所有火药鞭炮的导火线，紧随其后的是巨大的爆炸声，当烟雾散尽以后，万户不见了。有人认为万户成功地进入了宇宙，并成为"月亮里面的人"。但不论结果怎样，万户成为世界上公认的第一个尝试利用火箭飞天的英雄。

火箭进入战争，1420年

数百年来，火箭和大炮争相成为战争的武器，每次技术进步都会使这些武器的性能不断改善，大炮射击更精确，火箭发射更迅速，火箭的攻击范围也变宽了，等等，而且各种各样的应用还在不断出现。公元1420年，意大利的会士丰塔纳发明了在水面运行的火箭鱼雷，可以用来点燃敌舰。

卡齐米日·希敏诺维奇（Kazimierz Siemienowi cz），1600年—1651年

卡齐米日·希敏诺维奇，波兰皇家炮兵部队的波兰立陶宛联邦指挥官，一名火炮和火箭领域的专家。他写了一份关于火箭的手稿，在他去世之前有一部分曾被刊登，并且在 Artis Magnae Artilleriae pars prima 一书中推导出了多级火箭的设计，日后成为了向外太空发射火箭的基础技术。希敏诺维奇还提出了使用电池推进火箭以及用三角翼稳定器取代当前火箭使用的导向杆的思路。后来，戈达德的成就则是建立在希敏诺维奇的工作成果基础之上的。

1.5.2 航天的理论基础

伽利略·伽利莱（Galileo Galilei），1564 年—1642 年

除在其他领域的许多成就之外，这个意大利天文学家和数学家重新点燃了科学实验的火炬，质疑了有关质量和引力的旧观念，并且证明了物体的运动不需要持续施加外力来维持。他称物体抵抗速度变化的这种性质为"惯性"。惯性作为基本性质之一，之后被牛顿纳入三大运动定律之中。

牛顿（Newton），1642 年—1727 年

英国科学家牛顿把所有的运动科学凝练成了三条简洁的科学定律。他的定律被发表在 *Philosophiae Naturalis Principia Mathematica* 中，为现代航天科学奠定了基础。

威廉·康格里夫（Colonel William Congreve），1772 年—1828 年

在印度用蕴含巨大能量的替浦苏丹火箭弹对英国发动惊人的火箭弹袭击后，康格里夫接管了英国军方的火箭公司。他的一些火箭设计射程达 6000 码（1 码 ≈ 0.9m）。他还创造了可以向敌军投射卡宾枪球的投弹火箭及用于燃烧船只和建筑物的燃烧弹火箭，并发明了从船舶上发射的火箭。1812 年战争期间，法兰西斯·史考特·凯伊创造的短语"by the rocket's red glare"就是指英国发射的康格里夫火箭。

儒勒·凡尔纳（Jules Verne），1828 年—1905 年

遨游太空的梦想被法国的科幻小说家儒勒·凡尔纳带入了人们的生活之中。在他的《从地球到月球》一书中，他用一个巨型大炮把载人炮弹射到月球上。虽说不是火箭，却与后来的阿波罗登月计划有一些有趣的相似之处。这枚炮弹被称作哥伦比亚炮。所以，阿波罗 11 号也被命名为哥伦比亚号。凡尔纳准确描述了宇航员在他们航行过程中是如何感到"失重"的。当然，实际上在大炮发射的初始加速度下，宇航员们根本不会幸存。但无论如何，凡尔纳也是早期太空思维的开拓者，激发了许多未来的火箭专家和航天人的想象力。

1.5.3 第二次世界大战的航天

飞行炸弹

战争的需要导致了火箭方面大规模的技术改进。几乎在一夜之间，火箭从新奇的、想象中的飞行机器成为精良的杀伤性武器。在火箭的助推下，德国的战斗机和日本的神风特攻队带着炸弹轰炸军舰，变得几乎不可阻挡，由此战争的模式发生了改变。

"复仇武器 2 号"——V2

在 20 世纪 30 年代末，研究宇宙航行的德国佩内明德研究基地制造并试飞成功了当时最先进的火箭——V2。在波罗的海海岸，研制团队在韦纳·冯·布劳恩的主持下研制了由乙醇和液氧推动的火箭。V2 有着 200 英里（1 英里≈1.6km）的最大射程和 55 英里的最大射高，可以毫无预警地将一吨爆炸弹头运载到伦敦的市中心。德国军方制造了成千上万枚 V2，但它们进入战争的时间太晚了，已经无法改变战争的结果。

1.5.4 冷战时期的航天

Bumper 项目

在欧洲的战争结束后，被缴获的 V2 火箭和零部件有 300 多卡车，连同提前投降美军的主力设计师一同被运到美国。V2 成为了洲际弹道导弹发展计划的基础，并直接牵引出美国的载人航天计划。1948 年 5 月 13 日，美国研发团队在缴获的 V2 上面加了一枚"WAC"探空火箭（以美国陆军妇女军团命名）构成多级火箭，完成了"Bumper-WAC"火箭的首次发射。经过 6 次试飞后，这个世界最大的两级火箭在美国成功发射，达到了大约 400km 的射高。

世界第一颗人造卫星

第二次世界大战后，美国和苏联展开了太空竞赛。1957 年 10 月 4 日，苏联发射了 Sputnik I 卫星，取得了第一轮太空竞赛的胜利。这颗卫星为球形，外置 4 根天线，重达 83.6kg。两个月后，508.3kg 的 Sputnik II 人造卫星搭载着动物——莱卡（一只流浪狗）进入了太空，在地球运行轨道上飞行了几个小时。虽然最终莱卡死在了太空中，但这次试验为后来载人航天的研究奠定了基础，指明了方向。

探险者 1 号

1958 年 1 月 31 日，美国探险者 1 号卫星的成功发射，标志着美国也进入了航天时代。该卫星通过朱诺 1 号运载火箭发射，该火箭的助推器为改良后的"丘比特 -C"。虽然探险者 1 号卫星比苏联的 Sputnik 卫星小得多，只有 13.93kg，它却通过盖革计数器率先取得了有关空间环境的重要发现，检测到了地球周围后来被称为范艾伦的辐射带。

X-15 飞机

1959 年—1968 年，X-15 实验机飞抵太空边缘。在 199 次试飞中，这个喷气推动的火箭飞机打破了多项飞行纪录，包括速度（7274 km/h）和高度纪录（108km），试飞试验为太空中的姿态控制和再入角提供了重要的参数。第一个登上月球的美国人——尼尔·阿姆斯特朗，就是驾驶 X-15 飞机的 12 名飞行员之一。

尤里·加加林进入太空

1961 年 4 月 12 日，随着宇航员尤里·加加林进入太空，太空成为了人类的涉足领域。他的太空飞行历时 108 分钟。在此期间，加加林在他的东方 1 号太空舱内沿地球轨道环绕一周，到达 315km 的最大高度。折返时，在 6100m 的高度加加林将自己弹射出舱，使用降落伞安全地空降到地面。

自由 7 号

1961 年 5 月 5 日，美国宇航员艾伦·谢泼德坐在红石火箭顶部的自由 7 号太空舱内，从佛罗里达州卡纳维拉尔角升空。由于火箭没有足够的燃料将太空船送入预设轨道，谢泼德进行了 187km 高的亚轨道飞行，15 分钟 22 秒后在海中溅落。

月球火箭

仅仅在艾伦·谢泼德的飞行试验结束几天之后,肯尼迪总统针对国会两院联合会议,提出了一个挑战:在10年里送一个美国人到月球,然后安全返回。这是一个令人震惊的挑战,其中部分计划早已展开,美国航空航天局已经致力于能够完成往返绕月飞行的火箭的研究。到了第二年,火箭被命名为土星5号,110.6m高,比以前所有的火箭都笨拙,由三段构成,分别为用于返回舱的小推进装置和一个两级月球着陆器。

格伦地球轨道

1962年2月20日,依靠一个强大的火箭,宇航员约翰·格伦成为了第一个进入绕地球轨道的美国人。格伦的飞行获得了与苏联计划等价的评价。格伦在太空中绕地球轨道飞行了三圈,总共4小时55分钟。由于一个传感器开关故障导致了他提前返回。该传感器显示水星飞船的某处隔热板松了,但后来经过检查确定是传感器出现错误。

"水星计划"共6次,最后一次是1963年3月15日,宇航员戈登·库珀在太空中飞行了大约一天半。

登月的准备

"双子星计划"紧随"水星"任务之后,双子星座飞船被安在大力神号火箭的顶部,载着两名宇航员。在长达14天的飞行任务中,双子星座飞船宇航员率先完成了太空行走以及航天器交会对接,并对未来登月飞船系统进行了测试评估。1965年—1966年,"双子星计划"进行了10次飞行试验。

大力神号火箭最初被作为洲际导弹,在20世纪70年代将海盗号火星探测飞船和旅行者号探测器送入了太空。

韦纳·冯·布劳恩，1912年—1977年

冯·布劳恩是战前德国火箭项目和V2导弹研发的主要领导人之一，战后他加入了美国国籍，成为美国太空计划的主要领导者。他致力于洲际导弹的研发并且领导发射了探险者1号卫星，是土星五号登月火箭的首席建造师和工程师。他的著作和贡献被迪斯尼以 Tomorrowland 系列电视节目的形式在美国广为传播，激励着以后的火箭科学家和宇航员。

吉恩·罗登贝瑞（Gene Roddenberry）

吉恩·罗登贝瑞（1921—1991）是一位杰出的二战轰炸机飞行员和商用飞机驾驶员，退役后开启了撰写飞行故事的写作生涯，并与电视台合作，把星际飞行的故事搬上了银屏。《星际迷航》在1966年于美国首播，"星际迷航"系列电影探索了人类在银河系中航行的一系列科学和社会问题，在当时广受欢迎，以至于第一架试验性的航天飞机就是根据他的影视作品 Enterprise 被命名为"Enterprise"。最初的视影催生了后来几部系列电视剧和一系列电影。罗登贝瑞是一个富有远见的人，激励了一代太空探索者。

"一小步……"

美国东部时间1969年7月20日晚10点56分，美国宇航员尼尔·阿姆斯特朗踏上了月球。这是人类历史上首次踏入另一个世界。紧随着他，埃德温·巴兹·奥尔德林也登上了月球，第三名航天员迈克尔·科林斯，留在月球轨道上的阿波罗太空舱内。阿波罗11号任务一直延续到1972年年底。

宇航员的飞船，即登月舱，经历了一个下降和上升的阶段。在下降阶段由四条腿和一个强大的火箭发动机为登月进行减速。返回阶段，着陆器的上部抬离，利用自身的火箭发动机返回绕月轨道，与阿波罗太空舱对接，返回地球。

太空实验室

使用改造后的土星 5 号火箭的第三级，美国最终于 1973 年推出了首个在地球轨道上运行的太空站，称为太空实验室。取代了原来的发动机和油箱，这个火箭的第三级内部设置了生活区和实验室，为三名宇航员在太空长期停留服务。太阳能电池板为它提供电力。太空实验室一直工作到 1974 年，最后一批宇航员在太空中停留了 84 天。

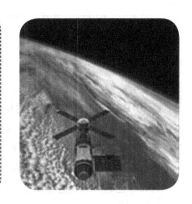

小土星运载火箭

土星 5 号火箭可以将 117 900kg 的载荷送入低地球轨道，可以将 40 800kg 的载荷送到月球。但阿波罗登月计划还需要更小的土星运载火箭。土星 IB 高 68m，需要一个发射架，放置在专门为土星 5 号火箭设计的垫上，使得土星 IB 与发射结构的摆臂匹配。土星 IB 承担了一些早期的阿波罗试验任务，曾将三名宇航员送入太空实验室，将美国宇航员送入太空执行 1975 年的"阿波罗－联盟"任务，并将美国和苏联宇航员送入太空轨道。

1.5.5 轨道器和探测器

深空探测

泰坦火箭（1959 年—2005 年），用于"双子星"任务的发射，广泛应用于发射无人的有效载荷。改进的泰坦火箭将把重要的航天器送入地球轨道或者把重要的飞船送到其他行星。飞向火星的"海盗"任务、飞出太阳系的"旅行者"任务和星际空间都在它的应用范围内。

探空火箭

虽然火箭变得越来越大，推力也越来越大，但还是有很多任务需要小型火箭。加拿大设计的布莱克•布兰特探空火箭于1961年投入使用，已经携带小型有效载荷（如照相机、仪表、微重力实验的实验仪器等）完成了800多次飞行任务。布莱克•布兰特凭借其高可靠性和较低的成本成为研究人员的最爱。规模最大的多级布莱克•布兰特携带的有效载荷为100kg左右，射高达到900km。

德尔塔火箭家族

德尔塔火箭家族的源头可追溯到20世纪60年代初，美国德尔塔火箭是最通用的商用和军用运载火箭之一。德尔塔火箭有多级、在火箭下部捆绑大推力助推器等多种形式，用以提升有效载荷能力。德尔塔火箭家族已完成了超过325次的发射，其发射成功率超过95%。

阿特拉斯

像德尔塔火箭一样，阿特拉斯也有着很长的历史。它最初是在20世纪50年代作为导弹被设计出来的，现在已经发展到了第五代。它曾用于运送约翰•格伦和其他三名水星计划宇航员进入太空，并已被用于许多商业、科学和军用卫星的发射和星际飞行任务。阿特拉斯Ⅴ型火箭是其系列火箭中最新的一个。

飞马座

像神话里的生物一样，飞马座号运载火箭是有翼的，它在上升到约12 000m的高空后从运载它的飞机的机翼下发射。这种设计能够大大地降低小轨道运载的成本。

航天飞机

航天飞机是将宇航员和有效载荷送入低地球轨道的新概念航天器。它有一个中央外储箱,由两个固体火箭助推器和装有翅膀的轨道器环绕在外,其中只有轨道器(也叫宇宙飞船、飞行器、空间车)真正进入轨道。轨道器和固体火箭助推器都被设计成可重复使用的,但每执行一次任务都需要一个新的外储箱。航天飞机内部的有效载荷舱有科学实验室、空间探测器、望远镜或地球传感系统以及许多国际空间站的组件。在飞行任务结束阶段,轨道器重新进入地球大气层并滑翔至无动力降落在跑道上。航天飞机第一次飞行发生在 1981 年,进行了 135 次任务后,于 2011 年完成了它们的最后一次任务。

1.5.6 航天进入商业的新时代

航天发射系统

美国航空航天局准备将其低轨飞行任务拓展到太阳系,于是产生了对新的、不同类型的火箭的需求。由此诞生的航天发射系统(SLS)将被用于地球轨道飞行和更远距离的飞行任务,如飞到小行星、火星及其卫星上。SLS 火箭将成为历史上推力最大的运载火箭。目前其开发分为两个阶段:

- 通过传统的硬件(以前火箭的部件)来制造一个载重火箭,这个载重火箭将用于 2017 年—2021 年的研制试验,它将承载 70 吨的有效载荷,并将携带猎户座航天器进行两次月球低空探测,其中第二次是载人的。
- 先进的 SLS 火箭将承载 130 吨有效载荷,包括设备、货物、科学实验仪器和猎户座飞船。

龙飞船和猎鹰火箭

龙飞船是第一个由民营公司发射并回收的航天飞船。作为美国航空航天局的商业轨道运输服务计划下的几个民营竞标项目之一，龙飞船由太空探索技术公司（即 SpaceX 公司）研发。它是一个自主式的宇宙飞船，将从国际空间站来回运输物资和宇航员，并将搭乘同样由 SpaceX 公司制造的猎鹰火箭。猎鹰是一个可以满足不同任务要求的火箭系列，预期能够载重 53 000 kg 到低地球轨道，并将被制造成继美国航空航天局的 SLS 火箭之后推力最大的火箭。

追梦者

内华达山脉（Sierra Nevada）公司正在与美国航空航天局合作开发在国际空间站往返运送宇航员和货物的太空飞船。第一眼看上去，这个被叫作"追梦者"的太空飞船似乎是一种小型航天飞机，但它确实是一个航空航天器。该航空航天器是有很小的翼或者无翼的、依靠自身形状获得气动升力的飞船。外形如一条船的"追梦者"将在火箭顶部（取代火箭的前锥体）发射，带着 7 人到国际空间站，并且像航天飞机一样返回地球安全着陆。"追梦者"可望成为一种安全、可靠和划算地把宇航员送到低地球轨道的新型航天器。

太空旅游

2004 年 10 月 4 日，太空船一号成为第一个在 14 天的时间里两次飞到 100km 以上高度的私有空间飞行器。借助母船在空中发射的太空船越过了公认的地球大气层和宇宙空间的边界。维珍银河航天公司将为游客和研究人员提供亚轨道飞行服务，太空船二号将从位于新墨西哥南部的美国太空港发射。在不久的将来，太空飞行将属于全人类。

1. 什么是航空？什么是航天？航空与航天有何联系与区别？
2. 什么是航天系统？
3. 航天活动（即空间活动）包括哪些方面？
4. 航天飞行的基本条件是什么？
5. 航空器与航天器的本质区别是什么？
6. 航空器和航天器是怎样分类的？常见的有哪些？
7. 为什么各国都注重航天器的投入与发展？
8. 论述航天发展给人们生活带来什么影响。
9. 加拿大中学课本的一个思考题目"发展航天事业的投入很大，不如把这些资金投到国家教育和医疗健康方面"。试述你的看法。
10. 上网搜索"航天、人文与艺术"MOOC，解释中国航天标志代表什么含义？

11. 下图收集了12张照片，反映了中国航天的发展历程，请上网搜索"航天、人文与艺术"国家视频公开课，然后给每张照片加上注解。

第 2 章　航天文化与航天人

2.1　航天文化的形成

在文学作品中，太空旅行除了娱乐功能，还起到了两点非常重要的作用。首先，人类主流观点认为太空旅行或到达其他星球是遥不可及的，但太空旅行之梦却一直鼓舞着人们的斗志，并且几个世纪以来就像一把永不熄灭的火炬，一直照亮着人们探索太空奥秘的道路。其次，它还像一面镜子，不仅反映公众对太空旅行的兴趣度，还反映各个时期航天科技发展的现状。譬如法国科幻小说家儒勒·凡尔纳（见图2.1）在他的小说中将虚构的炮弹通过巨型大炮发射到太空，只是因为他的读者不相信当时的火箭可以完成这一重任。然而50年后，Arthur Train 和 Robert Williams Wood 在他们的名著 The Moon-Maker（1917）中，却能够描述一束由铀核裂变产生的 α 粒子束将宇宙飞船推向太空的过程。

图 2.1　法国著名小说家、剧作家及诗人儒勒·凡尔纳（1828—1909）

直到1957年，苏联将第一颗人造卫星送入太空的时候，工程师们所面临的大部分问题仍是由太空科幻作家们处理过的。但这并不是因为科幻小说家们有预知未来的能力，而是因为他们在工程师们面对这些问题之前不得不科幻版地解决它们，所以文学家们给出了许多似是而非的答案。曾记得钱学森说过："我的成功来自于科学与艺术的结合。"的确，文化艺术让工程师们不断地努力和探索，才有了航天科技的飞速发展。

2.1.1　人类早期的幻想

人们曾无数次地幻想登上月球，但是直到发生了两件大事之后，人们才相信太空旅行是真实可行的，而这两件事情的发生相隔长达 250 年。首先，人们发现除了地球之外，宇宙中还存在其他星球；接着，科学家证明这个世界上真的存在通向那里的技术。第一件发生在 1610 年，当伽利略（见图 2.2）将他的望远镜转向天空时，他发现行星不仅是一类特殊的会移动的星星，而且都是在自己所属的轨道上移动。金星的相位变化与月球相同，火星则是铁锈色，而木星有四个属于自己的小"月球"，就像一个微型的太阳系一样。

图 2.2　伽利略（1564—1642）和最原始的伽利略望远镜

当伽利略同追随他的天文学家一起，在太阳系中发现新世界的同时，其他探索者也在大西洋的另一边发现了新大陆。当时的人们已经意识到地球之外还存在着一个未知的世界，所以当时在不少书籍中月球被归结到地理学领域中，如 1682 年出版由 Peter Heylyn 所著的《宇宙学》将月球如同北美洲和南美洲一样和其他新世界并列描述。

当伽利略发现月球上的环形山和木星的卫星时，成百上千的船只正载着无数的探险家、殖民者、战士和冒险家们，进行着他们通向神奇富饶的新大陆的旅程。当时人们已经意识到不仅在我们的地球上有未知之地，地球之外也存在着未知世界。因此，当天文学家的探索被迅速应用到空间旅行的故事中时，人们并没有感到意外，尽管不能真正到达那些地方，人们也会充分发挥想象力，来畅想太空旅行。虽然大多数作者并不了解真实的宇宙科学，但这并不妨碍他们创作的书籍反映人们对太空探索日渐增长的兴趣。

继伽利略发现之后的几十年里，许多作家创作了关于月球旅行的故事。1622 年，Charles Sorel 在他的书中描写了一个名叫 Engins 的巨人用各式各样的工具带领人们去月球的故事；1638 年，Francis Godwin 出版了 *The Man in the Moone*，书中的主人公在一群天鹅的带领下，在地球和月球之间定期迁移（见图 2.3）。

1634 年，发现行星运动三大定律的伟大科学家约翰尼斯·开普勒写了一部长篇小说——*Somnium*，其内容大意为：通过月食时的黑暗之桥，恶魔把主人公带到了我们的月亮上（见图 2.4）。尽管这种去月球的方式非常不科学，在当时的条件下，开普勒还是准确描写了月球的状况——他认为大部分的太空旅行必须在真空状态下才能完成，此外月球是个冰火两重天的世界，表面十分荒凉。

在 *Comic History*（1657）一书中，Cyrano de Bergerac 创作了各种怪诞的太空旅行故事。讽刺的是他能想到最搞笑的方式竟然是搭乘火箭。虽然他认为这是一个愚蠢的想法，但他却成为（可能是）历史上第一个建议用火箭发射宇宙飞船的人。

图 2.3　Francis Godwin 的小说中描写用天鹅来带着主人公在地球与月亮之间往返

历史上第二件关于太空旅行的大事发生在 1783 年。法国蒙特戈菲尔兄弟发明了气球，使得人类第一次到达了比他们跳起来更高的地方。这两件事在研究地外旅行以及宇宙新发现等方面的思辨文学领域引起了轩然大波，并给予那些带着渴望仰望星空的人们一个答案。如果人类发明出一种能升到距地表几千米的方法，登上月球便指日可待，从此征服太空只是时间问题。

图 2.4　恶魔通过月食时的黑暗之桥在地球与月亮之间穿梭

1783 年 9 月 19 日，在法国凡尔赛宫的公园中，蒙特戈菲尔兄弟在国王路易十六面前进行了气球搭载动物的升空实验（见图 2.5），乘气球的是一只羊、一只鸭子和一只公鸡。气球被释放后升到 500m 左右的高度，在空中持续了 8 分钟并飞行了 3500m 左右。气球降落时，三只动物安然无恙。这次实验证明了升空不会导致动物死亡。同年 10 月 10 日，蒙特戈菲尔兄弟双双被推荐为科学院院士。在法语当中，"气球"这个词以他们的名字命名。1783 年 11 月 21 日，他们又用热气球进行了第一次载人飞行实验。这次飞行比莱特兄弟的飞机载人升空飞行整整早了 120 年。

图 2.5　蒙特戈菲尔兄弟进行气球升空实验

18 世纪末，科技的风靡反映了读者对航天知识逐渐有所了解，致使作家们摒弃了关于天鹅和梦中恶魔这类没有科技含量的想法，转而创作各种通过气球登上月球甚至整个太阳系的故事。而读者航天知识的扩充，知道飞向月球的方式也不局限于气球这一种，导致作家们不得不想出更多的现实可行的太空旅行方式来满足读者需求。

美国作家 George Tucker 在 1827 年出版了长篇小说 *A Voyage to the Moon*，后来改编为电影（见图 2.6）。书中作者虚构了一种反引力的太空航行方式，他精心设计了地球大气层外的诸多困难，还在书中讲述了他的飞船是如何解决这些问题的。在全书结尾的部分，Tucker 描写了有关宇宙飞船的情况。在那个时代，详细描述外太空的状况尚属首次。例如，这本书中提到的飞船长 6 英尺（1 英尺 ≈0.3m），是以铜包裹的立方体结构。经过严密的测试以确保宇宙飞船是完全密闭的，同时舱内必须配备提供呼吸的压缩空气，绝热的舱壁用以保护航天员免受太空寒冷空气的伤害。

在弗吉尼亚大学，Tucker 是艾伦·坡（Edgar Allan Poe）的导师之一，他的小说鼓舞了坡创作自己的月球旅行小说——*The Unparalleled Adventures of One Hans Pfaall*（1835）。尽管他写的是用气球飞行，但是比前人更加关注科技方面的描写。他书中的主人公使用的密闭球形吊舱跟平流层气球所使用的非常相似，关于高海拔飞行和从太空看到地球的描写如同出自现代航天员之手。

图 2.6 Tucker 的撰写的月球旅行的电影剧本（左）；艾伦·坡撰写的 *The Unparalleled Adventures of One Hans Pfaall*（右）

坡假设地球大气平缓变薄且能延伸至月球，并对气球的合理使用进行理论说明。为了升到这个极稀薄的大气层中，坡的气球内充满了一种"只有氢气重量 1/37.4 的新气体"（见图 2.7），并且让他的主人公利用重力递减产生的推力远离地球。

几乎这一切都是伪科学的荒谬之语，而坡的读者并不了解，因为此前并没有人用如此详细的、听起来似乎很科学的术语描述过月球旅行。重要的是，这是历史上第一次给读者提供一个真正科学的行星旅行故事。

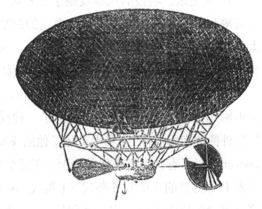

图 2.7 气球内充满了一种"只有氢气重量 1/37.4 的新气体"

为什么坡的作品如此重要，因为他意识到，简单地使主人公到达各星球已经不再具有说服力了。当坡再次创作的时候，人们已经了解高海拔地区的状况，并且天文学家们也能确定外太空的性质，所以当作家将作品背景设定在这些地方时，便不能忽略相关的科学常识。

坡也十分了解他所做事情的特殊之处，在他所撰写的 *Hans Pfaall* 中，提醒读者说：早期月球旅行的目的已经变得讽刺，其主题主要是描述"月球居民的习俗与我们的习俗相比较"，但对于旅行本身细节的合理性却没有探究。在多数情况下，作家们似乎对作品相关的天文学知识完全无知。

在坡的小说中描绘了许多能带领人类飞天的形式,这些设计新颖独特,促进了科技的进步,开阔了人们的思维,为真正实现地月往返描绘了场景。

事实上,当坡在撰写这些作品时,世界已经经历了一场工业、技术和科学的革命。当蒙特戈菲尔兄弟放飞他们第一个热气球的时候,人们已经发明了蒸汽引擎,同时还有多轴纺织机械、圆盘锯机械和发电机。仅仅两年之后,天王星又被发现了,这让人们明白其实自远古时期就知道的经典太阳系并不是宇宙边界的尽头。在热气球之后的半个世纪里,人类又迎来了铁犁、动力纺织机、跨越大西洋蒸汽船、铁路、电力蓄电池和电报、照相机和左轮手枪。

然而,在1865年法国作家儒勒·凡尔纳写了他的经典小说《月界旅行》(续集《环绕月球》于1870年出版)之前,并没有人真正认识到宇宙飞行实际存在的技术问题。在此之前,所有宇宙旅行故事都不切实际。但是凡尔纳却变成了坡的狂热崇拜者,并且以坡的科学发明为灵感——将实用科学发展到了坡也从未想象的程度。

在凡尔纳的故事中,一群美国武器制造商在内战结束后无所事事,为了释放他们的想象力和旺盛的精力,他们计划建造一个巨型大炮(见图2.8)——一个275m深、放置在铁质内衬的井里,其底部带有181 000kg的爆炸物,可以把一个物体发射到月球上去。后来他意识到,如果发射一个可以载人的物体则会更加有趣。当然,那时是不可能实现的,在275m的距离里,把物体从静止加速到11km/s的速度所带来的震动会使得英雄们丧命。但凡尔纳却意识到这样一个值得关注的问题,并立即用科学、数学以及工程学来填充自己的作品,使得在19世纪时让他的读者毫不质疑地接受了他的故事。当他的作品最初在法国连载时,甚至有许多读者都写信向他表示自愿成为那个巨型大炮的乘客。

图2.8 凡尔纳书中描述的飞向月球的巨型大炮

凡尔纳书中的每一章节都包含了宇宙探索者所面临的不同问题：离开地球的途径、巨型发射炮的设计和结构、燃料的组成成分是什么、发射塔应该建造在哪里、发射物的材质应该是什么、发射物的速度和轨道应该是什么样的、发射的最佳时间、安全预警、实验性的测试、生活必需品、追踪发射物的方式以及建造这些将如何投入。所有问题以及凡尔纳给出的答案都有精确计算，甚至在计算中还运用了实际的数学理论（事实上是他表哥演算的）。

维多利亚时期，随着凡尔纳小说的出版，宇宙飞行的可能一下子从荒唐的范畴转变成了一个工程学的试验。宇宙旅行的问题首次被置于数学和科技的应用基础上，但对于凡尔纳的纸上谈兵也存在一些反驳的声音。凡尔纳所写的航天员进入太空的方式虽不现实，但是他阐述了一个十分重要的观点，即依靠当时已知的材料和技术实现太空旅行。他笔下的航天员从不依靠不切实际的热气球或是臆想的反重力材料来完成太空旅行，这向他的读者证明了一个里程碑般的重要事实：征服宇宙只有依靠数学和工程学。

尽管凡尔纳运用了巨型大炮，代替火箭将小说的主人公送入宇宙，充分意识到了火箭的潜力。但他同时也意识到，19世纪中叶的火箭工艺并不可靠，低效低能，他的读者不相信这样的火箭建造后能将宇宙飞船推上月球。但凡尔纳确实让他的航天员搭载火箭，最终着陆月球。在凡尔纳的书中，我们发现他是第一个意识到火箭是可以在真空中运行的，并能成为空间推进器的理想资源。事实上直到20世纪早期，大部分的作家和科学家都回避了这一观点。

凡尔纳的小说获得了巨大的成功，并且在世界范围内翻译和出版。几乎每个国家都有凡尔纳的读者和仰慕者，而且许多读者不仅仅是仰慕，他们受到小说的启发，根据凡尔纳所描述的去实践。如康斯坦丁·齐奥尔科夫斯基（Konstantin Tsiolkovskiy）、赫尔曼·奥伯特（Hermann Oberth）、罗伯特·戈达德（Robert Goddard）以及其他火箭学和航空学的先驱者们都是直接受儒勒·凡尔纳以及其他太空小说影响和启迪的。

纵观历史，航天工程师们因其艺术形式的起源，得以在所有的科学门类中具有独一无二的地位。然而，早在航天科学家和工程师们严肃看待太空旅行的可能性之前，关于航天技术的各方面的探索已经出现在文学艺术领域里。

2.1.2 幻想和科学的结合

航天的黄金时代出现在真正实行航天之前，从二战末期到1961年，类似于20世纪二三十年代，那个全社会都在为航天事业癫狂的年代。

二战后的20年里发生了许多与航空时期相似的事情。战后乐观主义人群的高涨情绪加之人们对科技工程的热忱与向往，使得宇宙飞行的可行性在公众的印象中慢慢地根深蒂固起来。从电视电影到周末连环画，再到最新型的旧式火箭的引擎盖，随处可见火箭和航天器的预见和设想。火箭与航天器也被厂商运用到了玩具、太空游戏、儿童纸牌、汽车顶灯、打火机、床头灯、早餐谷物和棒冰等各式各样的日常生活中去（见图2.9）。最近有一个调研报告显示，超过300种玩具的诞生受到了20世纪50年代最受欢迎的儿童太空秀电视节目的启发，这些节目包括"Space Patrol"、"Captain Video"、"Tom Corbett"和"Rocky Jones"。

图2.9　在二战以后的20年中，无论是街机游戏、图书还是玩具，火箭与航天器随处可见

几乎每个星期都有至少一个全球性的杂志报道即将到来的航天时代，这些都有助于缓解航天在流行文化领域所产生的一些负面影响，提升公众认知度和认可度。

伴随着人们对航天的极度狂热，航天变成了现实，而这也是早期航空黄金时代的终结，从此迎来了航天的黄金时代。当所有人都有机会可以坐上飞机之后，大西洋彼岸航线的报道便不再成为头条。

一直被认为是连环漫画情节的航天，为什么战后人们却突然对其产生了强烈热情呢？这些都与战争时期科技的进步有关。随着喷气式飞机和火箭推动航空器的大展身手，它们已不再是只为了作秀的产物。美国的轰炸机机组和战斗机飞行员带回了难以置信的德国飞行器，如梅塞施米特式Me-109 Komet、Me-262火箭和喷气式战斗机；还有曾经坠落在英国的巨大的V2导弹（见图2.10），科学家和航天爱好者一看便知，即使V2不是真正的航天器，它也很接近真正的航天器了。

图 2.10　V2 导弹及试飞

鉴于航天与艺术在历史上的密切关系，黄金时代的引领者极有可能是一位火箭科学家和一位艺术家。韦纳·冯·布劳恩（Wernher Von Braun）和切斯利·博尼斯的团队和其他人一样都要对这个几乎全球狂热的航天热情负起责任。在 20 世纪的五六十年代，韦纳·冯·布劳恩的设计思想影响着公众对航天器的认知。而博尼斯的第一本书《征服太空》（1949）刺激了他的读者，这本书的反响和 300 多年前伽利略的宇宙揭秘一样热烈。很多人认为行星是一种抽象的感觉，很少有人认为它们和地球一样是真实存在的，甚至拥有和地球一样的美丽的风景。博尼斯对火星、木星、土星的描述并没有艺术家印象的特征，它们看上去就像来自未来的明信片。描述中没有哗众取宠，没有夸张的手法，只是客观地阐述它们的存在。

博尼斯被邀请去阐释冯·布劳恩（见图 2.11）的关于未来航天的一系列杂志文章。这些由冯·布劳恩和大量航天专家撰写的系列文章，证明了航天是可以用当时的科技来实现的，他们获得了和儒勒·凡尔纳一样的成就。尽管冯·布劳恩的巨大渡轮火箭（一级火箭有 51 个相互独立的火箭引擎）、登月飞行器和太空站也许并不是最可行的设计，但这不是重点，重点是去推测它未来的发展。他认为航天可能在 1952 年就能实现，而不是 2002 年。

难以想象随后的《科利尔》杂志（见

图 2.11　太空探索的先驱者——冯·布劳恩

图 2.12）以及当时的美国空间计划雏形对大众的印象产生了多大的影响。也许查看一下当时的装备便可以判断，科利尔飞船几乎无处不在。当博尼斯的绘画没有正式被翻印出来时，就已经出现了很多盗版和抄袭。好在他们只是抄袭了鼓舞人心的那一部分，并不是全部。那几十年里科利尔风格的飞船，从塑料模型装备到彩色图书，从科幻片到纯银的钞票夹几乎是随处可见！

在电影院里，电影《登上月球》《征服太空》，甚至是《禁忌星球》都充满了高端的科技和对于未来航天事业的积极想象。在电视上，当火箭飞船出现在一个小镇或者城市的时候，将会是一个全面的大新闻，汤姆·科贝特的系列节目请了像威利·伊莱这样的专家来为节目提供一些专业的意见，使得这一事件更加具有真实性。与此同时，供年轻人阅读的有关火箭和航天器的非小说类书籍也比以往出版得更多。

图 2.12 《科利尔》杂志封面

《科利尔》杂志最重要的续集成为从 1954 年开播的瓦特·迪士尼电视节目的一部分。迪士尼制作了三部有关未来太空探索的短片：*Man In Space*、*The Man In The Moon* 和 *Mars and Beyond*（见图 2.13），它们的灵感来自于最近流行的一系列杂志以及观众对于航天日渐增长的兴趣。采用时下最先进的设备、最先进的动画和特效，再加上冯·布劳恩、亨氏·哈伯、伊恩斯特·施图林格和威利·莱伊的专业知识，这些节目概述了火箭的历史和灵感，并在《科利尔》最早提出的原理上不断升级，一步步展示了人们对太空的探索。这一系列剧集还向美国观众介绍了施图林格提出的电力太空飞船的概念。节目第一次播出于 1955 年 3 月 9 日，有近 1 亿观众收看了该节目，人数超过美国人口总数的二分之一。

图 2.13　迪士尼制作的三部有关未来太空探索的短片

时任美国总统的德怀特·艾森豪威尔也是这个节目的观众之一，他借了两份副本并在五角大楼展示了近两个星期。艾森豪威尔宣布，作为"1957—1958 国际地球物理学年（International Geophysical Year）"活动的一部分，美国将发射一颗人造地球卫星。

《科利尔》杂志是将航天的各个基本要素结合起来的一个完美例子：这反映了风靡一时的当代航天的魅力（自 20 世纪 30 年代逐渐兴起的）；它使粉丝们发狂，就像 Verne 的小说，《科利尔》杂志还成为航天事业的成功预言。它有助于提高航天在公众心目中的认识和地位，同时也告知了政府要在纳税人所热情支持的航天事业上花费数十亿美元。

可以说，早在科学家严肃考虑太空探索的各种因素之前，文学家与艺术家便点燃了这个反映人类梦想的火炬。记得美国一位宇航员从太空旅行归来时曾说："昨天的梦想是今天的现实，而今天的梦想是明天的现实"。正像中国航天人认为的那样，"只有想不到的事情，没有做不到的事情"。我国宇航员杨利伟曾经说："中国老百姓乘坐自己国家的飞船遨游太空，这只是时间问题。"

2.2　梦想成为现实

对于人类来说，航天时代始于 1957 年 10 月 4 日。那天晚上，苏联成功地利用火箭发射了第一颗人造地球卫星——Sputnik-1 号（见图 2.14），并将其送入预定轨道。Sputnik-1 号卫星的发射标志着人类进入太空的开始，尤其是对美国政府，具有深远的影响。冷战正在升级，这个粗糙的金属小圆筒在大气层之外掠过，时刻威慑着美国。美国人只知道这个神秘的圆筒名叫 Sputnik-1 号，这个名字让他们联想到一只洞察一切的、不眨一下的苏联人的眼睛，它正在环绕地球、恶狠狠地俯瞰着"自由世界"公民们未加遮掩的生活。

美国政府一想到自己正处在监视之下就惶恐不安，他们认定 Sputnik-1 号卫星是一个间谍设备，他们开始觉得自己就像是活在苏联显微镜下的一群昆虫。用来自得克萨斯州参议员、后来当选美国总统的林登·B·约翰逊（见图 2.15）的话来说，现在太空看上去"差不多是外国的了"。约翰逊接着描述了"意识到另一个国家很有可能取得了对我们这个伟大国家的技术优势后的那种震惊心情"。既然苏联能够将一颗卫星送进轨道，那么，由他们的人驾驶的宇宙飞船环绕地球飞行还需要很多时日吗？至于说苏联很快就会控制太空，甚至将人送上月球，这似乎也是可以想象的，甚至是完全可能的。约翰逊宣称："举个例说，我不想在苏联月光的辉映下上床睡觉。"

于是，随着空间时代的开始，一场美国与苏联为了探索外层空间而持续进行的竞争也就不可避免地开始了。在这个时期，很难讲人类探索太空的起点与政治毫无关系。但是，在回顾这段历史时，可以清楚地看到，政治仅仅是两个超级大国动员巨大资源将人类送入太空的一个借口。当人类第一次凝视夜空中闪闪发亮的星星和月亮，就已产生了"登上去"的欲望、需求和冲动。如果抛开因为冷战（见图 2.16）而产生的

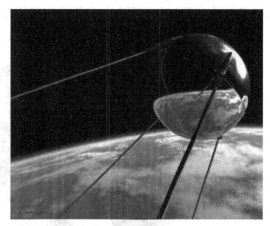

图 2.14　苏联于 1957 年 10 月 4 日发射的 Sputnik-1 号卫星

图 2.15　林登·B·约翰逊

竞争性的一面，人类探索太空的最初目的与其他任何探索活动的最初目的其实并没有什么不同，即进入太空并到处看看，平安归来后再把这些经历告诉别人。

苏联冷战宣传漫画：华盛顿的"和平鸽"

图 2.16　美苏冷战中苏联的宣传画

虽然说太空探险与先前地球上的探险有很多相同之处，但这种朝向地球之外的旅程还是有许多独特之处。汽车和轮船变成了喷着火焰的火箭和奇形怪状的飞船；风力和洋流被各种星球的引力代替；如今一次探险的成败更多地取决于科学技术，而非个人的忍耐力和生存意志。对技术的强调导致了探险在本质上发生了一些影响深远的变化，因为它所需要的参与人数是

图 2.17　克里斯托弗·哥伦布的航线图

史无前例的，每一位参与者在探险过程中都发挥着不可或缺的作用。克里斯托弗·哥伦布的新大陆之行（见图 2.17）之所以得以实现，是因为有皇家提供的资金、一些船舶建造商、航海仪器的设计者、外加很少的几张地图以及他的助手们的帮助。

可美国"水星计划"（见图 2.18）、"双子星计划"和"阿波罗计划"（见图 2.19）的宇航员却是在整个国家的协同努力下才被送入太空的。苏联的太空探险在某种程度上也是如此。从工厂装配线上的工人到天体物理学家都参与其中。正如作家理查德·S·刘易

斯在他撰写的探险史《从文兰到火星》中所说的那样，宇航员"站在由整个社会的科学、技术和工业力量构成的社会金字塔的尖端上"。

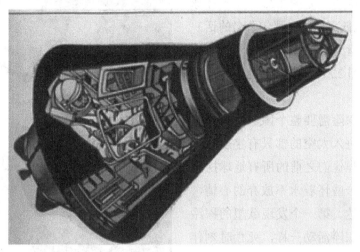

图 2.18 "水星计划"

图 2.19 "阿波罗登月计划"

技术发展诞生一种新媒体——广播和电视，使得整个世界都能够追随宇航员飞行的轨迹，这也是太空探险的独特性之一。在美国第一艘载人宇宙飞船发射前的数分钟里，美国各条公路和街道上行驶的车辆都停了下来，人们聚精会神地收听收音机中传出的倒计时声。地球上的人们可以用他们的眼、耳、心去分享太空探险者的胜利（人们看到了尼尔·阿姆斯特朗（见图2.20）登上月球表面，听到了他低声地说出那句著名的话）和悲剧（人们看到了挑战者号航天飞机在空中爆炸（见图2.21）、燃烧着的碎片散落到地球上）。

尽管太空探险需要整个国家的支持，但每一次探险进入太空的都只有宇航员。这些探险者，与他们之前的所有地球探险者一样，都是一些怀着永不放弃的心情，抱着第一个到达、第一个发现欲望的探路人。像所有的探险活动一样，死亡时刻伴随着这些太空探险者，除了淹死、冻死和饿死，现在还有可能因为暴露在真空中冻死、窒息而死，或者因为没有足够燃料返航而永远留在太空。这些死亡，比起在地球南北极或海洋深处遭遇到的死亡，更让人感到沮丧和孤单。太空探险者还常常遇到火神的威胁。差不多在每一次载人的"水星计划""双子星计划""东方计划"（见图2.22和图2.23）"上升计划"（见图2.24）的飞行中，都会出现需要宇航员用机智和勇气来战胜的困难。地面技术人员对太空探险取得成功的重要性也是不能被忽略的，但地面技术人员却不同，一旦飞行出了差错，这些人仍然能够平安回家，但宇航员则没有这个好运。

图2.20　尼尔·阿姆斯特朗

图2.21　挑战者号航天飞机在空中爆炸

第 2 章 航天文化与航天人 | 039

图 2.22 1961 年 4 月 12 号，东方 1 号飞船发射

图 2.23 东方 1 号飞船返回舱

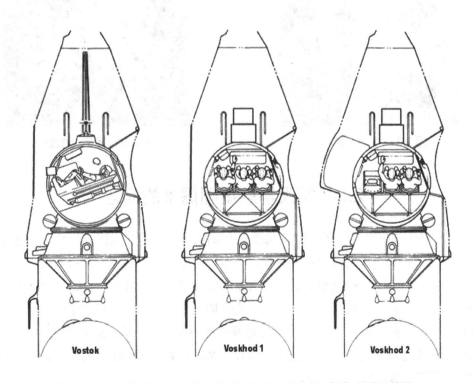

图 2.24 东方号（左）、上升 1 号（中）与上升 2 号（右）的乘员位置

1957年的那个秋夜，当Sputnik-1号卫星开始绕地球飞行时，它似乎奏响了新一轮冷战的序曲。不过，更为重要的是，它象征着一个探险新时代的开始，象征着人类历史上最激动人心事件的来临。Sputnik-1号卫星这个太空时代中最政治化的物体，实际上是一项事业的先驱，该事业的本质使卫星的政治性变得毫无意义。其原因在于，无论它们贴着的是苏联还是美国的标签，无论是"水星计划"还是"东方计划"，无论它们是由美国宇航员谢泼德（见图2.25）还是由苏联宇航员尤里·加加林（见图2.26）驾驶，Sputnik-1号卫星之后出现的宇宙飞船都是人类探险史上最伟大篇章的序幕。

图2.25 艾伦·谢泼德

图2.26 尤里·加加林

2.3 航天早期试图探索的问题

从40年代末期到50年代中期，苏美两国的太空计划都在试图回答将人类送往地球大气层外这一设想所引发的一系列问题。当宇宙飞船脱离地心引力之后，人在失重状态下会做出什么反应呢？挣脱地心引力所需要的强大的加速度对人体会产生何种效应？被隔离和限制在宇宙飞船内的人能不能在一段时期里正常生活？能不能建造一个生命保障系统以确保人在危机四伏、一旦出错便无可挽回的外层空间中能正常生活数小时或数天？人类的心智在这种环境下会如何反应？还有许多未知数，其中包括太阳辐射和宇宙（深层空间）射线构成的危险等问题。

这些问题导致了初期的生物实验火箭飞行。在人类进入外层空间之前，由动物率先开道。狗、老鼠、猴子、黑猩猩、兔子、青蛙以及各种各样的植物、蔬菜，都搭乘火箭进入了外层空间。哺乳类动物飞行的第一次尝试发生在 1948 年 6 月 11 日。位于俄亥俄州赖特机场的美国空军航空医学实验室的两位物理学家——詹姆斯·亨利博士和戴维·西蒙斯上尉，将一只罗猴，名叫"阿尔伯特"，放在了 V2 火箭上（见图 2.27）。

在高达约 63km 的空中飞行中，"阿尔伯特"的呼吸和脉搏频率由地面监控，没有发现"阿尔伯特"的心脏和呼吸有丝毫反应。于是，亨利和西蒙斯得出结论，"阿

图 2.27 放在 V2 火箭上的罗猴"阿尔伯特"

尔伯特"在点火起飞前就已经死了。即使"阿尔伯特"这时还活着，也会在着陆时死去，因为降落装置失灵了。经历了无数次这类的失败，1951 年 9 月 20 日，在新墨西哥州的白沙试验场，第一次成功地回收了活的动物。一种名为"空中蜜蜂"（见图 2.28 和图 2.29）的火箭搭载了 1 只罗猴和 11 只老鼠，飞到了约为 7.08 万米的高空，然后在"乘客"未损毫毛的情况下返回地球。不幸的是，那只罗猴两个小时后死于心力衰竭。

图 2.28 "空中蜜蜂"实验

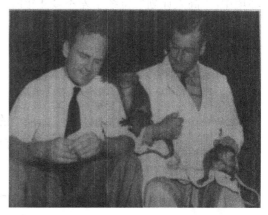

图 2.29 詹姆斯·亨利博士（左）和爱德温·巴林杰上校（右），与第一批进入太空的两只地球动物在一起

类似地，1957年10月4日，苏联成功发射了人类历史上第一颗人造卫星，一个月后的11月3日，第二颗人造卫星随即发射。这一次，卫星上搭乘了一位特殊的"客人"——小狗"莱卡"（见图2.30），它成为进入太空的第一个地球生命。

美国的研究人员最终认识到，直上直下的火箭飞行因在高空中停留时间过短，无法检验高空飞行的长期影响。能够到达非常高的地方、又能维持很长时间的气球，似乎为这类研究提供了一个更好的工具。

图 2.30　进入太空的第一个动物

在生物火箭飞行以"木星计划"的名义继续进行的同时，气球搭载着小动物、昆虫、电影胶片和活性组织标本升上天空，检验长期暴露在宇宙射线及太阳辐射下所受的影响。1957年，"高人计划"让一个人呆在加压宇宙飞船里，由高空气球带到30km的高度。在这样的高度，宇宙飞船已经快要飞出大气层，处于类似外层空间的环境中。"高人计划"持续了差不多4年时间，在人类暴露于射线之下，以及人类在孤寂和行动受到极大约束的境况下会受到什么影响等方面，取得了宝贵的资料。一只名为"贝克"的松鼠猴（见图2.31），曾

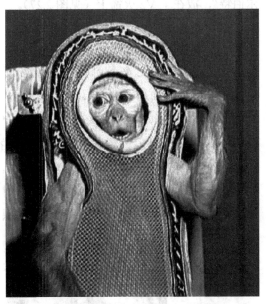

图 2.31　搭载"木星计划"的松鼠猴

于1959年5月坐在一枚美制木星火箭顶端的圆锥形的舱体内旅行，动物搭乘火箭升到高空的同时，人类乘员乘坐气球也到达了具有重要意义的高度。

2.4　第一批航天员

在苏联卫星成功发射的刺激下，美国国会于1958年7月通过了《国家航空与宇宙航行法案》，成立了美国国家航空和宇宙航行局（简称航空航天局，见图2.32）。航空航天

局首任局长为基思·格伦南（见图2.33）。航空航天局吸收了国家航空咨询委员会、陆军和空军的登月计划、空军的火箭发动机研究课题、海军的"先锋"科学探测卫星课题，最后还吸收了陆军弹道导弹研究部门的一部分。

图2.32　美国国家航空航天局

图2.33　航空航天局首任局长基思·格伦南

1958年10月7日，航空航天局正式对外宣布制订一项全国性的载人空间飞行计划。航空航天局空间飞行计划的负责人阿贝·西尔弗斯坦建议将这项计划命名为"水星计划"。

与此同时，科罗缪夫得到苏联政府授权，实施他自己的将人送入空间轨道的计划。苏联的计划被命名为"东方计划"。这样，苏美两国的空间计划都面临着极为重要的任务——宇航员的挑选。

2.4.1　美国的第一批宇航员

空间飞行的成功归根结底取决于宇航员的体力与心理的构成情况，应该使用何种标准来挑选宇航员呢？一位空军将领评论说："我们寻找的是一群普通的超人。"美国有些人赞成从南北极探险者或潜水艇艇员中挑选候选人，一般认为这些人在孤立无援的空间旅行中能更好地对付无法想象的危机。也有些人赞成从跳伞者、赛车者、登山者或潜水者中挑选候选人。最后，"水星计划"的制定者决定从军队的战斗机驾驶员中挑选第一批宇航员。战斗机驾驶员对持续的危险、高海拔、高速飞行和在千钧一发之际能做出关键的决定已经习以为常。选拔"水星计划"的宇航员的基本条件是：年龄不得超过40岁，身高不得超过180cm（为了适应水星型宇宙飞船）；身体条件必须极其优秀；必须是具有至少 1500 个小时飞行经验的合格的喷气式飞机的驾驶员。

有 500 多名飞行员满足了"水星计划"的基本条件。经过审查服役记录和医疗记录、面谈以及心理测试，最初的 500 人淘汰了大半。剩下来的人被送到新墨西哥州阿尔伯克基的洛夫莱斯医院和俄亥俄州的赖特空军研制中心，接受极其严格的体能和心理测试。最后，这群人只剩下 7 人（见图 2.34）。

图 2.34　美国的首批七名宇航员

2.4.2　苏联的第一批宇航员

在决定实施自己的载人空间飞行计划后不久，谢尔盖·科罗缪夫和苏联科学院的成员们开会讨论为"东方计划"挑选宇航员的问题。和美国人一样，他们认为喷气式战斗机驾驶员将是这项使命的最合适人选。但是，苏联人只选择那些在飞行中遇到过紧急情况、没有离机跳伞而是驾机返回机场的战斗机驾驶员。据称这意味着驾驶员能够在严重的压力和危险的情况下成功地施展本领。几百名苏联飞行员曾经在危机中没有抛弃他们的飞机，他们被召集到莫斯科的一家医院做进一步的检查，其中包括全面的医疗检查和心理评估。人数最终被缩减到 6 人。这 6 被称为 cosmonau——宇宙航行者，如图 2.35 所示。

图2.35 谢尔盖·科罗廖夫（前排中）左边是两名培训官，另外六位是苏联的首批宇航员

苏美宇航员大强度的训练项目颇为相似。美国宇航员在教室里学习了多领域的知识：高层大气物理学、空气动力学、生理学、制导和导航理论、火箭推进理论、通信学、气象学和天文学；苏联宇航员则听取了有关空间医学、火箭发动机、天体运行机制、轨道动力学和宇宙飞船设计等讲座。美国宇航员在北卡罗来纳大学的莫尔黑德天文馆学习了星辰识别和天体导航；苏联宇航员则在莫斯科天文馆学习了天文学。美国宇航员训练的一个重要组成部分是逃逸和生存训练。逃逸训练包括练习如何在宇宙飞船进水或降落后沉入大洋深处的情况下在水下逃离宇宙飞船（美国航空航天局的宇宙飞船既可以在陆地上降落，也可以在海洋上溅落；苏联人则更愿意在干燥地表上降落）。美国宇航员还得学习在丛林、沙漠和寒冷气候中生存的技巧，以防紧急情况迫使他们降落在一个偏僻地区。苏联宇航员同样得接受生存训练、空降技巧训练和无线电联络技术指导。苏美两国宇航员都得接受严格的、常常是令人手足无措的体能和心理训练。更重要的是，他们都得接受模拟空间飞行特殊情况的专门训练。

空间飞行所需的训练包括离心器旋转，如图2.36所示。图中巨大的机器是一台测试宇航员的离心机，它摆臂长达13m，可以模拟高达13g过载，几乎是人体承受极限。多数人可能都有过旋转木马的眩晕体验，但比起呆在全速运转的离心机里的感受就是小巫见大巫了。在高超重环境下，人体会出现黑视、脑缺血、心率上升等一系列不适反应，宇航员训练要求受试者在这种情况下也能回答问题，并按照指示做出正确动作。还要进行高温舱忍耐训练、减压舱训练和感觉剥夺舱忍耐训练测验。另外，每一个苏联宇航员都得在一个宇宙飞船模型里进行3天的模拟飞行，美国宇航员则在极为精细的水星型飞船里定期进行10小时的训练。1961年的春天来到时，"水星计划"与"东方计划"的工程师们已经预测将在4月份进行发射了。不久，出现了一个最终需要得到回答的问题：哪一个国家将率先进入外层空间？在7名美国宇航员和6名苏联宇航员中谁将是外层空间第一人？

图 2.36　宇航员离心机训练

2.4.3　第一个进入太空的宇航员

尤里·加加林出生于1934年3月9日，1941年上学读书，但第二次世界大战打断了他的正规学业。对于加加林和他的家庭以及所有俄国人来说，这是一段极为艰难的时期。纳粹士兵在战争期间占据了加加林家的房屋，加加林一家只得住在山坡上挖出的洞里。战争结束后，加加林重新回到学校，他喜欢上数学和科学课。1950年，他进入一所学校，学习铸造技术。一年之后，他转到一所四年制技校里，一边完成中等教育，一边学习铸造技术。伏尔加河上的萨拉托夫有一所飞行员学校兼俱乐部，加加林在最后一个学年加入了这个俱乐部。1955年，加加林毕业时已经是一名铸造技师，并获得了佩戴飞行证章的资格，他渴望着飞行。那年夏天，他参加了一个航空夏令营，学会了驾驶飞机。加加林后来被奥伦堡飞行员训练学校收为学员，两年后毕业时已经成为一流的飞行员。

加加林加入苏联空军后服役的第一个地点是奥伦堡，驾驶的是高性能的米格战斗机。1959年，他还在北极地区一个飞行中队服役时，就申请参加及其保密的宇航员培训组织。他申请时幽默地写道："如果它存在的话。"在经历了严格的挑选程序后，加加林发现自己跻身于最后入选的 6 位宇航员中。

1961 年 4 月 12 日清晨,27 岁的苏联红军空军宇航员尤里·加加林登上一辆小型旅行客车,前往拜科努尔宇宙飞船发射场。两个小时后,苏联将尝试发射东方 1 号飞船,即使加加林对这次极其重要的、也是危险的旅行有所不安,他也没有表现出来。与在他之后进入外层空间的其他苏美宇航员一样,面对那广袤的未知空间,加加林神态端庄,谈吐幽默,如图 2.37 所示。

在汽车开往发射现场的路途上,他设法使陪伴他的物理学家、技师、军官和宇航员伙伴们摆脱忧郁不安的心情。汽车即将驶抵发射场的时候,他还邀请所有的人和他同唱一首歌(但他们都婉言拒绝了)。此时,发射场的技师和工程师们正在忙着对火箭进行最后的关键性检查(见图 2.38)。

图 2.37 飞天前神态端庄的加加林

图 2.38 工程人员进行最后检查

旅行车开到了一个停车点,在高耸入云的火箭的映衬下显得异常渺小。此刻,曙光照亮了发射现场。加加林头戴白色头盔,脚蹬黑色皮靴,身穿橘黄色外衣,里面穿着太空服,走下旅行车,兴奋地喊着:"多么灿烂的阳光啊!"然后,他走向设在东方 1 号飞船底部旁边的麦克风,向聚集在那里的一小群人发表了讲话(见图 2.39),他的身后是沐浴在朝阳中闪闪发光是火箭。

图 2.39　加加林登上飞船前向大家挥手示意

加加林开口讲道:"亲爱的朋友们,我认识的和我不认识的朋友们,俄国同胞们,各国和各大洲的朋友们,再过几分钟,一枚强大的火箭将把我送往遥远的太空。在发射前的最后几分钟里,我能对你们说什么呢?此时此刻,我觉得我的全部生活都化成了一个美丽的时刻。从前我所经历的,我所做的,全是为了这个时刻。你们可以理解,在这个重要的,我们充满热情地为之进行了长期准备的时刻即将来临之际,我很难理清我的思绪。我在想,是不是应该告诉你们,在这次飞行机会落在我头上时我的心情是怎样的呢?我当时感到无比的幸福,面对大自然,向前所未有的困难挑战,然后成为外层空间第一人,还有比这更伟大的梦想吗?不过,我又立刻意识到了我肩负的重大责任,率先去实现多少代人的梦想,担当为人类进入太空铺路的第一人。请告诉我,还有没有比我肩上的责任更艰巨的使命呢?这个责任并不为某个人所专有,也不为几个人所专有,更不为某个群体所专有,它是为整个人类——它的现在和未来——所拥有。"

加加林讲完话后,搭乘升降机,登上了发射架的顶部。他走到平台的栏杆边,俯视着乡间景色,向下边的人们最后一次挥了挥手。然后,技术人员帮助他进入宇宙飞船,封住了舱盖。此时,距点火升空还有90分钟。这90分钟对加加林来说是最紧张的90分钟。他被封闭在火箭顶部那小小的宇宙飞船里,距地面约38m高。尽管耳机里传来了工程师们对系统做最后检查时冷静的声音,加加林的脑海里还是涌现出种种担心,他知道很可能不会活着回到地球上。

升空前的检查全部结束了,东方1号飞船整装待发。观测宇航员身体重要数据的医生们很高兴地发现,加加林很镇定。当他们告诉加加林一切正常时,加加林开玩笑地询问自己的心脏是否还在跳动。医生们告诉他:"你的脉搏频率是每分钟64次,呼吸频率是每分钟24次。"加加林回答说:"明白。这么说,我的心脏还在跳动。"上午9点07分,最后的指令下达了:"注意……点火……接通发射开关……升空!"加加林听到助推器发出呜呜的声响,然后是一阵低沉的、炸雷般的轰鸣声。32个发动机同时点火工作,产生了约500万牛顿的推力。地面上的人们感到胸腔深处也产生了低沉的轰鸣回声,视力也在火箭尾部喷射出的火焰的刺激下瞬间丧失。加加林喊道:"我们升空了!"火箭开始向太空爬升,起先是缓缓的,然后就越来越快。全世界第一次空间飞行开始了。

东方1号飞船拥有4枚围绕在飞船主火箭周围的助推火箭。发射升空120秒后助推火箭将丧失动力,它们会自动解体,飞船将依靠主火箭前进。飞船主火箭的发动机共拥有96万牛顿的推力,可以使东方1号飞船继续上升。火箭获得的巨大速度加大了地心引力对宇航员的作用,该作用最大时达到了地心引力的5倍,这意味着加加林会感到自己的重量是平时的5倍。尽管压力似乎要深入骨髓,加加林仍然继续与飞行监控中心通话,报告说他感觉良好(见图2.40)。

在东方1号飞船穿越大气层后,覆盖着飞船的保护层解体了。加加林这时可以通过3个舷窗向外观察。当他将大气层甩在身后时,他发现天空由深蓝色变成黑色。在升空300秒后,飞船主火箭耗尽燃料后脱离了。与飞船直接连接的第二级火箭点火,以完成推动东方1号飞船脱离地球引力、进入轨道的任务。地心引力减轻了,加加林很快就体验到了失重感。发射14分钟后,第二级火箭也脱离了,加加林报告说:

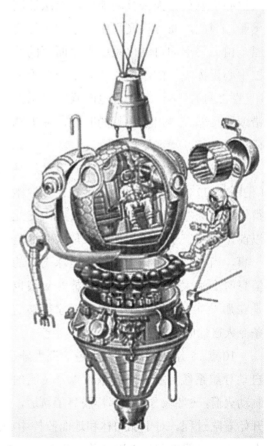

图2.40 东方1号飞船构造图

"与运载火箭的分离完成了。"东方 1 号飞船此时处在环绕地球的轨道之中。这是一个椭圆形的轨道,远地点高度为 328km,近地点高度为 182km。

加加林俯视着地球的壮观景象,报告说他感觉良好,不觉得失重有什么不良影响。他吃了一些食物,还喝了一点水。虽然这次飞行按计划只绕地球一圈,食物也没有多带,但是地面上的科学家们还是想确认失重会不会影响一个人的进食能力。

9 点 51 分,东方 1 号飞船从地球背阴面飞了出来,再次沐浴在灿烂的阳光中。由于无须经大气层的过滤,太阳光极为纯净,让人眼花缭乱。当宇宙飞船进入太阳照射范围后,它所携带的光学仪器上的一个传感器自动地跟踪太阳,并向机动喷射发动机发出信号,后者点火启动,使东方 1 号飞船处于一个适合的飞行姿态。

在东方 1 号飞船的时代,持续失重所造成的影响还不为人知,苏联科学院里有人担心宇航员会失去行动能力,无法控制飞船。因此,在首次飞行中,东方 1 号飞船是由飞船上的自动化系统和地面上的监控中心指挥飞行的。加加林只是一名乘客(见图 2.41)。不过,在与地面联络出了差错或是飞船设备出了故障的时候,加加林可以输入密码启动人工操作。

图 2.41　加加林在东方 1 号宇宙飞船内

在飞越广阔的大西洋上空时,加加林(见图 2.42)想起了他的母亲,很想知道她得知自己的空间飞行后会有何反应。在此以前,她一直不知道加加林参与太空探险一事。当听到加加林正在环绕地球飞行的消息时令她大吃一惊。而加加林的父亲也是在那天早上从地里干活回家后才得知这条令人震惊的消息。

10 点 15 分,加加林正在飞越非洲大陆,自动导航系统控制点燃了东方 1 号飞船的制动火箭,飞船像预计的那样脱离了轨道,

图 2.42　加加林的一家

开始着陆过程。对于加加林和地面监控中心的人们来说,这是一个特别紧张的时刻。在东方 1 号飞船之前的 5 次试验飞行中,有 2 次都是失败在这个环节。但这次,制动火箭

表现得非常完美，宇宙飞船的速度下降到大约 150m/s。

对于加加林来说，返回大气层的过程是很紧张的。制动火箭一点火，钢钳上的螺栓就爆炸了，将太空舱和服务舱分离开来。此时，宇宙飞船在到达降落点前还要飞行约 6000km。1 小时之前还是 38m 长的飞船此刻只剩下直径 2m 多的太空舱和里面的加加林。太空舱以 7.6km/s 速度向地球垂直落下。飞船一进入大气层就开始振动起来，加加林头一次变得紧张不安。因为太空舱自身的空气动力学设计，振动很快就停止了。此时，加加林身上的超重感最大时能达到 10 倍重力，他觉得自己就像是 700kg 的砖头从高空落下。通过舷窗，他能看到一道火光。再入大气层引发的摩擦使太空舱的温度急剧升高，为了保护太空舱里的宇航员，在太空舱的外表面覆盖着一种蒸发材料，它能通过燃烧并蒸发带走大部分热量。因此舱外温度虽然超过 1000℃，但舱内的温度却保持在 20℃ 左右。

加加林看到舷窗外黑色的太空已变回了蓝色。由于太空舱的下降速度太快，这样宇航员不可能安全着陆，因此必须跳伞。加加林向舷窗外望了最后一眼，看到的是迎面而来的伏尔加河和萨拉托夫城，仿佛在对他表示欢迎。在 8km 的高度，太空舱的舱盖打开了，宇航员连同座椅一起弹射出去，加加林的降落伞几秒钟后打开。加加林飘向地面，最终降落在萨拉托夫附近。萨拉托夫对于加加林来说有一种特别的个人意义，因为正是在这里他做了有生以来第一次飞行。后来，他这样评论说："发生的这一切就像是一本小说。我从太空中回来，所到之处正是我首次驾驶飞机的地方。"

1961 年 4 月 12 日，苏联宇航员尤里·加加林彻底挣脱了地球大气层的束缚，完成了人类的第一次太空之旅（见图 2.43）。自 1969 年起，4 月 12 日定为世界航天日。

图 2.43　东方 1 号太空舱着陆

2.4.4 美国第一个太空人

对于加加林和苏联来说,东方1号飞船的飞行,就如加加林所说的"就像一本小说"那样令人满意。但对于美国,在空间竞赛中却显然落后于苏联。美国航空航天局的官员们原来希望水星-红石3号能够率先将人送往大气层之外。当加加林飞行的消息传开后,航空航天局弥漫着深深的失望。

1961年5月5日,美国宣布"海军少校艾伦·谢泼德将成为美国第一位太空人"(见图2.44)。谢泼德于1923年11月18日出生,父亲是职业军人、陆军上校。他1944年从美国海军学院毕业,第二次世界大战期间在太平洋上的科格斯韦尔号驱逐舰上服役。后来,接受飞行训练,并于1947年获得飞行员资格。在地中海的几艘美国航空母舰上服役3年后,他进入美国海军试飞员学校。他试飞了新型喷气式战斗机,很快成为了海军最好的试飞员之一。谢泼德主动报名参加"水星计划"的选拔,经受住了严格的审查,成为首批7名宇航员之一,最后中选担任水星-红石3号的宇航员("水星"指的是宇宙飞船的型号,"红石"则是助推火箭的型号,以前曾进行过两次不载人的水星-红石飞行)。

谢泼德将他的宇宙飞船命名为自由7号,"7"代表着首批入选的7名宇航员。"水星计划"的工程师们决定选用陆军研制的大推力红石火箭,来运载宇宙飞船进入太空。圣路易斯的麦道飞机制造公司制造了水

图2.44 美国第一位太空人艾伦·谢泼德

星型宇宙飞船。宇宙飞船呈钟形,其圆锥形的部分是太空舱,最上端则是一个小型圆柱体,里面装着回收时使用的降落伞。在其底部有一个能蒸发掉热量的保护层。水星型飞船不能平移,也就是说它不能改变运行轨道,但它像东方型飞船一样,能够使用推进器来改变飞行姿态。

太空舱内是纯氧环境,舱内的氧气浓度高于地球海平面的水平。为了使宇航员能够承受升空和返回大气层的加速度,飞船座位是按照谢泼德的体型制造的玻璃纤维躺椅。宇宙飞船的顶部安装着一个橙色塔状装置,这是升空逃离装置。如果助推火箭出了故障,或者发射台上发生紧急状况,这台装置能使宇宙飞船及其中的宇航员脱离红石火箭,随后打开降落伞,带着宇宙飞船返回地面。

5月4日,佛罗里达州卡纳维拉尔角,火箭进入发射前最后的阶段,发射定在第二天早上。

5月5日2点40分,谢泼德和他的替补约翰·格伦、威廉·道格拉斯医生以及其他几名发射小组成员一起做了一次体检,体检结果表明他适合从事飞行工作。接下来,谢泼德穿上古德里公司制造的航天服。航天服有两层,外层是含铝的尼龙衣,两层中间充满了氯丁橡胶(一种合成橡胶)的加压尼龙胆。

3点55分,谢泼德整装已毕,乘坐运输车前往发射地点。5点15分,他下了车,登上了升降机。5分钟后,他钻进了自由7号宇宙飞船。他很快就与地面监控中心建立了联系,开始阅读发射前的核查手册。距发射还有15分钟时,空中布满了乌云。气象学家预报说,天空将在40分钟内转晴。于是,宣布发射推迟。几分钟后,又一次宣布推迟以更换红石火箭上的一个动力换流器。在倒计时恢复后,马里兰州格林贝尔特的戈达德太空飞行中心的计算机又出了故障,导致发射再次推迟(一个全国性的计算机网络为这次发射及飞行提供服务)。由于各种原因,发射时间共被推迟了2小时34分。整个美国的人们都放下了自己的工作,大家聚集在收音机和电视机旁,等待着发射时刻的到来。

"给液压罐加压……接通电力开关……最后30秒。"9点34分终于到了:"点火……第一级火箭启动……升空!""明白,"谢泼德在自由7号里答道,"升空,钟表启动。"随着红石火箭加速飞向太空,谢泼德承受的超重感最大达到了10.2g。在发射142s后,宇航员报告说:"与助推火箭分离。"红石火箭完成了它的任务,自由7号正以2.3km/s的速度飞行,当时的情景如图2.45所示。脱离红石火箭后,自由7号飞船调整姿态,让防热层朝前。

图2.45 谢泼德在太空中

自由 7 号飞行 4 分 44 秒后，到达距地球 187km 的轨道远地点，制动火箭的点火程序随后启动。30s 后，飞船准备返回大气层，3 枚制动火箭陆续点火。在宇宙飞船垂直穿过大气层时，谢泼德承受了 11 倍地心引力的压力。随后，降落伞陆续打开，首先是直径 8.82m 的拖靶降落伞在 10.4km 的高度打开，以稳定宇宙飞船；然后是直径 12.2m 的主降落伞在 3km 的高度打开。谢泼德乘坐的宇宙飞船降落在距卡纳维斯拉尔角发射场 486km 的大西洋中。他的飞行持续了 15 分 22 秒。宇航员和他的自由 7 号被直升机捞起并送到美国张泊伦湖号航母上，谢泼德安全返回地面（见图 2.46）。

图 2.46　谢泼德返回地面

与加加林的太空飞行相比，谢泼德短短的 15 分钟直上直下的旅行或许不值一提。谢泼德本人也很冷静地看待这次旅行，他将它描述成"不过是一次愉快的旅行"。但是，在媒体的宣传下，这次飞行的消息铺天盖地而来，谢泼德和其他 6 名宇航员立即成为了全美英雄，受到公众的追捧。

2.5　中国航天精神的形成

继原子弹、氢弹之后，太空成为美苏争霸竞赛的场所。而是否能发射人造卫星，成为加入太空竞赛的门槛。新中国决定发射自己的人造卫星，表达了中华民族有屹立于世界民族之林的勇气和决心。

2.5.1　我们也要搞人造卫星

中国是火箭的故乡，中华民族是龙的传人，自古就有遨游太空的愿望。毛泽东"敢上九天揽月"的豪言展现了中国征服太空的情怀与气概。

1958 年 5 月，中国共产党八届二中全会在北京召开。会上，毛泽东同志以马克思主义理论家的雄才大略回顾过去，总结今天，规划未来。5 月 17 日下午 5 点 30 分，他发表第二次讲话。毛泽东同志面对麦克风，不时挥动他那非常富有号召力和感染力的手臂，两次提到卫星问题。他认为苏联的卫星上天是件好事，并说："苏联人造卫星上天，我们也要搞人造卫星，我们也要搞一点。"同时还指出，要搞就搞得大一点。

"我们也要搞人造卫星",是代表中国人民向世界立下的誓言,是中共中央发出的向空间进军的动员令。毛泽东同志的这个号召是在世界上第一颗人造地球卫星发射成功仅仅半年后发出的,表明中国人民有信心、有能力登上空间技术的舞台,表达了中华民族有屹立于世界民族之林的勇气和决心。

当时在"争上游"的形势下,人们对发射人造卫星热情很高,想得也较简单。但中国的卫星怎么起步?谁心里也没有个数。在这关键的时刻,邓小平同志分析了国内经济、科技形势,实事求是地按照科学规律,对卫星发射战略作了精辟的分析。因为国家经济、技术力量有限,为了国防的急需,只能优先保证导弹、原子能的发展。在这种情况下,重点开展人造卫星单项技术的研究,创造必需的研究试验条件,就能为空间技术的发展打下良好的基础,一旦条件成熟,就可以在短时期内研制和发射我国的人造卫星。

毛泽东同志一直关注着我国卫星研究和试验条件准备工作的进展。1960 年 5 月 28 日晚,毛泽东同志在一些领导同志的陪同下来到上海新技术展览会。他躬身仔细察看了 T-7M 探空火箭。得知飞行高度为 8 公里时,他兴奋地说:"8 公里也了不起呀!"又说:"应该是 8 公里、20 公里、200 公里搞上去。"

经过几年的努力,我国不仅在研制、发射探空火箭方面取得了显著进展,而且在开展空间科学技术单项课题研究和试验设备研制方面,攻克了一系列关键技术,取得了丰硕的成果。1965 年 5 月,周恩来总理主持的中央专委第十二次会议,批准了国防科委向中央呈送的《关于研制发射人造卫星的方案报告》。从此,我国人造卫星研制工作正式开始,并拟于 1970 年或 1971 年发射我国的第一颗人造卫星。1967 年年初,根据我国空间技术发展的需要,为保证"东方红一号"卫星工程计划的进行,聂荣臻副总理向中央提出了组建空间技术研究院的建议。1968 年 2 月 20 日,中国空间技术研究院正式成立。党中央的这一系列决策使我国人造卫星事业进入到一个有计划、有步骤、有组织、有领导地开展工作研制的时期。

2.5.2 前所未有的科技攻关

1965 年,中央批准了研制第一颗人造地球卫星的计划,代号"651 工程"。之所以代称"651",是因为 1965 年 1 月 8 日,钱学森(见图 2.47)建议我国暂停研制的人造卫星应该重新上马并列入国家任务的缘故。

图 2.47 "中国航天之父"钱学森

在中国研制人造卫星确实是一种首创,没有前人经验可供借鉴,而它所涉及的行业与技术,广泛性与复杂程度亦是空前的。为了促进各有关部门尽快地进入卫星研制实际工作,国防科委决定组织军、民有关单位对首颗卫星的技术方案加以具体论证,集思广益,将方案确定下来。论证会从1965年10月20日开始,由于所涉及的内容庞杂,问题繁多,直到当年11月30日才宣告结束,历时42天。参加会议的有国防科委、国防工办、国家科委、总参、七机部、四机部、一机部、空军、海军、炮兵、通信兵部、发射基地、军事医学科学院以及中国科学院所属的13个研究所的代表共计120名。

中国科学院副院长裴丽生主持了这次会议,张劲夫、钱学森和国防科委副主任罗舜初、张震寰等出席了"651工程"会议开幕式、闭幕式等几次重要大会。会上,钱学森作了运载火箭研制的总体思路发言,他强调:"发射卫星是一项庞大的工程,涉及面很广,上至天文下至地理,要'敢'字当头,敢于开创自己的道路,还要从实际出发,循序渐进,要贯彻主席'大力协同'的指示,科学院、七机部的力量都是有限的,必须有分工有协作,还必须组织其他单位广泛协作。只要我们下决心,肯干努力,就一定能使我国第一颗人造卫星早日升空。"

会议确定,我国第一颗卫星为科学探测性质的试验卫星,主要为发展我国对地观测、通信、广播、气象、预警等各种应用卫星,取得基本经验和设计数据。具体任务是测量卫星本体的工程参数;探测空间环境参数;奠定卫星轨道测量和无线电遥测遥控技术基础。大家一致同意中国第一颗卫星在重量、寿命、技术等方面要比苏、美第一颗卫星先进,并做到"上得去,抓得住,测得准,报得及时,听得见,看得到",要努力做到一次成功,初战必胜。总体组何胜华提出,第一颗卫星命名为"东方红一号",并在卫星上播放《东方红》乐音(见图2.48),让全世界人民听到,得到与会专家的赞同。

图2.48 装载《东方红》乐音装置和遥测装置的盒子

1966年1月,中国科学院卫星设计院宣布成立了,代号"651",公开名称科学仪器设计院,赵九章任院长,杨刚毅任党委书记,钱骥等为副院长。中国人造卫星的研制工作正式起步。

"651"总体组确定了"东方红一号"分系统的组成是《东方红》乐音装置、短波遥测、跟踪、天线、结构、热控、能源和姿态测量等。总体组与卫星办公室密切合作，将千头万绪的研制任务分解为一个个具体课题，制成数百张任务卡片，下达各研究所。

用自己的手，送我国的卫星上天。这是广大科技人员多年的热切期望，大家群情激奋，热血沸腾，接到任务的广大科技人员更是兴奋不已（见图2.49）。中关村科学城里，白天你可以看到大家忘我工作的场面，晚上科研和宿舍大楼，灯火通明，生机勃勃，一派兴旺景象。各分系统密切配合，"东方红一号"研制进展非常迅速。为确保卫星的质量，总体组于1966年1月提出"东方红一号"研制工作分为：模样、初样、试样和正样四个阶段。各分系统首先制作实验线路，装出性能样机，证明技术上可行，生产上可能，由总体组指派验收组进行验收通过后出模样星（见图2.50）。通过解决模样星总装试验出现的矛盾，确定协调参数，在此基础上拟订各分系统的初样研制任务书。用初样产品总装出考核卫星结构设计、热控制设计等的结构星、温控星等。通过试验，改进，再试验，再改进，直至达到设计要求。然后协调确定研制试样星以及正样星的技术规范。

图 2.49　科研队伍听取各自任务

图 2.50　陈列在军博的我国第一颗卫星模型

发射卫星最重要的是地面跟踪测轨问题。发射卫星，首先要把卫星运行规律、轨道计算、测量、预报以及跟踪站的布设等搞得一清二楚。科学院理当把此任务承担起来，先走一步。数学所关肇直所长立即组织人员落实此事。1966年1月至3月，在"651"设计院组织有关专家对短弧段跟踪定轨进行大量模拟计算和分析研究的基础上，肯定了多站多普勒独立测轨的方案，使我国中低轨道卫星的跟踪测轨系统形成了自己的特色。3月22日至30日，在北纬饭店召开地面观测系统方案论证会，审定了各分系统的方案。不久，在4月召开的两次轨道选择会议上，根据实际需要和可能，与会者一致作出了将轨道倾角从 40°左右增大到 70°左右的结论，不仅根本改善了卫星轨道的总体性能，而且可节省地面站建设的大量投资。

在基地方面，为了保证"东方红一号"的发射，从 1965 年起，就开始重新建造可以发射多级火箭和人造地球卫星的发射场。1966 年年底，基地接受了卫星地面跟踪观测台、场站的总体设计、设备安装、基建和机构组建等任务，如图 2.51 和图 2.52 所示。

图 2.51 "东方红一号"卫星钛框加热

图 2.52 攻克"东方红一号"卫星大面积镀金难关

正当中国科学院与国防部五院、四机部和全国许多部门、单位密切合作，在我们研制卫星，不断有进展，地面设施一个一个地建立起来，特别是三年困难过后，自动化所、电子所，搞卫星控制，能连续通信；正当科学院的卫星研制基本完成的时候，发生了"文化大革命"。1967 年 1 月之后，科学院卫星研制科研队伍、试验基地、科研设施、工厂以及研制任务一起交给了国防部门，类似实行军管。

1969 年 8 月 27 日，第一枚进行预期飞行试验的两级火箭竖在发射架上。火箭竖起的当天，便惊动了美国和苏联。他们关注的不仅是卫星，而且是火箭能打多远。如果火箭能使卫星脱离地球轨道并定点成功，就说明已具备了发射洲际导弹的能力。另一个特别关注中国的，就是日本，它也在准备发射自己的第一颗人造卫星。

9 月 3 日，第二枚中远程火箭运抵东风基地（即酒泉卫星发射基地）（见图 2.53）。随即给火箭通电，开始进行垂直测试。测试中，发现了二十多处技术故障。其中两个陀

图 2.53　酒泉卫星发射基地

螺仪,尤其是水平陀螺仪的问题最为严重。当充气压力加大以后,陀螺仪出现振动并伴有异响,漂移量更超出了允许范围,只得带回北京的相关研究所进行改进。

陀螺仪是提供导弹飞行基准的仪器,如果它出问题,飞行参数就不准了,通俗地说,就是偏离目标了。送回北京某研究所的陀螺仪,经测试分析证实,在低温、低压条件下,轴承出现不正常的振动,导致输出漂移量明显增大,以致影响正常工作。10月15日,改进后的陀螺仪被运回东风基地,重新进行安装测试。

11月1日,东风基地下达"东方红一号"人造地球卫星发射任务指示,发射前的准备工作紧张地开始了。"东方红一号"正式发射之前,必须对新改进的中远程火箭进行飞行试验(见图2.54),以保证卫星发射的成功。周恩来指示:"这次发射不同寻常,以往我们的试验不论成功或是失败,都是在自己境内搞的,而这一次射程很远,

图 2.54　长征一号火箭发动机在进行试验

必须控制住,一定不能让导弹飞到国外去。"

可当时的跟踪测量技术不过关,并没有得到导弹打到预定落区的报告。发射一结束,钱学森和李福泽就回到了基地。头一件事就是向落区测量站询问任务执行情况。落区参谋长报告说:"到现在,全站没有一个人发现目标。"即使不能进行实时跟踪,如果火箭能够正常进入落区上空,观测人员凭肉眼也能发现目标。这就意味着,火箭不知道飞到哪里去了。甚至不知道有没有飞出国界,最坏的情况是落在苏联境内,这将引起涉外事端,甚至引发战争。

在当时,主要依靠的是光学电影经纬仪来跟踪火箭飞行轨迹。这种光学仪器受天气的影响很大,同时火箭关机后光辐射消失,它也不能提供记录,且其记录媒体是胶片,要等胶片冲洗出来,才能判读、计算出结果。这个过程至少需要两至三天的时间。如果这枚火箭真的飞出国境,即使出来结果也太晚了。

庆幸的是,不久就传来了一个农民在川南无人区发现火箭残骸的报告。虽然没有酿成国际争端,但引起国际舆论一片哗然。邻国日本获悉中国试验发射失败的消息后,更是一阵惊喜,因为它有可能赶在中国之前发射卫星。

1970 年 1 月 30 日,第二枚两级火箭发射成功。一二级火箭分离成功。火箭高精度击中目标。2 月,国防科委向东风基地下达了发射"东方红一号"任务的预先号令。2 月 4 日,长征一号火箭(见图 2.55)从北京总装厂乘专列出发。几天后,安全送达基地。

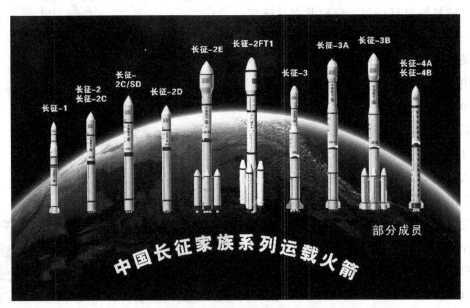

图 2.55　中国长征系列运载火箭

而这时,是采取两步走还是一步到位的发射方案,出现了不同的意见。两步走是用一枚火箭先发射一个与卫星同重量的实验物体,成功后再进行星箭合一的发射。最终,国防科委决定:采用一步到位发射方案。当然这充分考虑了安全问题,是不是有外界刺激的因素,不能完全排除。

因为在中国这边还在争论的时候,日本那边的第一颗人造卫星"大隅号"却在1970年2月11日成功发射了。

1957年苏联第一个发射了人造卫星,紧接着是美国。1965年11月26日,法国争到了第三的位置。中国因为三年自然灾害暂停了卫星项目,丢失了第三的位置。这次连第四也拿不到了。

2.5.3 卫星上天

1968年初,在克服了各种技术难题之后,"东方红一号"横空出世(见图2.56、图2.57),卫星的初样研制完成。在经过试样和正样后,卫星即将上天。

图2.56 "东方红一号"卫星内部结构

图2.57 "东方红一号"卫星外观

"东方红一号"卫星初样和发射时的大体相同,直径1m,72个铝合金面闪闪发光,里面的"五脏六腑"基本就位。

1970年4月1日,装载着2颗"东方红一号"卫星和一枚长征一号运载火箭(见图2.58)的专列抵达我国西北酒泉卫星发射场。

4月24日凌晨,毛泽东主席批准实施发射。1970年4月24日10点,运载火箭一、二、三级工作正常,卫星与火箭分离正常,卫星准确入轨。卫星运行轨道近地点高度439km,远地点高度2384km,轨道倾角68.5°,轨道周期114分钟。

图 2.58 装载着"东方红一号"卫星的长征一号运载火箭

晚上 10 点,国防科委指挥向周恩来总理报告:"卫星、火箭分离正常,卫星入轨了。"周总理立刻向毛泽东主席汇报了这一喜讯。一时间,"东方红一号"卫星播送的《东方红》乐曲响遍全球,震惊了世界,如图 2.59 所示。

"东方红一号"卫星的发射成功使中国成为世界上继苏联、美国、法国和日本之后第五个完全依靠自己的力量成功发射人造卫星的国家。虽然它比苏联发射的第一颗人造卫星晚了 13 年,但是它的质量超过了前四个国家第一颗卫星质量的总和。中国从此正式进入了航天时代。

图 2.59 "东方红一号"发射成功后,全国人民欣喜万分

2.6 创造航天文化的先驱

美国空间计划的开端与苏联相比，差不多是一样的。第二次世界大战结束后，苏美两国科学家都开始利用从战败的纳粹德国那里缴获的火箭做实验，尤其是那种被叫作复仇者 2 号或 V2（见图 2.60）的远程火箭做实验。

利用液体燃料助推火箭来进行空间旅行的构想在第二次世界大战之前就得到了仔细研究，航天技术是在现代化科学技术的基础上发展起来的。20 世纪初，星际航

图 2.60　V2 火箭

行原理、相对论和量子力学三大理论创新，特别是航空、航天学理论的创新推进了航天时代的到来。20 世纪初到 20 世纪 50 年代末，是现代航天理论和现代航天技术的开创时期，在这个星光灿烂的时代，一批航天先驱者对航天事业的创建做出了不可磨灭的贡献。

2.6.1　康斯坦丁·齐奥尔科夫斯基（1857—1935）

1857 年 9 月 17 日，俄国科学家、现代航天学与火箭理论的奠基人——康斯坦丁·埃杜阿尔多维奇·齐奥尔科夫斯基（Konstaintin Eduardovitch Tsiolkovsky）出生于俄国梁赞省的依热夫斯基村（靠近莫斯科），如图 2.61 所示

齐奥尔科夫斯基从小酷爱读书，不幸的是，在他 10 岁的时候，由于患了严重的猩红热病而几乎完全丧失听力，在念完小学三年级就被迫辍学了。从那时起，齐奥尔科夫斯基几乎同外界隔绝了联系。16 岁时他只身去莫斯科闯荡，但由于耳聋，又没有中学毕业文凭，无法进入大学。生理障碍将他同人们疏远了，但却促使他发奋读书，积极努力。通过自学，他完成了中学

图 2.61　康斯坦丁·齐奥尔科夫斯基

及大学的全部课程，掌握了大量的数学、物理学和天文学知识，并于 1878 年回到家乡，考取了中学教师资格，担任中学数学教师。

在中学教学之余，由于受到儒勒·凡尔纳科幻小说的影响，齐奥尔科夫斯基对升空飞行和太空旅行具有浓厚的兴趣，并醉心于与此相关的各种科学研究和计算。他凭借着自己天马行空的思维和丰富的想象力，提出了很多设想。这些在当时看来是异想天开的设想，很多在后来都得以实现。

在航空领域，他设计制造了苏联的第一台风洞，最早提出了硬式飞艇思想。在蒸汽机统治动力的时代，他就大胆的预见到内燃机作为未来飞机引擎的可能性，并对这种远景充满了自信。他撰写的文章《气艇的理论与实践》一经发表，便在科学界引起了强烈的反响。他设计的全金属飞艇经过改进具有以下四个优点：第一，飞艇气体容积的可变性。在飞艇处于不同温度及不同高度的条件下，飞艇的气体容积可以进行连续的调节，使其能保持连续的升力，针对气艇容积的变化，齐奥尔科夫斯基建设性地采用了缠绕集结系统和带有各种印纹的外壳。第二，这种充气飞艇可以依靠通过螺旋管道放出的废弃热量给气体加热，并使飞艇膨胀上升。第三，这种飞艇在结构上采用有皱纹的金属外壳，可以大大增加飞艇的强度，同时又不易发生火灾。第四，在飞艇形状的设计上，选用了流线型的几何外形，大大减少了阻力。然而，齐奥尔科夫斯基当时最先进的飞艇设计，并没有得到俄国当局的重视与支持。当局甚至拒绝为飞艇实验拨款，因为政府高官们并不相信一个没有受过系统高等教育的中学教师能够完成如此复杂的设计，所以他们宁愿花费大量的金钱购买国外的材料与技术去制造旧式飞艇。这样，齐奥尔科夫斯基的成果最终未能取得实际的应用与推广。

穷困的齐奥尔科夫斯基只能继续他非常有预见性的"空想"。他开始朝航天方向转型。1883年，他在一篇名为《自由空间》的手稿中，首次指出利用反作用装置为外太空旅行工具提供推力的可能性。在这篇手稿中，他还分析了在没有空气和阻力的空间中的运动情况，画出了宇宙飞船的草图，并且计划采用陀螺装置使飞船在飞行中保持稳定。1896年，他开始从理论上研究星际航行的有关问题。在当时，仍有很多人幻想着通过大炮实现航天飞行，但这显然是不现实的，因为除了钢铁，没人能承受炮弹这么高的初速度。在炮弹发射瞬间，人会被加速度挤碎。齐奥尔科夫斯基经过分析，进一步确定了只有初速度慢，然后逐渐加速的火箭才能达到这个目的。宇宙飞船应该由火箭推动，而绝不是炮弹，因为炮弹的速度根本飞不出地球。此时，齐奥尔科夫斯基已经推导出了著名的火箭运动方程式，并计算出火箭要克服地球引力进入地球轨道的速度即第一宇宙速度为 8km/s，甚至早早地想到了用液氢、液氧作为火箭的燃料。

经过几年潜心研究，齐奥尔科夫斯基于1898年完成了航天学经典论文《利用喷气工具研究宇宙空间》。但这篇论文直到1903年才在莫斯科的《科学评论》杂志上发表。接着，他又于 1910 年、1911 年、1912 年、1914 年发表了多篇火箭理论和太空飞行的论文，比较系统地建立起了航天学理论基础。齐奥尔科夫斯基从科学的视角向人们说明了人类完成太空旅行不是不可能的，为研究火箭和液体火箭发动机奠定了理论基础。他的许多研究、发现和论述，在航天史上属于第一，彪炳千秋。十月革命后，齐奥尔克夫斯基的才智得以充分发挥，在研究喷气飞行原理方面卓有建树：提出了燃气涡轮发动机方案，研究了航天器在行星表面着陆以及大气层对火箭飞行影响等问题，探讨了火箭和人造地球卫星等诸多航天理论问题。1929 年，齐奥尔科夫斯基在《宇宙航行》中提出了重要的多级火箭设想。多级液体火箭可以使火箭获得更高的速度，飞行更远的距离。40 年后，美国"阿波罗"登月用的土星 5 号大推力火箭，就是齐奥尔科夫斯基设想的多级液体火箭。它完美地印证了齐奥尔科夫斯基的计算与设想。

齐奥尔科夫斯基一生撰写了 730 多篇论著，由于他的巨大贡献，1932 年，苏联政府授予他劳动红旗勋章。1935 年 9 月 19 日，齐奥尔科夫斯基逝世。之后，苏联政府给予了他更多的荣誉：1954 年，苏联科学院设立了齐奥尔科夫斯基金质奖章；政府为他建立了纪念像，并在卡卢加市建立了齐奥尔科夫斯基博物馆。他被誉为"苏联航天之父""世界上最伟大的航天先驱者"。他的成就也被欧美广泛承认，德国航天先驱奥伯特曾在致齐奥尔科夫斯基的信中说："您已经点燃了火炬，我们绝不会让他熄灭。让我们尽最大的努力，以实现人类最伟大的梦想。"

齐奥尔科夫斯基既是一位踏实的科学家，也是一位热情的探索者。在他的墓碑上刻有这样一段话：地球是人类的摇篮，人类绝不会永远躺在这个摇篮里，他们将不断探索新的生存空间与世界。起初是小心翼翼地穿过大气层，然后再去征服太阳系。

2.6.2　罗伯特·戈达德（1882—1945）

罗伯特·哈金斯·戈达德（Robert Hutchings Goddard）1882 年 10 月 5 日出生于美国马萨诸塞州的伍斯特。他是美国最早的火箭学家，是美国版"火箭之父"，如图 2.62 所示。

戈达德童年时，他的母亲患上了当时的不治之症——肺结核病，身体极度虚弱，那时戈达德也经常

图 2.62　罗伯特·戈达德

生病，没法坚持上学。所以，戈达德的学习成绩并不好，是个"坏"学生，留过级，年龄比其他同学大很多，并且尤其讨厌数学。

随着美国城市在 19 世纪 80 年代开始使用电力，年轻的戈达德开始对科学产生兴趣，特别是工程学和工业技术。他的父亲教导他家中的地毯如何产生静电，当时年仅五六岁的戈达德的想象力开始萌芽。戈达德相信如果锌电池可以用某种方式来存储静电，他可以跳得更高。他的母亲警告说如果他成功了，他会"出的去回不来"，于是戈达德停止实验。后来，他迷上了科幻小说，威尔斯的《星际大战：火星人入侵地球》、凡尔纳的《从地球到月球》等，都让他看得如痴如醉。他想着，要是人类能够做个飞行器飞向火星，那该多好！从此，他把这个梦想当成了自己人生的奋斗目标，并确信一定能够成功。若干年后戈达德意识到，到达火星的唯一工具就是火箭。

戈达德在 1904 年进入伍斯特理工学院学习，并担任实验室助理。1908 年他获得了伍斯特理工学院物理学学士学位，之后留校当了一名物理教师。在 1910 年，戈达德从克拉克大学获得硕士学位，一年后获得博士学位，并在 1912 年成为普林斯顿大学的研究员。期间，戈达德一直进行火箭动力学方面的研究，他曾点燃一枚放置在真空玻璃容器内的固体燃料火箭，以证明火箭能在真空中飞行。同时，他进一步认识到液氢和液氧是理想的火箭推进剂，他确信用他的方法一定能把人送上太空。

1919 年，戈达德发表了一篇题为《到达超高空的方法》的论文，论述了火箭运动的基本数学原理，预言火箭能够冲出地球引力的束缚而到达月球，甚至更遥远的太空。同时还提出将火箭发往月球的方案，"制造重 598.2kg 的火箭，可以把 0.9kg 的镁送到月球，火箭撞月时将镁点燃，镁的明亮闪光可持续几秒钟，在地球上用望远镜可以看到它。"

从 1920 年开始，戈达德白天在克拉克大学任教，业余时间从事液体火箭研究和试验。1923 年，戈达德进行了世界上第一个用汽油和液氢作燃料的液体燃烧火箭的发动机试验。后来，戈达德考虑着制造更大、更理想的火箭，为此，他找了马萨诸塞州的一个农场作为火箭发射的试验场。在经历了无数次的失败后，终于在 1925 年 11 月，一台长 0.6m、重 9.5kg 的小型液体燃料火箭发动机，在以煤油和液氧为燃料的情况下成功地工作了 27s。1926 年 3 月 16 日，以这种发动机为动力、带有两个燃料箱、高 3.4m 的火箭，从一个简陋的铁架子上发射成功了。虽然火箭的飞行时间只有 2.5s，达到的高度只有 12m，水平距离只有 56m，但这枚成功发射的液体燃料火箭，却是宇宙航行事业发展史上一个重要的里程碑。它的意义正如戈达德所说的那样：昨日的梦想是今天的希望，也将是明天的现实。

1929 年戈达德又发射了一枚更大的火箭。这枚火箭比第一枚飞得更快更高，更重要的是它带有一只气压计、一只温度计和一架用来拍摄飞行全过程的照相机，这是世界上第一枚载有仪器的火箭。1935年戈达德又发射了一枚液体火箭，其速度第一次超过了声速。此外，戈达德还获得火箭飞行器变轨装置和用多级火箭增加飞行高度的专利，并研制了火箭发动机燃料泵、自冷式火箭发动机和其他部件。戈达德一共获得过214项专利。他设计的小推力火箭发动机是现代登月小火箭的原型，曾成功地升空到约2km的高度。

戈达德的研究看似饱满，但实际上他的研究经费极度匮乏。美国政府对他的工作从未表示过兴趣，而挑剔的舆论界也不放过这位严谨的教授。《纽约时报》嘲笑戈达德连中学的基本物理常识都不懂却整天幻想去月球旅行，他们称其为"月球人"。受新闻的影响，公众也对这位科学家的工作表示怀疑，但这都不能撼动顽强的戈达德。

虽然戈达德的研究不被官方重视，但还是引起了美国航空界先驱人物查尔斯·奥古斯都·林白的注意。在亲自考察了戈达德的试验和计划之后，林白立即设法从古根海姆基金会为戈达德筹得5万美元。这对于缺少资金而又迫切需要进行实验设计的戈达德来说，简直是雪中送炭。随着戈达德的计划的进展，农场的场地已经不够用了。在1930年戈达德全家和四个助手迁到新墨西哥州的罗斯威尔，在那里戈达德建立了属于他自己的发射场。此后到1941年，除了短暂的中断之外，他在这里从事了在科技史上最令人瞩目的个人火箭研究工作。

不过好景不长，第二次世界大战爆发后，戈达德被调入国防部进行武器研究。1941年9月，戈达德获得一份6个月的合同，为海军和陆军航空部研制一种液体燃料助推火箭。这年年底太平洋战争爆发。为了战争的需要，美国政府于1942年委任戈达德为海军研究局主任。他不仅圆满地完成了研制飞机起飞助推火箭的合同任务，并进行了变推力液体火箭的研究。可惜，从小体弱多病的戈达德这时肺结核病已到晚期。他不顾朋友和医生的忠告，仍然忘我地工作，取得了许多研究成果。在日本投降的前几天，即1945年8月10日，戈达德逝世。

虽然戈达德成功地发射了世界上第一枚液体火箭，但由于一直没有引起政府的重视，没有政府为主导的研究，再加上他自己的保密，导致戈达德在世时，美国的火箭技术已落后于德国。直到1961年苏联航天员加加林上天后，戈达德的妻子才发表了戈达德30年来研究液体火箭的全部报告。人们得以了解戈达德了不起的成就，戈达德也因此被誉为美国的"火箭之父"。

戈达德逝世后，美国政府授予他许多荣誉。他被追授了第一枚刘易斯·希尔航天勋章，美国航空航天局也将位于美国东部马里兰州格林贝尔特的大型研究中心命名为"戈达德太空飞行中心"。月球上的戈达德环形山也以他的名字命名。

对于戈达德的工作，火箭专家冯·布劳恩曾这样评价："在火箭发展史上，戈达德博士是无所匹敌的,在液体火箭的设计、制造和发射上,他都走在了每一个人的前面,而正是液体火箭铺平了探索太空的道路。当戈达德在完成他那些最伟大的工作时,我们这些火箭和太空事业的后来者,才刚开始蹒跚学步。"

2.6.3 埃斯诺·贝尔特利（1881—1957）

埃斯诺·贝尔特利（R.Esnault-Pelterie）是法国航空航天先驱,法国航天学会创始人,也是世界著名的航天学理论奠基人之一,如图2.63所示。

1881年11月8日,贝尔特利出生于法国巴黎。他的父亲是一位纺织机械制造商。由于受到父亲的影响,他在孩提时代就对机械问题产生了浓厚的兴趣。1902年,贝尔特利获得了他的第一项发明专利。同一年,他大学毕业并投身于丰富多彩的科学研究和技术发明活动之中。

1907年,贝尔特利开始进行航天学理论研究,并广泛传播他的航天学思想。他于1912年2月和11月,分别在俄国的彼得堡和法国巴黎物理学会发表演讲,宣传他的航天学理论。他明确指出:"无数权威人士认为,

图2.63　贝尔特利

人从一个行星到另一个行星的旅行完全是一种幻想。他们没有经过认真思考和研究就认为这种设想是不可能实现的,因此,几乎没有人试图研究实现这种设想的物理学条件。"他进一步指出,"星际间没有空气,因此,飞机不能在星际空间飞行。但是,现有的科学知识告诉我们,有一种发动机不需要空气支持他的飞行……这种发动机就是火箭。"

基于动量守恒和能量守恒定律,贝尔特利推导出火箭在真空中运动的方程式,得到火箭的逃逸速度为18.28km/s。在这些工作的基础上,他又研究了月球火箭。他把火箭从地球飞到月球分成三个阶段:第一阶段,火箭加速,达到摆脱地心引力的逃逸速度;第二阶段,火箭发动机停止工作,靠初速度继续向月球飞行;第三阶段,在接近月球的特定轨道上,火箭发动机倒转并重新启动,在月球表面着陆。

在研究和计算了月球火箭之后,贝尔特利又研究了火星火箭和金星火箭,计算了火箭的飞行速度和飞行时间。他指出:我们现在考虑的火箭飞行速度是十分惊人的。但据我所知,至少有一个天体能够达到这样的速度,这就是哈雷彗星。他假设一枚1000kg火箭装有400kg镭,这些镭就足以使火箭到达月球并返回地球。利用这种奇特的火箭就足

以实现人类去其他行星旅行的愿望。在这里他讨论了氢氧燃料和镭的能量,这也许是人类第一次阐述利用核能实现太空飞行的思想。

贝尔特利的观点在当时引起了很大的震动,但是大部分人仍对此持怀疑的态度。然而,这确实是一篇基于科学理论做出的严密的科学预言,几乎没有任何幻想的成分。它同齐奥尔科夫斯基1903年发表的那篇论文具有同等伟大的作用。他们的这些论文被看作是航天学诞生的标志。

20世纪20年代初,贝尔特利同两位助手计算了利用火箭把几吨炸药发射到几百千米甚至几千千米处的可能性,得出的结论是:未来的大型火箭有可能会发展成大规模杀伤性武器,如果多枚火箭齐发,就能在几小时内向几百千米外的地区发射上千吨炸药。1928年5月20日,他起草了一份关于火箭武器的秘密报告,这份报告指出,以现在的技术水平,完全可以制造出喷气速度为2.6km/s、射程为2260km以上的火箭武器。在比较了火箭武器和航空炸弹的优劣后,他认为远程火箭武器具有广阔的发展前景。

1928年2月1日,贝尔特利同法国银行家安德利·路易·郝尔共同创设了航天学REP-Hirsch奖,以鼓励那些对航天学理论和实践做出巨大贡献的人。第一届REP-Hirsch奖授予了德国航天先驱者——奥伯特,这笔奖金为奥伯特出版他的航天学巨著《通向星际空间之路》提供了很大帮助。

1930年,贝尔特利对他过去20多年的研究成果进行了全面系统的总结,出版了《航天学》一书。这部著作论述了火箭发动机、宇宙飞船以及太空飞行等各个方面的问题。还首次把相对论原理运用到火箭运动的理论研究中。这部著作涉及面广,内容丰富,论述透彻,结论明确,被誉为航天学的百科全书。

1934年,经过补充修订,贝尔特利又出版了《航天学》第二版。在书中阐述了利用高速惯性陀螺实现航天器三轴稳定的方法。在讨论宇宙飞船返回大气层时,书中建议采用两个步骤:一是在稠密大气层外利用火箭发动机制动;二是在稠密大气层内利用降落伞减速。不仅如此,他还对火箭运动理论、燃烧气体膨胀、燃烧热力学等进行了详尽的研究。这些成就使贝尔特利获得了法国民用工程师协会大奖。1936年,贝尔特利成为法国科学院院士,他在航空、航天领域的开创性贡献得到科学界的承认。

1957年12月6日,埃斯诺·贝尔特利在法国去世,享年76岁。他见证了人类第一颗人造地球卫星飞上太空,见证了航天时代的真正开启。

2.6.4 赫尔曼·奥伯特(1894—1989)

赫尔曼·奥伯特(Hermann Julius Oberth)是德国物理学家,火箭专家,航天理论学家。

他被誉为德国"火箭之父",是现代航天学奠基人之一,如图 2.64 所示。

1894 年 6 月 25 日,奥伯特出生于奥匈帝国时期特兰西瓦尼亚的一户撒克逊家庭。他从小就对交通工具特别感兴趣,渴望着利用它们,使旅行变得更快、更远、更好。11 岁时,他迷上了儒勒·凡尔纳的科幻作品,尤其是《从地球到月球》这部小说。他一方面对太空飞行无限渴望,另一方面对故事中所描述的用大炮飞行提出大胆质疑。他认为大炮炮膛初速度会把人类瞬间压碎,炮弹飞行在大气层中也会被烧毁。认识到这种航天方式的缺陷后,奥伯特开始寻找一种全新的可行的太空旅行方式。经过大量的阅读和反复的思考,他断定,反作用力推进的火箭是一种进入太空的方式。

图 2.64　赫尔曼·奥伯特

1912 年,奥伯特到慕尼黑学习医学,但随之而来的第一次世界大战打断了他的求学历程,他应征入伍,被派往东部战线。1915 年,奥伯特被调往奥匈帝国的锡吉什瓦拉医护中心。在此期间,奥伯特阅读了所有他能找到的关于火箭和宇宙航行的著作,其中就包括齐奥尔科夫斯基的著作。奥伯特开始着手一系列与失重相关的实验,并开始了自己的火箭设计。

1919 年奥伯特重新回到德国继续学习物理学,并且将所有的业余时间都用于宇宙航行研究。1922 年,他把研究成果整理成文,作为申请博士学位的论文寄给了海森堡大学,但他的研究成果没有得到承认。1923 年 6 月,奥伯特发表了论文《飞往星际空间的火箭》,这篇论文后来被奉为宇宙航行学的经典著作。1929 年,经过修改和扩充更名为《通向星际空间之路》。奥伯特也因《通向星际空间之路》一书获得了首届 REP-Hirsch 国际航天成就奖。在书中,奥伯特提出了空间火箭点火的理论公式,用数学阐明火箭如何获得脱离地球引力的速度。他甚至预言了电推进火箭和离子推进火箭。他的作品影响了很多人,其中就包括后来的德裔美国火箭专家冯·布劳恩。

1924 年—1938 年,奥伯特在家乡特兰西瓦尼亚的一所中学里教数学和物理,但他对火箭的兴趣没有丝毫的减退。1928 年—1929 年,奥伯特成为了由弗里茨·朗指导的电影《月里嫦娥》的科学顾问,使得该电影充满了火箭科技的内容。同时,为首映式制造和发射一枚火箭也成了奥伯特作为电影顾问时最重要的一项任务。

1938 年,奥伯特加入维也纳技术大学,短暂地参与了德国空军有关于火箭研究的计划,后来进入德累斯顿大学研制液体火箭的燃料泵。1940年,他加入德国籍,1941年,加入冯·布劳恩在佩内明德领导的德国火箭发展小组。虽然他没有直接参与开发后来的A4火箭,也就是著名的复仇者2号(V2)导弹,但A4火箭却完全是以他的理论框架为基础的。德国战败后,他被盟军俘获并关进拘留营。被释放后,奥伯特离开了令他心碎的德国,在瑞士和意大利从事作家与教师的职业,内容均与火箭相关。

1951年,奥伯特来到美国与冯·布劳恩合作,共同为美国空间规划努力,并在1955年到1958年期间,担任美国陆军红石兵工厂的顾问。这期间,他写了两本书,一本是对十年内火箭发展的可能性做展望,另一本谈到了人类登月往返的可能性。

1958年奥伯特退休回到德国,他被授予联邦德国空间研究学会的名誉会长。1969年,他应邀前往美国观看土星5号运载火箭发射,见证了阿波罗11号的月球之旅,见证了最宏伟的航天理想的实现。1989年12月29日,奥伯特在德国的纽伦堡逝世,享年95岁。

奥伯特不仅勤奋好学,善于思考,而且虚心求教。在他与齐奥尔科夫斯基的通信中,他实事求是地承认,齐奥尔科夫斯基等人在推导和宇航有关的方程方面,走在自己前面。当从报纸上看到戈达德研究火箭的报道后,奥伯特就热情地给他写信,并索要他的著作。在奥伯特的一生中,最主要的贡献在于理论,他建立了燃料消耗、燃气消耗速度、火箭速度、发射阶段重力作用、飞行持续时间和飞行距离等条件之间的理论关系。这些关系是影响火箭设计的基础要素。奥伯特作为一名理论家,影响了整整一代工程师。作为航天事业的奠基人之一,他获得的称赞当之无愧。

2.6.5 西奥多·冯·卡门(1881—1963)

西奥多·冯·卡门(Theodore von Kármán)是世界著名科学家,力学大师,美国航空航天事业的创建人之一。他开创了数学和其他基础科学在航空航天和其他技术领域的应用,是20世纪最伟大的航天工程学家,被誉为"航空航天时代的科学奇才",如图2.65所示。

1881年5月11日,冯·卡门出生于匈牙利布达佩斯。他的父亲是历史悠久的布达佩斯彼得·派斯马克大学著名的教育学教授。在童年时,冯·卡门就展现了很强的数学天赋,然而他的父亲因为担心他严重偏科,让他读地理、历史、诗歌来代替做数学题,帮助和培养他对知识的好奇心,受到父亲的影响,冯·卡门一生崇尚

图2.65 冯·卡门

人文主义。

1902年，冯·卡门毕业于布达佩斯皇家理工综合大学，获得硕士学位。之后三年他在理工大学任职，并且担任匈牙利一家发动机制造厂的顾问，在航空器结构和材料强度方面进行了一些有价值的工作。这段时间，他还到德国哥根廷大学攻读博士学位，师从现代流体力学开拓者之一的路德维希·普朗特尔教授。1908年，冯·卡门获得哥廷根大学博士学位，之后他留校任教4年。期间，在1911年，他研究流动的流体在圆柱后留下的两排周期性旋涡，从理论上对其作了精辟分析，归纳提出钝体阻力理论，也就是著名的卡门涡街理论。这个理论大大改变了当时公认的气动力原则，使当时难以解释的机翼张线的"线鸣"、水下螺旋桨的"嗡鸣"等现象得到解决。从1912年起冯·卡门在德国亚琛工业大学担任气动力研究所所长。从20世纪20年代起，冯·卡门多次到各国讲学、任教或担任顾问。在20世纪30年代曾到过中国，在清华大学和中央大学讲学和担任顾问。

冯·卡门于1930年移居美国，在美国加州理工学院任古根海姆航空实验室主任，指导加州理工第一个风洞的设计和建设。期间，他还提出了附面层控制理论，提出简化的附面层积分动量关系式，接着又提出与实验结果相符的紊流附面层对数定律，得到了学者以及飞机、火箭和工业输送管路设计者的认可，为他们所采用。1932年后他发表了多篇有关超声速飞行的论文和研究成果，首次用小扰动线化理论计算了三元流场中细长体的超声速阻力，提出了超声速流中波阻的概念和减小相对厚度可以减少波阻的重要思路，同时发表了著名的高速飞行中机翼压力分布计算公式，即卡门－钱学森公式。

1935年冯·卡门又提出了未来超声速阻力的原则。1938年，冯·卡门指导美国进行第一次超声速风洞试验，发明了喷气助推起飞，使美国成为第一个在飞机上使用火箭助推器的国家。在他的指导下，加州理工大学涌现了一批优秀的航空工程师，其中就包括他心爱的中国弟子钱伟长、钱学森、郭永怀等。1939年，在冯·卡门和他的同事、学生的共同努力下，美国著名的喷气推进实验室成立了。

1940年，冯·卡门和马利纳第一次证明能够设计出稳定持久燃烧的固体火箭发动机，不久就研制出飞机起飞助推火箭的样机。这种火箭也是美国"北极星"、"民兵"、"海神"远程导弹上固体火箭的原型。之后的一年，冯·卡门参与组建美国第一家制造液体和固体火箭发动机的航空喷气通用公司，还集资创办了火箭工厂。

1944年12月1日美国陆军航空队（美国空军的前身）正式成立了科学顾问团，由冯·卡门任组长，任务是评价航空研究和发展的趋势，为空军准备有关科学技术事务的特别报告。此时他已经在火箭技术上获得多项突破，如固体和液体起飞助推火箭、火箭发动机飞机、自燃点火液体推进剂（这种推进剂25年后用于阿波罗指令舱和登月舱上）。

1945年初夏，冯·卡门授命以少将军衔率领科学顾问团一行36人，赶赴德国考察纳粹德国秘密研究火箭技术的情况。通过这次调查，冯·卡门摸清了德国火箭研制技术的水平，返回美国后，撰写了两份考察报告，对比分析美、德战争期间的科技发展差异，并从多个领域对美国未来航空航天事业的发展提出了规划及建议。这份报告对于美国远程导弹、人造地球卫星和星际航行事业的发展发挥了重要作用。

1946年冯·卡门提出跨声速相似律，它和普朗特的亚声速理论结合起来，形成了一个完整的可压缩空气动力学基础理论体系。1947年10月14日，根据冯·卡门的构思设计的X-1火箭飞机首次突破了声障，把人类带入了超声速飞行的时代。1952年，冯·卡门促成北约组织成立航空研究与发展咨询组并亲自担任主席，在他的努力下，于1956年和1960年分别成立了国际航空科学委员会和国际航天学会，他担任两会会长。1962年，又是在他的努力下，召开了第一届国际空间载人飞行基础环境科学会议。

冯·卡门的一生中学术成就卓著，他为美国空军打下了科技建军的坚实基础，鉴于他在超声速飞行和美国导弹技术发展方面做出了重大贡献，1963年美国总统把美国历史上第一枚国家科学特别奖章颁发给他。冯·卡门在生前曾获得18个国家的35枚奖章，最终于1963年在联邦德国的亚琛溘然而逝。

2.6.6　谢尔盖·科罗廖夫（1907—1966）

1907年1月12日，苏联航天巨擘谢尔盖·帕夫洛维奇·科罗廖夫（Sergei Pavlovich Korolev）出生于基辅附近小城日托米尔的一个俄文教师家庭，如图2.66所示。

还在童年时代，人类能够飞行和我要飞向蓝天的想法，已深深铭记在科罗廖夫的脑海里。科罗廖夫四五岁时，常常骑在外祖父的肩上，去看飞行员的飞行技艺表演。科罗廖夫16岁时，有一天，他和母亲漫步在普希金大街上。突然，他向母亲要50戈比，母亲问他做什么用，他认真地说："我想加入飞行协会，要交纳入会会费。"就这样，科罗廖夫迈出了飞行的第一步。青年时代的科罗廖夫就渴望制造出他自己设计的滑翔机。然而设计滑翔机需要更多更深的知识，于是他开始自修高等数学，并学会了制图。科罗廖夫以半工半读方式念完了中学和高等专科学校。

图2.66　谢尔盖·科罗缪夫

1929 年，他从莫斯科高等技术学校空气动力系毕业。同年，他结识了苏联"火箭之父"——齐奥尔科夫斯基，成为齐奥尔科夫斯基的第二代传人，从此将航天作为自己的理想。他开始研究大型火箭。1932 年成为这个小组的负责人，次年，科罗廖夫担任新成立的喷气科学研究所的副所长，很快取得火箭研究和试验的许多成果。1936 年，他成功地设计出苏联的第一代火箭飞机，还相继出版了《火箭发动机》《火箭飞行》等著作。不幸的是，自 1935 年，苏联航天之父齐奥尔科夫斯基病逝后，科罗廖夫也开始倒霉。1937 年，在斯大林一手策划的大清洗中，科罗廖夫因莫须有的阴谋颠覆罪遭到指控，被判十年徒刑，发配到西伯利亚的古拉格集中营。那里苦不堪言的劳役生活使年轻的科罗廖夫受尽折磨。他得了败血症，牙龈出血，牙齿几乎掉光，下颌被打裂，濒临死亡。直到 1945 年，冯•布劳恩制造出 V2 火箭，前线需要专家来鉴别，科罗廖夫才得以重获自由。

1946 年 3 月，科罗廖夫和一些专家出国考察，了解到德国法西斯曾使用 V2 火箭袭击英国，他非常气愤，也深刻认识到在发展火箭科学研究方面"必须走自己的路"。年底，科罗廖夫所在的设计局开始设计自控远程火箭。科罗廖夫和同事们利用德国专家的研究成果和 V2 火箭的大量资料，在一年的时间里，成功研制、发射了苏联的第一枚弹道导弹。1947 年到 1953 年，已是导弹总设计师的科罗廖夫，取得了一连串重要成果，包括仿制和自行设计的近程、中程、远程和战术导弹，中程导弹试验成功后即开始装备部队。

从 1953 年开始，科罗廖夫开始领导研制 P-7 洲际弹道导弹，1956 年又将 P-7 导弹改装成用于发射人造地球卫星的运载火箭。1957 年 8 月 3 日，这枚行程可达 7000km、能够打到美国本土的洲际导弹试飞成功。

科罗廖夫在齐奥尔科夫斯基的影响下，提出并不断完善"由载客量决定大小的火箭列车"的设想，最后，发射卫星用的运载火箭由 P-7 洲际导弹改装，定名为卫星号运载火箭。它由中央芯级和四个助推级火箭捆绑而成，共用 20 台主发动机和 12 台游动发动机。火箭全长为 29.167m，最大宽度为 10.3m，起飞重量这 267t，起飞推力达 398t，这是当时世界上最大的运载火箭。1957 年 10 月 4 日上午火箭发射成功，人类从此进入宇宙航行时代。

航天史上的多项世界纪录证明，只要有科罗廖夫，美国的航天就难以胜过苏联。科罗廖夫不仅主持发射了人类第一颗人造地球卫星，还亲自敲定了苏联的航天员，开发了苏联的宇宙飞船。1961 年 4 月 12 日上午，重约 4.73t 的东方号飞船由火箭送上太空。官方急于表明苏联又一次领先了美国，塔斯社奉命向全世界发布了一则消息："尤里•加加林少校驾驶的飞船在离地球 169km 和 314km 之间的高度上绕地球运行。飞船的轨道与赤道的夹角是 64.95°。飞船飞经世界上大多数有人居住的地区上空。"一时间，举世震惊。

科罗廖夫永远不给美国人喘息的机会，他亲手拉开了人类探测地球之外、太阳系其他星球的序幕。接下来，科罗廖夫又指挥了人类第一次太空行走、人类第一位女宇航员、筹备人类第一个太空站等，科罗廖夫一个个实现着自己的梦想，保持着苏联在太空竞赛的领先位置。但由于过度劳累，他在古拉格服苦役时留下的病根开始发作了——他心脏病发作，于 1966 年 1 月 14 日与世长辞，终年 59 岁。在他逝世后，苏联的太空计划陷入迷茫，而美国的航天优势则开始绽放，他的劲敌冯·布劳恩开始有机会迎头赶上。

科罗廖夫将他的一生毫无保留地献给了他深深热爱的航天事业，成为苏联人民最敬重的科学家之一。在他的努力下，实现了人类的首次航天，人类开始进入宇宙空间进行探索，为人类征服宇宙开创了先河。

2.6.7　韦纳·冯·布劳恩（1912—1977）

1912 年 3 月 23 日，火箭专家韦纳·冯·布劳恩（Wernher von Braun）出生于德国东普鲁士维尔西茨的一个贵族家庭。他是 20 世纪航天事业的先驱者，曾担任德国著名的 V1 和 V2 火箭的总设计师，也是美国第一颗人造地球卫星火箭和登月火箭的设计师，如图 2.67 所示。

童年时，冯·布劳恩受到了他的母亲，一位业余天文学爱好者的影响，对宇宙空间产生了浓厚的兴趣。7 岁时，母亲送给他一台望远镜，从此他迷上了浩瀚的星空。学生时代的冯·布劳恩表现出了与众不同的探索精神，在他 13 岁时进行了他的第一次"火箭"试验，使得柏林的使馆区发生爆炸，为这事冯·布劳恩被送进了监狱，但这并未影响他对于火箭发射的兴趣。16 岁那年，冯·布劳恩看到了火箭先驱赫尔曼·奥伯特的著作《飞往星际空间的火箭》，并开始对星际旅行深深着迷。这本书，使他毫不犹豫地选定了自己的终身事业：为人类征服宇宙空间贡献一切力量。

图 2.67　韦纳·冯·布劳恩

1930 年，冯·布劳恩进入柏林工业大学，成为奥伯特的学生，不久参加了奥伯特创建的德国空间旅行协会，并在此后协助奥伯特的液体火箭测试。1934 年，冯·布劳恩获得了柏林洪堡大学物理学博士学位,他在毕业论文中论述了关于液体推进剂火箭发动机的理论和实验内容。这篇论文对航天事业的发展有着极其重要的意义,柏林洪堡大学将其评为最高等级——特优,甚至在30年后,德国宇宙飞行协会还将这篇文章作为其正式期刊的特刊重新出版。就这样,冯·布劳恩为自己的学生时代画上了一个闪亮的句号,并开始迎接崭新的工作历程。

1937年,在德国军队的支持下,冯·布劳恩选择了佩内明德的一片开阔地,作为德国火箭的研发中心和试验基地,并担任技术部主任,领导研制德国"复仇者2号"(V2)火箭。1938年,冯·布劳恩加入了纳粹党,此后为了巩固火箭研究事业,他加入了党卫军,并获少校军衔。1944年,由冯·布劳恩设计制造的V2火箭正式服役,它的飞行速度非常快,6分钟便能从德国飞到英国,轰炸伦敦。

虽然冯·布劳恩制造了火箭,但是他很反感自己的成果被用作战争武器。1944年6月13日,纳粹向英国发射了V1火箭。冯·布劳恩说这是"一生中最黑暗的日子",并声称"我们的火箭表现出色,只是他在一个错误的星球上着陆"。在二战后期,美国和苏联都制定了计划,要活捉冯·布劳恩。而纳粹的高层决定一旦战争失败,就枪毙冯·布劳恩。冯·布劳恩面临着来自各方的危险。

1945年4月,美国不顾约定,抢先进入了属于苏联占领区的诺德豪森市,俘获了数百名德国导弹专家及家属,并从那里的地下工厂里抢夺了大量的图纸、资料以及100枚已经造好的V2火箭,而带不走的设施,则全部炸毁。美国成功实施了这个名叫"回形针"的计划,带走了几乎所有的德国火箭资源。就在美军撤走后6小时,苏联军队赶到,但现场只剩下一片废墟。5月2日,美军在慕尼黑城郊截击到了冯·布劳恩。与此同时,美国国防部派出了科学咨询团来提审包括冯·布劳恩在内的纳粹火箭专家。咨询团的团长是美国的冯·卡门,而冯·卡门的主要助手就是日后的"中国航天之父"——钱学森。

1945年,冯·布劳恩被带到美国,在很长一段时间内,他都受到监视,因为美国人始终对他们心存芥蒂。尽管如此,冯·布劳恩依然坚持着他的火箭研制工作。他在美国研制的木星-C火箭具备了将人造卫星送上太空的推力,但是这件事却受到了美国官僚的阻挠。最初,发射第一颗人造地球卫星被认为是美国海军的事,冯·布劳恩所在的美国陆军不得干涉。于是美国只能从一开始就落后于苏联。

苏联率先发射了世界上第一颗人造卫星,震惊了全世界。当时,冯·布劳恩正在亨茨维尔出席一个鸡尾酒会,得知消息后,他压抑已久的情绪终于爆发了:"我就知道苏联会做到,而我们的设备却被束之高阁。"而直到1957年12月6日,美国海军发射第一颗卫星失败后,冯·布劳恩才有机会真正施展他的才华。1958年2月1日,冯·布劳恩的团队不负众望，他用木星-C火箭帮助美国成功发射了第一颗人造卫星——探险者1号。《时代》杂志把冯·布劳恩当作封面人物，时任美国总统的艾森豪威尔还为他颁发了"美国公民服务奖"。从此，冯·布劳恩在美国才算抬起头来。

1960年，总统艾森豪威尔将美国陆军弹道导弹局划归美国航空航天局，同时冯·布劳恩担任了新成立的美国航空航天局马歇尔太空飞行中心的主任。一开始，整个美国的航天计划均落后于苏联，一直到苏联的火箭专家科罗廖夫死后，苏联的太空计划陷入迷茫，美国航空航天局的优势才开始绽放，冯·布劳恩才开始有机会迎头赶上。

1967年，美国航空航天局"水星计划""双子星计划"圆满完成，美国宣布开始实施"阿波罗载人登月计划"，冯·布劳恩成为总领空间事物科学顾问，分管"阿波罗工程"，直接主持"土星"系列大推力运载火箭的研制工作。1969年7月16日凌晨4时，冯·布劳恩在肯尼迪航天中心的发射控制室下令："倒计时开始"；7月20日晚，由土星5号发射的阿波罗11号飞船在月球上登陆成功；21日，宇航员阿姆斯特朗迈出了人类在月球上的第一步。冯·布劳恩实现了他和平开发太空的梦想，也成为美国家喻户晓的英雄。

之后，冯·布劳恩为美国研制航天飞机付出了最后的心力。1970年—1972年，他担任美国航空航天局主管计划的副局长，完成了航天飞机的初步设计及今后10年的研究规划。1972年，功成名就的冯·布劳恩离开了美国航空航天局，他在晚年服务于提供卫星实际应用技术的菲尔德柴尔德公司，任副总裁之职。1977年6月，冯·布劳恩因为患肠癌在弗吉尼亚州逝世，享年65岁。

冯·布劳恩有着传奇的一生，经历过人生的低谷，也享受过鲜花和掌声，但始终不变的是他对太空的向往和对火箭研制的热情。他是史上最伟大的火箭科学家，他最大的成就就是主持土星5号运载火箭的研发，首次成功地完成人类登月的壮举。他一生都在努力实现的远大理想，正如他的一本自传的标题——《目标是星星》。

2.6.8 中国航天奠基人

钱学森是我国著名科学家，世界级火箭专家，中国科学院院士，中国工程院院士，中国两弹一星功勋奖章获得者。他在空气动力学成就卓越，是工程控制论的创始人，是20世纪应用数学和应用力学领域的领军人物，也是我国导弹与航天科技事业的开创者和奠基人，如图2.68所示。

钱学森祖籍浙江省杭州市，1911年12月11日生于上海。他的家族吴越钱氏中，在近现代出了很多名人，钱穆、钱钟书、钱学森、钱伟长、钱三强……他们为中国现代化做出了巨大的贡献。钱学森于1923年9月进入北京师范大学附属中学学习，1929年9

月考入交通大学机械工程学院铁道工程系，1934年6月考取清华大学庚子赔款留美公费生，1935年9月赴美国麻省理工学院航空系学习。他从小到大所读的学校以及后来的工作单位，都是国内外数一数二的学校和科研机构，其聪慧可见一斑。

1936年，在获得麻省理工学院硕士学位后，钱学森转入美国加利福尼亚理工学院航空系，成为世界著名的空气动力学教授冯·卡门的学生，并很快成为冯·卡门

图2.68　钱学森

最得意的弟子，随后获得航空、数学双博士学位。

在美国，钱学森展现了其非凡的才华。1936年冬，他参加了以马林纳为首的火箭研究小组（又称火箭俱乐部），起初研究的是火箭发动机的热力学、探空火箭和远程火箭等问题，后来参与了美国早期几种实验性火箭的研制工作，成为美国现代航天事业的开拓者之一。他和马林纳合作完成的研究报告《远程火箭的评论与初步分析》为美国20世纪40年代喷气推进实验室研制地一地导弹和探空火箭奠定了理论基础。

钱学森是冯·卡门领导的美国加州理工学院古根海姆航空实验室火箭研究小组的重要成员。他与导师共同完成高速空气动力学问题研究课题，提出了高超声速流动理论，建立了卡门-钱学森公式，为解决高速飞行器克服声障和热障做出了贡献，为空气动力学的发展奠定了基础，成为当时美国航空航天领域的权威专家。之后，钱学森更参与创办了日后名扬世界的美国航空航天局喷气推进实验室。

1945年5月至6月，钱学森作为航空航天专家，参加了由冯·卡门领导的美国技术专家小组，对欧洲和日本，特别是德国秘密火箭研究基地进行了考察，并且审问了20世纪航天事业的开拓者、纳粹火箭专家冯·布劳恩。同年12月，钱学森作为冯·卡门的主要助手，参与完成了美国空军"面向新水平"的发展规划，该规划成为20世纪50年代美军军事思想的基石，对美国空军导弹和航天技术的发展也产生了深远影响。1948年，他完成了《关于火箭核能发动机》的论文，提出了洲际旅客运输火箭和核能火箭的设想，震动了美国科学界。

1949年，当中华人民共和国宣告诞生的消息传到美国后，钱学森和他的夫人蒋英便商量着早日赶回祖国，然而却遭到美国政府的干预。1950年，面对各种威逼利诱都毫不动摇的钱学森，在港口准备回国时，被美国官员拦住并将其关进了监狱。美国海军次长

金贝尔这样形容钱学森："他无论走到哪里，都抵得上五个师。"之后，经过冯·卡门等人的努力，钱学森被释放，但其行动仍然受到限制，失去自由。

直到1955年，通过中国政府极富智慧的政治、外交操作，美国才不得不同意钱学森回国。中国航天因此获得了巨大的、本属于中国的头脑宝藏。

归国后的钱学森，全力投入到了导弹研制事业当中。1955年10月，钱学森主持制定了我国1956年至1967年科学技术发展远景规划纲要中的第37项国家重要科学技术任务——喷气和火箭技术的建设，并于1956年2月17日向国务院提出《建立我国国防航空工业的意见书》，为中国火箭和导弹事业的建立与发展提出了总体实施方案，协助周恩来总理、聂荣臻元帅筹备组建了我国火箭、导弹科学技术研究机构。从1956年4月开始，钱学森负责规划与组建国防部第五研究院，参与并领导了我国导弹、航天科学研究机构的创建工作。此后，他长期担任我国导弹和航天器研制机构的领导职务，并以他在总体、动力、制导、气动力、结构、材料、计算机、质量控制和系统工程等领域的丰富知识和经验，为组织领导中国导弹和航天器的研制工作发挥了重要作用，对中国导弹和航天事业的迅速发展做出了卓越贡献。在薄弱的工业基础之上，钱学森用很短的时间使中国研制出很多先进的导弹，建设了多个系列的火箭，树立了"两弹一星"的丰碑，夯实了中国的国防基础。

1970年，钱学森领导中国航天实现了中国第一颗人造地球卫星的研制和发射，为中国航天事业开创了新的局面。20世纪80年代，退居二线的钱学森继续支持着中国的载人航天事业的发展，参与了重大的、正确的航天决策，使中国航天避免了走上航天飞机的不归路，反而快速地发展了以飞船为导向的载人航天。2003年，钱学森见证了中国第一位航天员杨利伟飞上太空，2007年又见证了中国第一颗月球探测卫星的发射……作为中国航天科技事业的开拓者、实践家和主要奠基人，钱学森见证了中国航天事业从无到有、由弱到强的光辉历程。

钱学森在理论上的建树也是卓越的。在20世纪50年代，他将控制论发展成为一门新的技术科学——工程控制论，为导弹与航天器研制提供了制导理论基础。他把中国导弹武器和航天器系统的研制经验，提炼成为系统工程理论，并推广应用于军事运筹和社会经济发展研究，成功地推进了作战模拟和社会经济系统工程在中国的发展。钱学森在应用力学、喷气推进、工程控制论、物理学和系统科学等领域都做出了开创性的贡献。他的专著有《工程控制论》《物理力学讲义》《导弹概念》《星际航行概念》《论系统工程》及《创建系统学》等。据不完全统计，他有50多篇学术论文在国外发表，400多篇学术论文发表于国内刊物。

2009年，曾获得"国家杰出贡献科学家"称号的钱学森先生因病去世，享年98岁。钱学森之于中国，就像科罗廖夫之于苏联，冯·布劳恩之于德国、美国一样，不可或缺。国为重，家为轻，科学最重，名利最轻。五年归国路，十年两弹成。钱学森先生是知识的宝藏，是科学的旗帜，是中华民族知识分子的典范。

第3章　飞向月球

1963年11月，时任美国总统约翰·肯尼迪（见图3.1）在达拉斯乘坐敞篷轿车时被暗杀，使得整个美国沉浸在巨大的悲痛中。但他提出的"美国要在20世纪60年代将人类送上月球"的大胆设想并没有因此夭折。

在当时，月球任务的基本方案已经制定出来了，这一方案需要两艘宇宙飞船：一艘母船，用于运送三名航天员往返月球之间；一艘登月飞船，用于将其中两名航天员送到月球上并返回月球轨道。

图3.1　1961年5月25日，美国总统肯尼迪在国会上宣布"美国要飞向月球"

具体的实施步骤分为如下三个阶段：

● 第一阶段，"水星计划（Project Mercury）"（1959年—1963年），用于验证人类是否可以在太空中工作与生活。

● 第二阶段，"双子星计划（Project Gemini）"（1964年—1966年），这个计划作为连接第一、第三阶段的桥梁，将两名航天员送往太空，进行飞行试验。

● 第三阶段，"阿波罗计划（Project Apollo）"（1967年—1972年），人类将登上月球。

3.1　水星计划

"水星计划"的名称源自罗马神话中的速度之神——墨丘利（同时也是太阳系行星中水星的名字）。这个计划是为了发射载人飞船环绕地球而发起的，同时也为后续的登月和深空探测等任务做准备。

让航天员环绕地球轨道飞行并不是一件简单的事情，在飞船发射之前有许多问题要解决。首先，运载火箭需要有足够的动力，能够将载人飞船发射升空；其次，需要设计飞船的着陆方式，并检验当它着陆后能否很快恢复动力；最后，还需要在地球多处建立地面跟踪站，以便与航天员保持联系，且航天员需要通过极其严格的体检来证明他们能够胜任在太空工作。在真正实践之前，没有人能确定人类能否适应太空生活。

在结束环绕地球飞行后，水星号飞船将返回地球大气层，最终在海面上降落。每艘飞船都携带3个降落伞，其中两个用于降落，另一个作为紧急情况下的备用伞。飞船降落后，由直升机把航天员从飞船上接走。

测试了几百名志愿者后，NASA从中选出7人作为"水星计划"的航天员（见图3.2），他们曾在军队中当过飞行员并拥有科学类或工程类专业大学学历。作为航天员，他们还要学习一些航天器结构知识。

图3.2　"水星计划"航天员格里森、谢泼德、卡彭特、施艾拉、斯雷顿、格伦、库勃（左起）

在当时，太空对人类来说还是一个未知世界，航天员们需要完成各种适应性训练，以便能够应付在太空中遇到的各种情况，例如失重和超重。1960 年 12 月 19 日，载有水星号飞船的红石号火箭（见图 3.3）首飞成功。

"水星计划"的第一位乘客是一只大猩猩（见图 3.4），它叫哈姆，只有 3 岁。哈姆在太空飞行持续了 18 分钟，体验了 6 分 30 秒的失重状态。

图 3.3　载有水星号飞船的红石号火箭发射升空

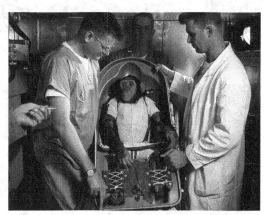

图 3.4　猩猩"哈姆"被装入座椅

3.1.1　航天员谢泼德、格里森和格伦

1961 年 5 月 5 日，美国将艾伦·谢泼德乘坐的自由 7 号飞船送上太空，一直飞到距地球表面 187km 的高度。谢泼德体验了 5 分钟的失重状态，如图 3.5 所示。

第二个进入太空的美国人是维吉尔·格里森，他重复了谢泼德的飞行任务，发射和飞行阶段均运行良好，但在降落后出现了小插曲：当返回舱落入海里时，舱门突然开启，海水涌进船舱，好在格里森迅速逃脱。成功营救航天员后，直升机试图打捞飞船未果，飞船沉入大海。经过 14 年的多方努力，在佛罗里达州卡纳维拉尔角东南偏东 300 海里（560 km）的新港，自由 7 号飞船于 4.6 km 深处被发现，船体状况依然良好（见图 3.6）。

图 3.5　自由 7 号飞船拍摄的照片（左）和直升机将谢泼德乘坐的返回舱救起（右）

图 3.6　格里森进入自由 7 号（左）和 14 年后被找到的自由 7 号飞船船体（右）

"水星计划"中首个进入地球轨道的航天员是约翰·格伦，他乘坐的友谊 7 号飞船（见图 3.7）于 1962 年 2 月 20 日发射。此次任务是环绕地球 3 圈，并持续飞行 5 小时，任务取得了圆满成功。然而格伦在执行飞行任务时遇到了两个麻烦：当飞船的自动控制失灵后，他必须手动操纵飞船；返回火箭点火时，仪器显示飞船的隔热罩剥离，这种情况极有可能引燃飞船，经过判断是仪器显示错误，格伦安全返航。

水星号飞船最宽的位置仅有 1.8 m，因此飞船中为航天员预留的空间十分狭小。

图 3.7　友谊 7 号飞船在轨运行的计算机模拟图

起初，飞船并没有窗户，但到了第二次"水星"任务时，飞船上安装了窗户，便于航天员遥望太空。格伦是"水星计划"中第一位在太空中进食的航天员。为防止航天员在太空中进食被噎住，NASA 决定用管子对航天员喂流食。

3.1.2　航天员卡彭特、施艾拉和库勃

接下来飞向太空的美国人是斯科特·卡彭特（见图 3.8 左），他所乘坐的极光 7 号飞船搭载于 MA-7 号火箭（见图 3.8 右），于 1962 年 5 月 24 日发射，绕地球飞行 3 周。其间他遇到了很多罕见的问题，其中最棘手的便是返回时卡彭特没有及时点火，导致他降落在距预定降落地点 402 km 的地方，使救援船花费近两个小时才将他救起。

图 3.8　航天员斯科特·卡彭特（左）和 MA-7 号火箭发射升空（右）

载有航天员瓦尔特·施艾拉的西格玛7号飞船(见图3.9)于1962年9月3日发射。尽管在发射期间运载火箭出现异常,但当飞船进入轨道后便恢复正常。然而施艾拉所穿的太空服在此时却出现故障,无法控制其内部的温度,好在施艾拉是太空服设计方面的专家,在短时间内解决了这一问题。在环绕地球5小时45分后,飞船降落在太平洋上。

第6位也是最后一位"水星计划"航天员是戈尔登·库勃,他乘坐的飞船于1963年5月15日发射,在此次任务中,NASA完成了将人类送上地球轨道后环绕地球飞行1天的目标。在飞行期间,库勃可以清楚地看到地球上的很多细节(见图3.10),并且完成了很多实验。当环绕地球到了第9圈时,飞船的自动控制系统失灵,库勃不得不手动操作飞船返回着陆。

3.1.3 "水星计划"结束

库勃圆满完成任务后,"水星计划"于1963年6月12日正式结束。第7位"水星计划"的航天员迪克·斯雷顿没有执行飞行任务,留待NASA后续计划时再出任航天员。"水星计划"成功将6位航天员送上太空,整个计划在太空中飞行总时长为53小时55分27秒,总花费为39 200万美元,证明了人类可以很好地在太空中生存,为NASA后续的计划做了充分的准备,圆满地完成了登上月球的第一步。

图3.9 调试中的西格玛7号飞船

图3.10 航天员库勃所拍摄的西藏

3.2 双子星计划

"水星计划"所用的航天器必须经过升级改造才能用于"双子星计划"。双子星飞船(见图 3.11)需要搭载两位航天员,因此体积较大。飞船由两部分组成(见图 3.12):一部分是用于航天员活动的舱体;另一部分是独立的设备模块,涵盖动力、推进、生命维持系统等。飞船重 3 630 kg,长 5.6 m,基座长 3 m。用于发射航天器的大力神二号火箭(见图 3.13)高 33m,在"双子星计划"期间共发射了 12 枚(见图 3.14),其中 2 枚为双子星无人太空舱,另 10 枚为载有两名航天员的太空舱,所有发射均圆满成功。

图 3.11 阿姆斯特朗航空宇航博物馆的双子星飞船复制品

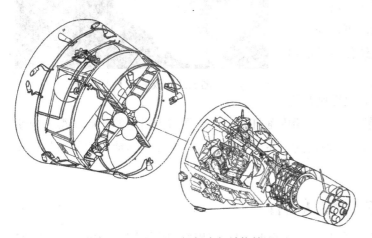

图 3.12 双子星飞船内部结构简图

图 3.13 大力神二号(Titan II)火箭发射

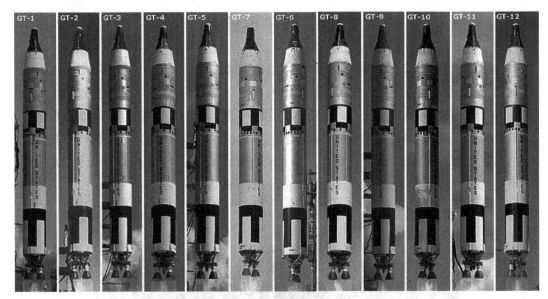

图 3.14 "双子星计划"中全部的运载火箭

与"水星计划"相比,双子星飞船(见图 3.15)具有几个新特点:新能源——由燃料电池代替了水星飞船的电池,从而提供更多的能源;新技术——飞船拥有更先进的计算机技术来帮助航天员应付在轨道中遇到的复杂问题;新系统——双子星飞船是航天员实际驾驶的飞船,可以向前、向后以及横向移动的驾驶系统使飞船能追上目标火箭或其他飞船。

图 3.15 双子星飞船剖面图

双子星飞船的另一个重要改进则是飞船的两个舱门。该舱门可由航天员从飞船内部打开,这使得航天员出舱作业变得十分便捷。而在"水星计划"中,航天员被密封于飞船中,并且只能在返回地球后从外部打开舱门。

3.2.1 双子星飞船第一次载人飞行

双子星飞船的首次飞行装载的是无人太空舱,用于测试飞船和火箭。1965 年 3 月 23 日,双子星 3 号飞船发射升空,进入地球轨道,航天员维吉尔·葛理森和约翰·杨(见图 3.16)

完成了"双子星计划"的第一次载人太空飞行任务。飞行中，航天员启动推进器多次改变飞行轨道，实现了轨道倾角的微小改变。此次任务持续了近 5 小时，飞船运转正常。

3.2.2　美国第一次太空行走

两个月后，航天员詹姆斯·詹麦克迪维特和爱德华·怀特（见图 3.17）乘坐双子星 4 号飞船进入太空飞行了 4 天，此行的目的是要追赶发射这艘飞船所用的大力神号火箭。任务十分艰难，最终由于燃料耗尽导致他们不得不放弃此次任务。尽管如此，美国仍从中获得了大量操作飞船的宝贵经验。此次任务最激动人心的是在绕

图 3.16　双子星 3 号飞船航天员杨（左）和葛理森（右）

轨道第三圈时，由怀特实现了美国人首次的太空行走（见图 3.18）。出舱时他身上连着一根管缆，利用一个手持的小型火箭来实现太空移动。在经历了 20 分钟的太空行走后，怀特按照指令返回飞船，并表示意犹未尽。

图 3.17　双子星 4 号飞船航天员怀特（左）和詹麦克迪维特（右）

图 3.18　航天员怀特进行太空行走

3.2.3 长时间太空飞行试验

双子星 5 号飞船是首次使用新型燃料电池的飞船，它在太空中的任务持续了近 8 天，环绕地球 120 圈。航天员戈尔登·库勃与皮特·康拉德（见图 3.19）共完成了 17 项科学实验。在进行了 5 次变轨后，双子星 5 号飞船安全着陆于大西洋。此次任务证明了航天员可以长时间在太空中生存，不必担心登月计划中长时间太空飞行的问题。

图 3.19　双子星 5 号飞船航天员康拉德（左）和库勃（右）

3.2.4 "轨道双子"

"双子星计划"中最重要的目标之一，是证明两艘航天器可以在太空中交会对接。双子星 6 号飞船的任务是与在轨目标飞行器阿金纳号对接。然而在 1965 年 10 月 25 日，阿金纳号火箭发生爆炸，使得航天员瓦尔特·施艾拉和托马斯·斯塔福德（见图 3.20）被迫取消执行任务，任务名称后来改为"双子星 6A 号"。由于"双子星 6 号计划"的延误，NASA 决定将原本定于 12 月初发射的双子星 7 号与双子星 6A 号两个计划合并，双子星 7 号作为双子星 6A 号的目标飞船。

图 3.20　双子星 6 号飞船航天员斯塔福德（左）和施艾拉（右）

载有航天员弗兰克·博尔曼和詹姆斯·洛威尔（图 3.21）的双子星 7 号飞船发射于 1965 年 12 月 4 日，此次任务的重点是与双子星 6A 号飞船交会对接，他们在飞船上进行了 20 次科学实验并测试了新型的轻便太空服。双子星 6A 号飞船在三天时间里绕地球飞行 3 周、进行了 7 次变轨去追赶双子星 7 号飞船（见图 3.22）。1965 年 12 月 15 日，两艘飞船顺利完成对接，整个过程耗时 5 个多小时，最近的距离仅为 0.3 m。之后，双子星 6A 号飞船返回地球，三天后双子星 7 号飞船也成功返回。对接任务的成功是登月计划中十分重要的环节，人类距离月球又迈进了一大步。

图 3.21 双子星 7 号飞船航天员洛威尔（左）和博尔曼（右）

图 3.22 由双子星 6A 号飞船拍摄的双子星 7 号飞船的在轨飞行状态

另外,"双子星计划"的所有航天员都要学习天文学,因为他们在太空中需要识别天体,利用这些天体进行导航,如图 3.23 所示。

3.2.5 在轨遇到的问题

随着航天任务的顺利进行,人们开始逐渐认识太空。但后续两次的"双子星"任务,证明太空活动仍然具有很大的挑战性。

图 3.23 双子星 7 号飞船拍摄到的被云覆盖的西太平洋

双子星 8 号飞船的任务是与阿金纳号目标火箭对接（见图 3.24）。载有航天员尼尔·阿姆斯特朗和大卫·斯考特（见图 3.25）的飞船于 1966 年 3 月 16 日发射。他们在完成与目标火箭的对接后就遇到了麻烦,对接后的飞船失去控制并不停旋转,当飞船与火箭分离后旋转更为明显。当他们在轨飞行第 7 周时,两位航天员终于将飞船稳住并紧急折返,最终成功将飞船安全降落在太平洋。

图 3.24 双子星 8 号飞船与阿金纳号目标火箭对接

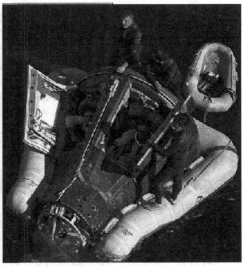

图 3.25　斯考特与阿姆斯特朗（左）；双子星 8 号飞船着陆时舱口打开情景（右）

双子星 9 号飞船于 1966 年 6 月 3 日发射，其上载有航天员托马斯·斯坦福和尤金·赛尔南（见图 3.26）。他们原本计划与目标火箭进行对接，但阿金纳号火箭上的保护罩未能成功脱离，使得对接无法完成。因此航天员赛尔南决定改变计划，提前进行太空行走。但当他走出舱门，太空服出现故障，内部变得充满热气，雾气漫进头盔使他无法看清外界，最终只好返回飞船，如图 2.27 所示。

图 3.26　斯坦福与赛尔南（左）；阿金纳号目标火箭（右）

图 3.27 赛尔南进行太空行走（左）和斯坦福在飞船里执行任务（右）

3.2.6 最后的任务

"双子星计划"最后的三次任务不仅让航天员积累了更多的经验，同时也是 NASA 在技术上的一次飞跃。最后这三次任务重复练习了对接、太空行走以及在更高的轨道上变轨。

航天员约翰·杨和迈克尔·科林斯作为双子星 10 号飞船的成员随飞船于 1966 年 7 月 18 日发射升空，并在太空中进行为期 3 天的任务。在完成对接后，科林斯在太空中走到阿金纳号火箭旁，这也成为了此次任务的一个亮点。

双子星 11 号飞船同样是为期 3 天的任务，载有航天员皮特·康莱德和理查德·戈登，他们主要的任务是为日后的登月做练习（见图 3.28）。此次任务中，飞船刷新了之前的飞行高度，达到了 1368km。同时他们也进行了首次完全由计算机操控的折返动作。

双子星 12 号飞船（见图 3.29）是"双

图 3.28 双子星 11 号飞船利用阿金纳号火箭进行绳索实验

子星计划"最后的任务，载有航天员吉姆·洛威尔和巴兹·埃尔德林的飞船发射于1966年11月11日，进行为期近4天的飞行任务。有前面多次任务的经验积累作为铺垫，此次任务进行得十分顺利。

双子星12号飞船任务成功完成之后，NASA为登月任务积累了足够的经验，而航天员们也在太空中度过了近2000小时。NASA对飞船进行不断改进，使其可在太空中工作长达两周。这些工作完成之后，就可以进入到下一步"阿波罗计划"了。此时的美国在"太空竞赛"中取得领先的位置，航天员们很快便要踏上登月的旅程。

图3.29　从阿金纳号火箭看到的对接时相距15英尺的双子星12号飞船

3.3　阿波罗计划

阿波罗飞船由服务舱、指挥舱和登月舱组成（见图3.30），其发射任务必须由土星5号运载火箭搭载完成。土星5号运载火箭体积庞大，高111 m，由三级结构组成。火箭的第一级和第二级负责将飞船送入太空；第三级负责将飞船送入绕地球飞行的轨道后再将飞船推出轨道，飞向月球。

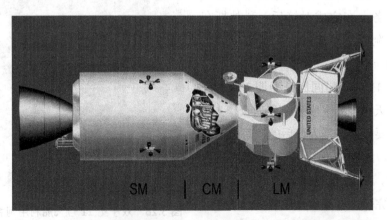

图3.30　阿波罗飞船的服务舱（SM）、指挥舱（CM）和登月舱（LM）

阿波罗1号飞船任务原定于1967年2月21日由三名航天员维吉尔·格里森、爱德华·怀特和罗杰·查菲（见图3.31）执行。然而在1月27日的一次训练中，一次意外引起了一场大火，火势吞没了飞船，三名航天员不幸牺牲。

图3.31　航天员格里森、怀特和查菲（左起）以及被烧毁的阿波罗1号飞船

阿波罗1号飞船的失败是人类探月史上的重大悲剧。在后来的任务中，NASA要确保航天器能够防火。他们用氮氧混合物填充船舱，即使起火，火势也不会像填充了纯氧的阿波罗1号飞船那样迅速蔓延。在土星5号三次成功的发射试验之后，NASA准备启动载送航天员任务。

阿波罗7号飞船是"阿波罗计划"中第一次载人飞行任务，于1968年10月11日发射，其上载有航天员瓦尔特·施艾拉、唐·艾斯利以及瓦尔特·康尼翰（见图3.32）。

图3.32　航天员艾斯利、施艾拉以及康尼翰（左起）

阿波罗7号的飞行任务进展十分顺利，NASA决定将阿波罗8号飞船送上月球。

3.3.1　着陆演习

阿波罗7号飞船的成功使美苏之间的"太空竞赛"达到了巅峰。此时苏联已经做好送航天员环绕月球的准备，同时美国的计划也在顺利地进行着。阿波罗8号飞船于1968

年12月21日发射，并载有航天员弗兰克·伯尔曼、吉姆·洛威尔以及威廉·安德斯（见图3.33）。阿波罗8号飞船于同年12月24日到达月球轨道后环绕月球20小时。当阿波罗8号飞船于12月27号成功返回地球后，美国赢得了这场竞赛。

图3.33　约克城号航母甲板上的阿波罗8号飞船和航天员洛威尔、安德斯、伯尔曼（左起）

在真正登陆月球之前，仍需执行两个任务。阿波罗9号飞船并没有飞到月球，而是在沿地球轨道飞行时测试了登月舱，杰斯·麦克蒂维特、大卫·史考特以及罗杰·史维考特共同完成了此次任务（见图3.34）。

图3.34　阿波罗9号飞船的登月舱（左）；航天员史考特出舱进行太空行走（右）

航天员托马斯·斯塔福、约翰·杨以及尤金·赛尔南（见图3.35）乘坐的阿波罗10号飞船于1969年5月18日发射，为首次登陆进行演习。当到达月球轨道时，登月舱和指挥舱分离，留下杨一个人在指挥舱里，斯塔福和赛尔南随着登月舱驶向月球。斯塔福和赛尔南飞至距月球表面只有16km的位置后，必须重启引擎并返回指挥舱。他们的任务并不包含登陆月球，这需要留待阿波罗11号飞船完成。

图3.35　航天员赛尔南、斯塔福、杨（左起）和他们拍摄的"地出"

3.3.2　"雄鹰"着陆

激动人心的时刻终于到来，1969年7月16日，载有航天员尼尔·阿姆斯特朗、迈克尔·柯林斯和巴兹·奥尔德林的阿波罗11号飞船（见图3.36）发射升空，驶向月球。当飞船到达月球轨道后，载着阿姆斯特朗和奥尔德林的雄鹰号登月舱与哥伦比亚号指挥舱分离，柯林斯留在指挥舱中继续环绕月球。在雄鹰号登月舱驶向月球的过程中出了一些意外，导航计算机过载使得阿姆斯特朗必须手动操作飞船使其降落。好在有惊无险，在所剩燃料只够支撑30s的情况下，"雄鹰"到达了它的降落地点——静海基地，而此时距离飞行控制中心叫停登月任务只剩15s。

1969年7月21日2时56分，阿姆斯特朗扶着登月舱的阶梯踏上月球，他说了一句流传至今的名言："这是我的一小步，却是人类的一大步。"随后奥尔德林也踏上月球（见图3.37），他们花费了2小时31分钟去采集月球表面的土壤、岩石并搭建实验设备。两位航天员在预定时间返回雄鹰号登月舱，随后和在哥伦比亚号指挥舱的柯林斯汇合，一同回到地球。返回地球的旅程进行得十分顺利，于7月24日降落在太平洋上。阿波罗11号飞船不仅实现了肯尼迪总统的登月目标，更实现了人类想要到达新世界的梦想。

图 3.36　航天员阿姆斯特朗、柯林斯、奥尔德林（左起）和搭载 阿波罗 11 号飞船的土星 5 号火箭

图 3.37　航天员奥尔德林在月球上留下的鞋印和阿姆斯特朗拍摄的奥尔德林

紧接着，阿波罗 12 号飞船（见图 3.38）于 1969 年 11 月 14 日发射，其上载有航天员皮特·康拉德、理查德·戈尔德以及艾伦·宾。他们的任务是寻找于 1967 年 4 月发射的调查者 3 号飞船，这艘飞船曾用于探索人类登月的可能性。科学家们迫切地想要知道在它着陆后究竟发生了什么，因此航天员拆卸下这艘飞船的一些部件带回地球做进一步的调查。此外，康拉德和宾还带回了重达 34kg 的月球岩石。

图 3.38　阿波罗 12 号飞船登月舱月球着陆全景图

在一系列的"阿波罗"任务中，从月球上采集的岩石让科学家们对于地球和月球的形成产生了新的理解。月球岩石与地球岩石相差无几。但不同的是，有些类型的岩石是在陨石撞击月球表面时形成的，有些月球岩石则又有太阳系最古老的成分。

3.3.3 "休斯顿，我们出问题了"

载有航天员吉姆·洛威尔、杰克·斯威格特以及弗莱德·海斯（见图 3.39）的阿波罗 13 号飞船于 1970 年 4 月 11 日发射。在飞行大约 56 小时后，储箱发生了剧烈爆炸，飞船中大部分用于呼吸的氧气泄漏到太空之中。爆炸使得飞船的电源系统发生了严重的损坏，危在旦夕的时刻，航天员向位于得克萨斯州的飞船控制小组汇报了发生的险情，登月计划不得不取消，此时最重要的事便是让航天员安全返回。

NASA 的科学家和工程师们想尽一切办法试图帮助航天员返航。他们让航天员从指挥舱移动到未被爆炸波及的登月舱中，

图 3.39　洛威尔、斯威格特和海斯（左起）

尽最大可能在氧气供应耗尽前返回地球。经过 7 天的努力,三位航天员克服重重困难,最终在人们的欢呼声中,安全地降落在太平洋上。虽然登月任务失败了,但是航天员全部获救。

3.3.4 后续四次登月任务

"阿波罗计划"迅速从阿波罗 13 号飞船的危机中恢复。阿波罗 14 号飞船(见图 3.40)于 1971 年 1 月 31 日发射,其上载有航天员斯图尔特·罗萨、艾伦·谢泼德、埃德加·米切尔(见图 3.40)。谢泼德当时已经 48 岁,成为了登月航天员中年龄最大的一位,同时他也是"水星计划"中进入太空的第一人和第一个在月球表面打高尔夫的航天员。他和搭档米切尔在两次月表行走任务中积累了大量经验并收集了许多月球岩石样本,科学家们利用这些样本可以研究雨海形成过程中喷射覆盖物的特性。

图 3.40 阿波罗 14 号飞船登月舱和航天员罗萨、谢泼德、米切尔(左起)

阿波罗 14 号飞船的航行可以说是一次极为成功的飞行,它使得 NASA 重拾信心,计划在未来的探索与科学实验中取得更多的成果。

紧接着于 1971 年 7 月 26 日发射的阿波罗 15 号飞船载有航天员大卫·斯考特、詹姆斯·艾尔文以及阿尔弗莱德·沃尔登(见图 3.41)。这次任务还是"阿波罗计划"中首次"J 任务"——与前几次登月相比在月球上停留更久,进行三次较长的月表行走,科学研究所占的比例也更大。两位航天员驾驶着航天史上第一辆月球车,在月球上穿越了比前几次任务更远的距离。他们一共收集了约 77kg 的月球岩石标本。

随着登月经验的积累,美国人试图寻找更有挑战性的着陆地点。载有航天员约翰·杨、查尔斯·杜克以及肯·马丁利的阿波罗 16 号飞船于 1972 年 4 月 16 日成功发射,其登月

图 3.41　阿波罗 15 号飞船和航天员斯考特、沃尔登、艾尔文（左起）

地点选在笛卡儿高地，用于收集月球最古老的岩石。杨驾驶的月球车速度达到了 18km/h，这也刷新了当时的记录。

尽管阿波罗 14 号、阿波罗 15 号、阿波罗 16 号飞船均圆满返回，但由于其高昂的花费以及公众对于"登月"热情的消减，美国决定取消登月计划并着力于新的项目。阿波罗 17 号飞船因此成为最后一次登月。

阿波罗 17 号飞船的发射得益于月球科学团体的幕后游说，他们认为应该有一名专业的地质学家造访月球。然而，在 1965 年 NASA 招收的 5 名进行飞行训练的科学家之中，只有哈里森·施密特一人是地质学家。因此他与尤金·赛尔南、罗纳德·埃文斯（见图 3.42）一起，在为期 12 天半的阿波罗 17 号飞船飞行任务中探索了澄海沿岸附近的黑土壤区域，收集了大量重要的岩石样本。

图 3.42　航天员施密特、赛尔南（坐）、埃文斯（左起）和阿波罗 17 号飞船返回后的救援现场

阿波罗 17 号飞船同样圆满完成了它的使命。当赛尔南回到登月舱的时候，他成为了最后一个月球行走的"阿波罗"航天员。

"阿波罗计划"的圆满完成鼓舞了全世界。对于人类来说，最重要的成就便是将人类送上月球并安全返航，这是最值得铭记的；对于科学研究来说，整个计划带回了超过 363 kg 的月球岩石，从中可以了解到地球与月球的起源；对于美国来说，"阿波罗计划"凝聚了全国人民，团结一心，共同见证了人类最伟大的科学探索。

同时，这项计划也带动了美国与苏联关系的修复。1975 年 7 月，美国和苏联合作了"阿波罗－联盟"试验计划。由美国的阿波罗 18 号飞船与苏联的联盟 19 号飞船在太空中交会并对接在一起（见图 3.43），作为一次政治缓和行动，苏联航天员与美国航天员亲切握手，推进了太空探索的国际合作，由此友好地结束了这场太空竞赛。

图 3.43 "阿波罗－联盟"航天器在太空对接的模拟图

1. 美国的登月计划分几个阶段？分别是什么？
2. "水星计划"任务中，主要遇到了哪些困难？
3. "水星计划"具有哪些意义？
4. 双子星飞船与之前相比具有哪些新特点？
5. "双子星计划"任务中，宇航员遇到了哪些问题？
6. "双子星计划"具有哪些意义？
7. 人类第一次登上月球是哪一天？是哪一次任务？登陆地点在哪里？
8. 第一个登上月球的宇航员是谁？他的名言是什么？
9. "阿波罗计划"具有哪些重大的意义？

第 4 章 航天飞机和空间站

4.1 美国航天飞机简介

4.1.1 美国航天飞机

美国一共研制并生产了 7 架航天飞机。其中,开拓者号(也称进取号)和企业号只用于测试,一直未进入轨道飞行和执行太空任务,所以这两架不同于其他 5 架。其余 5 架航天飞机分别是:

- 哥伦比亚号,重约为 71 900kg,首航时间:1981 年 4 月 12 日;
- 挑战者号,重为 70 552kg,首航时间:1983 年 4 月 4 日;
- 发现者号,重为 68 744kg,首航时间:1984 年 8 月 30 日;
- 亚特兰蒂斯号,重为 68 635kg,首航时间:1985 年 10 月 3 日;
- 奋进号,重为 68 585kg,首航时间:1992 年 5 月 7 日,接替挑战者号。

4.1.2 美国航天飞机和苏联暴风雪号航天飞机的比较

天地往返运输能力不足是苏联和平号空间站存在的一个致命弱点,光用一次性使用的飞船难以承担百吨级空间站的运输要求。为此,苏联曾考虑在和平号扩建之后用可重复使用的航天飞机作为其运输系统,因为其往返能力可达 30 吨(而飞船只可运 2 吨多货物或 2~3 人和 350kg 货物)。

1988 年 11 月 15 日,苏联第一架不载人航天飞机暴风雪号由能源号运载火箭发射成功,经过 3 小时绕地飞行 2 圈后,航天飞机安全返航。暴风雪号航天飞机外形与美国航天飞机酷似,而且它们在尺寸、内部分系统及其布局、防热系统等方面也都差不多。对此,苏联的解释是,外形相同是由于空气动力要求的结果,况且科学无国界。

它们之间的最大区别是苏联暴风雪号航天飞机本身没装备主发动机,因而只是航天器,不是运输器,需借助于能源号火箭才能送上太空。这样做既有利也有弊:因为没有主发动机,所以暴风雪号可携带更多的有效载荷;但发射它的能源号是一次性使用的运载火箭,故主发动机不能重复使用,这似乎不太经济。当然,能源号火箭还可以发射别的航天器,因而用途广。

暴风雪号航天飞机上虽然没有主发动机,但是由于安装了 2 台小型发动机,所以着陆时如果第一次着陆失败,还可以拉起来进行再次着陆,安全系数较高。美国航天飞机只能靠无动力滑翔着陆。

鉴于美国挑战者号的惨痛事故,苏联暴风雪号航天飞机增设了逃逸系统并决定先进行无人飞行。

美苏航天飞机均装有机械臂。不过,美国的机械臂可回收轨道上的卫星和释放卫星进入空间,苏联的则不行,因为其机械臂仅能用于把和平号空间站的一个对接口上的专用实验舱移到另一个对接口上。

暴风雪号航天飞机一开始就设有与空间站的对接装置,原计划在第二次飞行时就与和平号空间站对接。而在 1995 年以前,美国无空间站,故其航天飞机没有安装对接装置,在此期间均是独自飞行执行各种任务。后来,为了与俄罗斯和平号空间站对接,才增设了对接装置。

美国航天飞机的着陆速度为 213 ~ 226km/h(使用减速伞),苏联航天飞机的着陆速度为 310 ~ 340km/h。不难看出,在此方面美国优于苏联。但美国只有卡纳维拉尔角的一座发射台能发射航天飞机;而苏联在拜科努尔建有 3 座能发射航天飞机的发射台,即

美国的航天飞机和苏联的暴风雪号航天飞机。

当一座发射台出现故障时并不影响航天飞机的发射。

尽管美苏航天飞机各有千秋，但美国航天飞机早就投入实用，而苏联航天飞机只进行了一次无人试验飞行，后因苏联解体和俄罗斯经济实力下降等多方面的原因于1993年被迫取消。

4.2 航天飞机

4.2.1 什么是航天飞机？

航天飞机是一种垂直起飞、水平降落的载人航天器，它以火箭发动机为动力发射到太空，它是能在轨道上运行、可以往返于地球表面和太空轨道之间、可重复使用的航天器。

1980年美国建成了世界上第一架航天飞机。1981年4月12日，在肯尼迪航天中心聚集着上百万人，观看第一架航天飞机——哥伦比亚号航天飞机的发射。

航天飞机能够带5～7人，在太空中连续停留两周时间。在最近的一次任务中，航天飞机已经在太空中飞行了30天。

众所周知，航天飞机同时具备火箭、卫星和飞机的能力，它能像火箭那样垂直发射进入空间轨道，又能像卫星那样在太空轨道围绕着地球旋转，还能像飞机那样再入大气层滑翔着陆，是一种新型的多功能航天飞行器。

航天飞机除可在天地间飞行，也就是除在空间站与地球之间运载人员和货物之外，还能在太空中做很多的科学实验和空间研究工作。有时，它也会把人造卫星从地球表面带到太空去释放，或在太空中对失效或毁坏的卫星进行维修。

航天、人文与艺术

航天飞机是一种可重复使用的飞行器,可以像飞机一样的着陆,允许多次使用。

航天飞机承担地面和空间站之间的运输任务。运输货物、宇航员和科学家到空间站上去。

宇航员操纵航天飞机之前,需要进行大量的培训和训练。海底是培训航天员最好的地方,因为海底可以模拟太空失重。

4.2.2 航天飞机组成

外储箱

固体火箭助推器

轨道器

目前，美国的整个航天飞机系统由1个轨道器、1个外挂燃料箱（简称外储箱）和2个固体火箭助推器组成，通常所说的航天飞机就是指轨道器。当前的航天飞机是一种部分可重复使用的第一代空间运输工具。

轨道器是航天飞机最具代表性的部分，长 37.24m，高 17.27m，翼展 29.79m。轨道器可以重复使用 100 次。

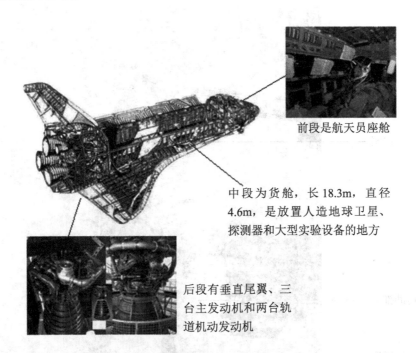

前段是航天员座舱

中段为货舱，长 18.3m，直径 4.6m，是放置人造地球卫星、探测器和大型实验设备的地方

后段有垂直尾翼、三台主发动机和两台轨道机动发动机

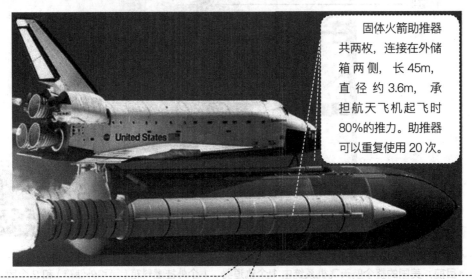

固体火箭助推器共两枚，连接在外储箱两侧，长 45m，直径约 3.6m，承担航天飞机起飞时 80%的推力。助推器可以重复使用 20 次。

外储箱长 46.2m，直径 8.25m，能装 700 多吨液氢液氧推进剂。航天飞机每飞行一次就要扔掉一个外储箱。

第4章 航天飞机和空间站

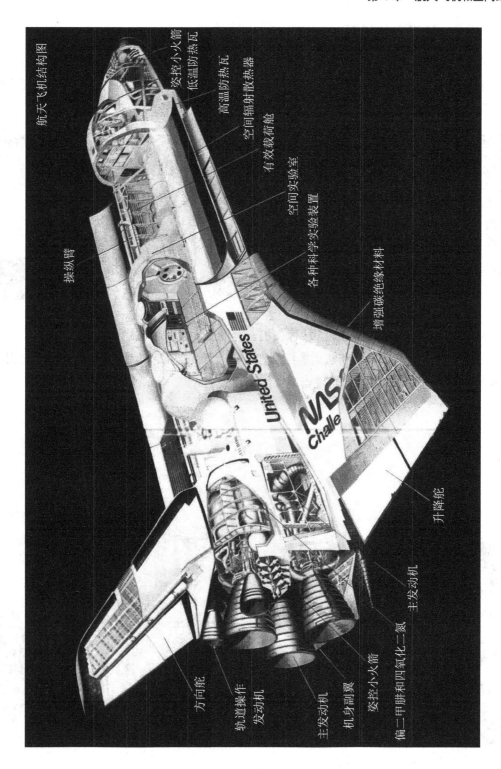

航天飞机结构图

4.2.3 航天飞机设计

在航天飞机被制造之前,人们必须依靠火箭往太空运送人和货物。由于火箭是一次性使用的运载工具,且非常昂贵,所以美国政府向 NASA 的工程师们提出建议,要求他们研制能重复使用的火箭。

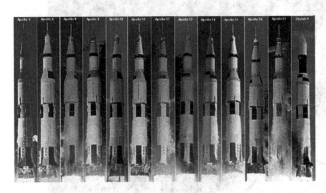

NASA 工程师们很快想出了一种像飞机一样的航天飞船。

最初,他们想将运载器和轨道器组合在一起,轨道器放在运载器的背上;当它们临近太空时,运载器返回地球,轨道器则继续飞往太空。

美国政府觉得这个方案所需的费用太高，不是很现实。

最后，NASA工程师们经过反复讨论和研究，决定不使用带翅膀的运载器，而是使用两个推进器，返回时也不用降落伞，直接坠入大海，再用轮船拖上陆地，然后加注燃料等待重新使用。这种推进器不带翅膀，所以其成本比运载器低很多。

NASA工程师们不断地研究和反复试验，寻找改进措施和实施方案。

4.2.4 在太空飞行的航天飞机

在太空里,宇航员基本上是在轨道器中的前段(即航天员座舱)工作。座舱分上、中、下三层。上层为主舱,有飞行控制室、卧室、洗浴室、厨房、健身房兼储物室,可容纳8人;中层为中舱,也是供航天员工作和休息的地方;下层为底舱,是设置冷气管道、风扇、水泵、油泵和存放废弃物等的地方。

轨道器中段为货舱,是放置实验设备的地方,可装载24吨物品进入太空,可载19.5吨物资从太空返回地面。货舱的上部可以像蚌壳一样张开。

轨道器后段有垂直尾翼、三台主发动机和两台轨道机动发动机。主发动机在起飞时工作,它使用外储箱中的推进剂,每台可产生1668kN的推力。

航天员座舱。

在太空飞行时,航天飞机的有效载荷设备舱门是敞开的,这样可以帮助调节航天飞机载荷舱的温度。

4.2.5 在太空中生活

太空是个奇妙的神奇世界，在太空的生活更是个充满魅力、令人好奇的神奇话题。太空环境与地球环境大不相同，那里没有空气，没有重力，充满危险的太空辐射。

如果用地球上的方式去太空生活，那肯定会闹出很多大笑话。比如吃饭，你端着一碗米饭，那饭会一粒粒飘满你的座舱，你张着嘴可能一粒也吃不着；而你闭上嘴时，饭粒却可能飘进你的鼻孔呛你个半死。又如，你想躺在床上睡个舒服觉，可是你会发现太空中找不到上下的界限，"躺"和"站"几乎没有什么区别……那么，宇航员们是如何在太空中吃饭与睡眠的呢？

在太空中，轨道器内部的温度为20℃，而在轨道器外部，白天温度是120℃，夜间是−150℃。

轨道器内，有足够的空气供你呼吸，良好的航天器屏蔽材料可以有效地挡住太空辐射，只是"失重"会给生活带来一些麻烦。

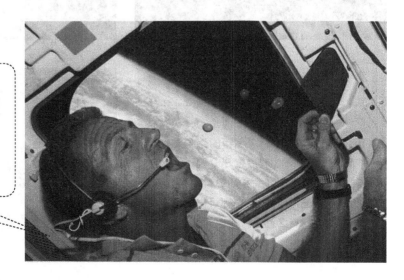

4.2.6 外储箱

外储箱是航天飞机最大的部分，用于储存液氢（燃料）和液氧（氧化剂）。在航天飞机发射升空期间，由外储箱为轨道器中的三台航天飞机主发动机提供加压氧化剂和燃料。

外储箱由洛克希德·马丁公司承包，制造完成后由船运到肯尼迪航天中心。

外储箱是由轻金属制造的，长 46.2m，直径 8.25m。外储箱的整个壳体重 33 吨，加满燃料后重 800 吨。轨道器的三个主发动机每秒耗燃料 4164 升，如果这些燃料是汽油，则可供一辆轿车围绕地球转 2 圈多。

第 4 章 航天飞机和空间站 | 115

外储箱在主发动机停车10s后分离，再入大气层。与航天飞机固体助推器不同，外储箱是一次性的。

外储箱的燃料仅仅可供发动机使用8分钟。8分钟后，发动机关闭，外储箱与轨道器分离。分离后，外储箱开始下落，在进入大气层前，外储箱就已碎裂，不会影响航线。

当进入大气层后，外储箱开始烧失。大约发射1小时左右，外储箱的烧失残余部分就会落入印度洋。

4.2.7 固体火箭助推器

固体火箭助推器（见图4.20）是最大的固体燃料火箭，也是第一次采用可重用设计的固体火箭。其成对安装的每台助推器高45m，直径3.6m。在发射台上，每台助推器重589 550 kg（130万磅），两台助推器占全部起飞质量的60%，而每台助推器中填充的推进剂重约为498 850 kg（110万磅）。

两台可重用的固体火箭助推器提供航天飞机离地时的主要推力，一直工作到约45km高空。在发射台上，固体火箭助推器承担了外储箱和轨道器的全部重量，并将之转移给移动发射台。发射时每台助推器产生约为12 450kN（280万磅力）的推力，随后迅速增加到13 790kN（310万磅力）推力。三台主发动机点火推力达到预设水平后，固体火箭推进器点火。固体火箭助推器分离75s后到达67km（22万英尺）最高点，随后降落伞打开，溅落在离发射场122海里（226km）海面上并得到回收。

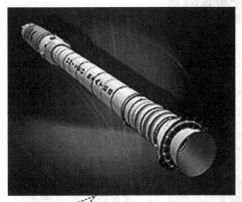

固体火箭助推器。

回收溅落在海面上的固体火箭助推器。

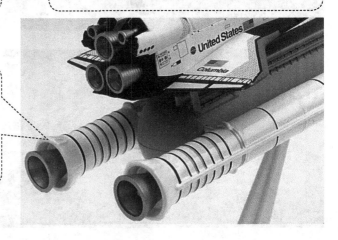

固体火箭助推器是成对安装在航天飞机上的。所以，为了保证它们运行和性能的匹配，两个助推器必须同时加注燃料。

固体火箭助推器的基本元件有发动机（含壳体、推进剂、点火器和喷管）、主结构体、分离系统、飞行控制仪器、火工设备、减速系统、推力矢量控制器、回收系统、安全自毁系统。

每台助推器都通过尾部的两个横向支杆和斜向连接杆与外储箱相接，并且助推器前裙部与外储箱前端相接。每台助推器尾部还通过四颗脆性螺母与发射台相接，起飞时螺母断开。

每台助推器有两套液压万向伺服传动机：一套用于翻滚，一套用于倾斜。每台助推器由两个速率陀螺仪集成（RGA），每个RGA含有一个倾斜陀螺仪和一个偏航陀螺仪。它们与轨道器的翻转陀螺仪一同为轨道器电脑、制导导航系统和控制系统提供数据。

连接助推器与外储箱。

固体火箭助推器分为七部分，由不同厂商制造，然后在厂房中成对组装，通过铁路运到肯尼迪航天中心完成最后总装。各段通过环形夹、挂钩、牵引钩连接销紧固，再用三个O形环进行密封，最后涂上耐热腻子。

4.2.8 装配与运输过程

为了把航天飞机发送到太空，NASA 需要在佛罗里达组装厂房里将航天飞机各个分系统集成，然后运往肯尼迪航天中心。组装厂房距离发射场 4.8km，运输用巨大的运载履带车。

装配厂房。

吊装轨道器。

外储箱吊起并直立。

将两台助推器安装在外储箱两侧。

第 4 章 航天飞机和空间站 | 119

轨道器成功搭载到外储箱和推进器上。

装配完毕。

放置设备到轨道器的仪器舱。

一旦装配完成,将用巨大的运载履带车运送到发射架。

4.2.9 倒计时起飞

航天飞机安装到发射架后,还需要大约3周(21天)的准备工作。

在这3周里,需要完成计算机软件初始化和数据更新以及电子系统的测试等任务。

在3周里,需要完成电性能测试、外储箱的燃料加注、载荷安放等任务。

在发射当天,有两个检察组,其中一个组首先登上发射架,对航天飞机做最后一次检测;另一个组负责检测是否按照要求准备就绪。

确保一切准备就绪后,宇航员开始进入轨道器。进入轨道器之后,宇航员首先检测通信设备,确认是否与地面指控中心设备联络正常。

所有准备工作就绪后,进入开始倒计时发射准备。在倒计时为6时,轨道器的3个主发动机点火,计算机检测发射程序是否正常。当倒计时为0时,固体火箭助推器点火,航天飞机起飞离开地面。

4.2.10 航天飞机的用途

航天飞机最初是美国军方提出的运载火箭的替代产品，它的用途除了载人、运送卫星外，还能往返重复使用。所以，航天飞机为人类自由进出外层空间提供了很好的运载工具。

| 航天、人文与艺术

在过去,航天飞机被用来做太空试验,现在这些试验工作被空间站取代。近年来航天飞机在地球与空间站的货物和宇航员的运输中起着重要的作用。

航天飞机在军事上也有着重要的用途。它可在空间发射和布放通信卫星、导航卫星、侦察卫星和反卫星卫星,可维修和回收卫星,攻击或捕获敌方卫星,实施空间救生和支援,进行空间作战、指挥和发射轨道武器等。

4.2.11 航天飞机上的机器臂

携带卫星和其他设备到太空是航天飞机的主要任务，为了把货物卸载到空间站上，遥控机器臂是航天飞机重要的装备，航天飞机上的遥控机器臂臂长15m，重45kg，它的手臂可以举起410.5kg重的货物。

加拿大已经为航天飞机研制了目前世界上最先进的机器臂。

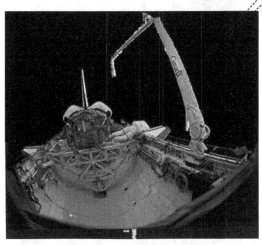

最近研制的新型机器臂，已经安装在国际空间站上，它被称为移动服务系统。

该机器臂的设计原理与航天飞机的机器臂相似，将担负组装及维护职责，而且还可以提升重达100吨的巨型货物。该机器臂计划用3次太空物资运输行动，运往国际空间站并加以组装。

航天飞机上的机器臂像人的手臂,可以伸展到空间站内部,航天飞机的机体相当于它的肩膀,宇航员坐在航天飞机内部通过遥控指令操纵机器臂。

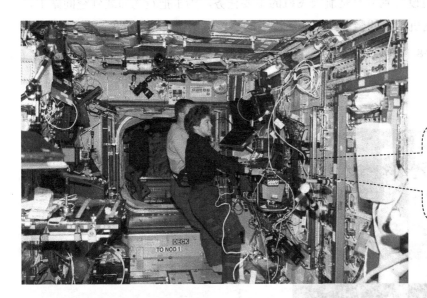

宇航员在轨道舱内操纵外面的遥控系统和机器人手臂。

多用途后勤舱与加拿大的机器人操纵臂。

宇航员脚部固定在遥控操纵臂上执行舱外任务。

4.2.12 航天飞机飞行过程

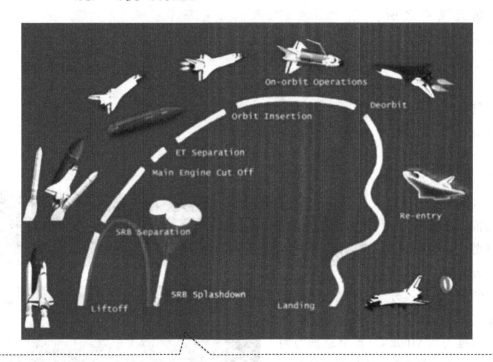

航天飞机每次飞行所执行的任务各不相同,所携带的有效载荷也多种多样。但是,无论执行什么任务,携带哪些有效载荷,航天飞机的基本飞行过程都是相同的,可分为5个主要阶段,即上升阶段、入轨阶段、轨道运行阶段、离轨阶段和再入着陆阶段。

相应的具体过程有发射前的准备和点火起飞(liftoff)、固体火箭助推器的分离(SRB separation)和回收(SRB splashdown)、外储箱的分离(ET separation)、航天飞机进入轨道(orbit insertion)、轨道运行和作业(on-obit operations)、航天飞机离轨(deorbit)和再入返回(re-entry)以及着陆等飞行(landing)的全过程。

飞行过程在地面监视之中。

1. 上升阶段

航天飞机之所以采用与普通运载火箭相同的垂直发射方法，是为了尽快通过大气层，以减少航天飞机的气动加热时间。当倒计时零秒时，点燃三台主发动机，3～4s 后两台固体火箭助推器开始点火。先点燃主发动机的目的一方面是为了使推

力达到预定水平，另一方面是为了稳定航天飞机姿态。由于三台主发动机的起飞总推力为 5100kN，真空总推力为 6300kN，小于整个航天飞机系统的总起飞质量 2000 吨，所以要借助于两台固体火箭助推器提供辅助推力，航天飞机才能离开发射台升空。由于每台固体火箭助推器的起飞推力为 13 150kN，因此航天飞机整个推进系统的起飞推力可达 31 400kN，产生约 0.5g 的初始加速度。

在航天飞机起飞阶段，如遇到应急情况，要使航天飞机紧急着陆时，两台固体火箭助推器和外储箱可立即予以炸离，航天飞机作必要的机动操纵，可像飞机一样滑翔返回并在发射场的跑道上降落。

固体火箭助推器分离后，三台主发

动机推动着航天飞机继续上升。在点火起飞约 8 分钟之后,航天飞机达到约 110km 的高空,速度达 7.8km/s,即将进入地球轨道。这时外储箱推进剂基本耗尽,停止输送推进剂,主发动机关机。经过 18s 后,外储箱与轨道器分离。轨道器与外储箱分离后开始滑行,此时机上自动驾驶仪发出指令,使下喷管点火,产生 1.2 m/s 的垂直速度增量,轨道器与外储箱之间距离加大,然后外储箱沿一条相隔较远的轨道以亚轨道速度沿弹道轨道陨落到大气层,并在大气层中焚毁,剩下的碎片坠落在远离发射场约 150km 的海面上。

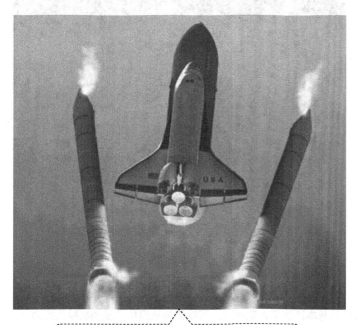

固体火箭助推器与外储箱分离。

陨落的外储箱。

航天飞机在上升段开始时是三台主发动机和两台助推器一起工作的,后期只有三台主发动机工作,或者三台主发动机中的任意两台工作。航天飞机控制系统可以利用每台发动机和助推器尾喷管所具有的两轴摆动能力组合成滚动、俯仰、偏航三轴姿态控制。

2. 入轨阶段

在主发动机关机后，航天飞机已基本达到了入轨速度，可以依靠轨道机动发动机提供推力完成最后的入轨飞行。

当主发动机关机后两分钟时，启动两台轨道机动发动机，人工控制提高轨道远地点和近地点高度。

根据任务对轨道的要求，约几分钟后通过第二次人工控制来提高轨道远地点和近地点的高度。经过上述轨道机动后，轨道器入轨。

3. 轨道运行阶段

航天飞机进入轨道以后，做无动力飞行。根据飞行任务的需要，可在 185～1100km 的高度上运行 7～30 天，速度为 7.68km/s。

在轨道运行过程中，航天飞机可按需要完成各项操纵飞行。轨道机动系统和反作用控制系统是轨道运行阶段的执行机构。利用轨道机动系统，能够完成轨道机动、修正和保持；利用反作用控制系统，航天飞机在轨道上可以采用任何所希望的飞行姿态并加以保持，可以使它的敏感器固定轴指向某一地面目标或空间目标，以满足有效载荷的要求。其定向精度可达 ±0.5° 以内。如果有效载荷的特殊实验需要更精确的定向和稳定精度，必须自备稳定和控制系统设备，如三轴实验定向平台等。此时，航天飞机的姿态控制和轨道控制与卫星、飞船等其他航天器控制的基本原理是一致的。

航天飞机最有意义的一项活动是能够在轨道上回收并检修卫星，而后再重新施放到空间轨道。航天飞机在轨道平面内具有一定的机动飞行能力，它可以同失效的卫星交会并用机械手将其收回，然后由航天员在货舱内进行检修，拆换陈旧或失效的系统和部件，安装新的敏感器或实验件，补充卫星上的消耗物品，如给气瓶充气、加注燃料等。

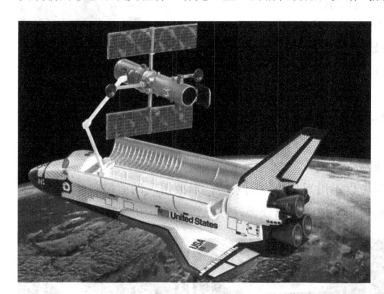
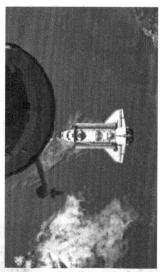

4. 离轨阶段

在轨道器完成预定飞行任务后，准备离开轨道。首先由反作用控制系统对轨道器进行姿态调整和控制，一般是把轨道器掉转，让轨道机动发动机喷管朝向飞行前方。然后通过航天飞机星载控制计算机系统发出离轨指令，点燃轨道机动发动机，对轨道器实行制动减速。在离轨制动点火瞬间，反作用控制系统要确保轨道器处于

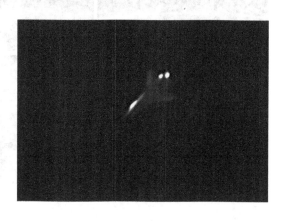

精确的返回姿态。制动点火 10 分钟后,轨道器已降到最有利于再入大气层的高度,此时高度约为 122km,速度为 7.9 km/s,通常称此点为再入点,由此航天飞机进入再入阶段。在制动点火的同时,反作用控制系统也与轨道机动系统一同工作,保证轨道器以约 −1°的再入角和 34°的攻角通过再入点进入大气层。

5. 再入着陆阶段

再入着陆阶段是航天飞机飞行的最后过程,也是控制与操纵最复杂的过程。

这一阶段分为再入、末端能量管理和着陆三个过程。再入过程的轨道高度为 122～21km。再入开始时采用反作用控制系统进行姿态控制以达到制动和降低轨道高度的目的。当再入 8 分钟后,航天飞机高度降到 76.84km,速度为 7.79km/s。由于此时气动压力已达 1.02Pa,所以对航天飞机进行俯仰

和滚动两个方向的姿态控制可以不用反作用控制系统,而改用气动面控制。此时,航天飞机飞行控制系统靠调整攻角来消除距离误差,并靠调整偏转角来保持动压与速度

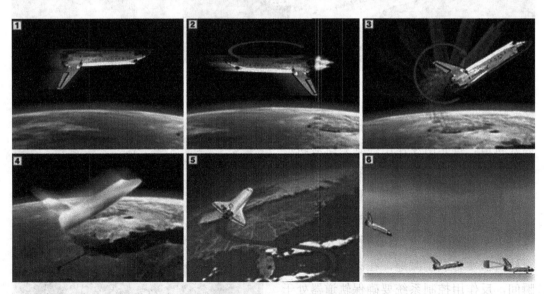

的关系。再入后 30 分 30 秒,航天飞机降到 25 km 的高度,速度为 731 m/s。此后航天飞机反作用控制系统完全停止工作,下一步的下降控制改用气动控制方法,机翼成为决定性的操纵部件,从此开始了无动力飞行。再入后 31 分 33 秒,航天飞机降到 21 km 的高度,再入过程结束,开始转入末端能量管理过程。

4.2.13 航天飞机与载人飞船的不同

载人飞船和航天飞机统称载人航天器,它们主要的作用就是运输。它们或在太空自由翱翔,或来往于地面和空间站之间,运送航天员和货物。目前正在建造的国际空间站就是用它们作为运输工具,接送了一批又一批航天员、各种舱段和仪器设备以及补给用品。所以这俩"兄弟"又称为天地往返运输器,即相当于太空交通车,可以说它们是载人航天的大动脉。

载人飞船和航天飞机有明显的不同,前者无"翅膀",后者有"翅膀",因而它们在功能上有很大不同,各有千秋。

由于载人飞船没有机翼,因而无升力或升力很小,只能以弹道式或半弹道式方法返回。其结果是气动力过载和落地误差都较大,返回时采用在海面溅落或在荒原上径直着陆的方式。

这种着陆方式对航天员的要求很高,需要长期训练才行。正是由于没有"翅膀",所以飞船的结构相对简单,无须复杂的空气动力控制面,也没有着陆机构及相关装置,从而可靠性和安全性较高。

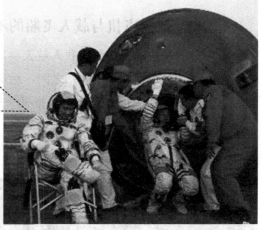

航天飞机外形极其复杂,而且要携带可重复使用的发动机,所以载人飞船无论在技术上还是成本上都比航天飞机简单和小得多,很适于长期停靠在空间站上用作救生艇。若用昂贵的航天飞机作救生艇长期停留在空间站上,使用效率太低,还大大增加空间站姿态控制和保持轨道高度方面的费用。

> 航天飞机可以运送7人外加将近30吨的货物到近地轨道上去，既能独自飞行10～20天，又可满足大型空间站的需求。载人飞船最多能运送3人外加几百千克的货物在太空独自飞行数天到10天左右，为中小型空间站提供服务。

4.3 国际空间站

4.3.1 什么是国际空间站

国际空间站是可供多名航天员长期工作和生活的载人航天器。简单来说，它就像一个家，能够为宇航员提供生活的场所。由于它位于太空之中，因此结构和功能也远比我们在地球上的房子复杂得多。

4.3.2 为什么称之为"国际空间站"

国际空间站（International Space Station）是由美国、俄罗斯、日本、加拿大、巴西和欧空局等16个国家和地区联合研制的。中国在国际空间站建设之初，也曾积极申请参加，但是没有得到美国的批准。

4.3.3　国际空间站的运行轨道

国际空间站运行在椭圆轨道上，距离地球最近点为79.7km，最远点为403.8km。它的运行轨道平面与地球赤道平面的夹角为51.6°。它围绕地球转一圈需要90分钟。

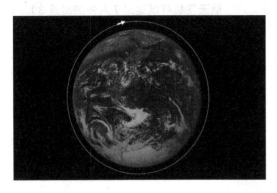

4.3.4　国际空间站的尺寸

国际空间站是目前人类建造的最大的空间站，其质量约460吨，长108m，宽88m。

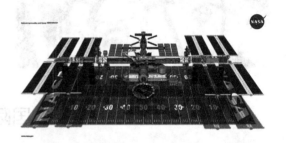

4.3.5　国际空间站的结构

国际空间站采用桁架挂舱式方式连接，桁架为主结构，相当于"房梁"，其他舱段挂靠在桁架上。如果按照功能划分各个舱段，它有居住舱、节点舱、服务舱、实验舱、功能货舱。它的太阳能电池板以及暴露在外面的试验设施等，也都挂在桁架上。

4.3.6 国际空间站各个舱段的功能

舱段名称	发射时间	所属者	主要功能
曙光号功能货舱	1998.11.20	俄罗斯	它是空间站的基础,提供电源、推进、导航、通信、姿控、温控、充压等多种功能
团结号节点舱	1998.12.4	美国	它充当对接口,连接未来升空的其他舱
星辰号服务舱	2000.7.12	俄罗斯	它由过渡舱、生活舱和工作舱等三个密封舱和一个用来放置燃料桶、发动机和通信天线的非密封舱组成。生活舱供宇航员洗澡和睡眠,舱内有带冰箱的厨房、餐桌、供宇航员锻炼身体的运动器械。舱体上有14个舱窗,可供宇航员眺望浩瀚的星空。它还配有定位和电视联系系统,可保障服务舱与俄罗斯科罗廖夫地面飞行控制中心和美国休斯敦地面飞行控制中心的直接联系。它共有4个对接口,可用于接待载人飞船或货运飞船

(续表)

舱段名称	发射时间	所属者	主要功能
命运号实验舱	2001.2.7	美国	它是空间站成员在接近零重力的状态下执行科学研究任务的基地,也是空间站的指挥和控制中心
和谐号节点舱	2007.10.23	意大利	提供空气、电能、水和其他系统支持太空站其他八个舱组,并连接哥伦布实验舱及希望号实验舱组
哥伦布实验舱	2008.2.7	欧空局	这个舱里装备有多种实验设备,可以开展细胞生物学、外空生物学、流体和材料科学、人类生理学、天文学和基础物理学等多方面的实验
希望号日本实验舱	2008.3.11	日本	在这里开展一些太空微重力,另外开展一些医药、生物、生物技术和通信等领域的科学实验

(续表)

舱段名称	发射时间	所属者	主要功能
宁静号节点舱	2010.2.8	美国	这个节点舱里装备了太空中最先进的生命维持系统，这些系统能循环利用废水，循环后的水能供宇航员使用并能同时产生氧气供宇航员呼吸。另外，还装备有空气再生系统，能净化舱内的空气。并为空间站提供一个观测和操控用的窗口。还有一个供乘员使用的太空厕所
莱奥纳尔多号永久性多功能舱	2011.2.24	意大利	为空间站运送必需的物资，再将空间站上的废弃物带回地面

4.4 图解航天员在空间站里生活的一天

太空是一个奇妙的神奇世界，在太空中的生活更是充满魅力。在运行于轨道上的空间站里，每件东西都是飘浮的。这里采用图解的方式，讲解航天员们在空间站里生活一天所要做的事情。

在太空失重的环境下，航天员们的日常清洁极为有趣。通常，航天员使用的洗发液是干洗型的，因为失重环境使得洗发液呈现颗粒状，所以头发上的污垢很容易被带走。干洗完成后只需用纸巾或毛巾一擦，就完成了整个清洁过程。另外，航天员刮胡须时，会使用类似吸尘器的特殊装置，这样可以免得碎渣乱飘。航天员的洗漱用水是需要回收的，

经过处理变成干净的水,实现循环再利用。

在太空中,航天员想解决大小便不是一件容易的事情。空间站的卫生间是十分独特的。卫生间里的马桶不仅要求尺寸合适,还要具备将大小便吸出的能力。航天员的大小便是被分开处理的。马桶中央有一个管道,可以产生足够吸力将粪便吸走。小便时则需使用马桶上的吸尿管,尿液由这根管子进入储尿箱。被收集的粪便会经烘干焚烧后带回地面处理,而被收集的尿液会先储存在约 20 升的容器里,然后定期向空间站外的太空中排放,也可以回收净化为干净的水,被重新利用。

长期处于太空失重环境中,人的身体会产生肌肉萎缩、骨质流失等现象。这主要是由血液向头部转移造成的。因此为了保持形体与身体健康,每天适当的锻炼对航天员来说是有必要的。脚踏自行车可以锻炼航天员的腿部肌肉。太空中的自行车是没有座位的,自行车骑手的负荷可以设置,在负荷最重的情况下,航天员踏步两分钟就可以感到犹如已经爬了一座小山。航天员还可以在跑步机上跑步,但要先将自己绑在跑步机上,否则就会跑着飞起来,通常要求每天跑 4~5km。

航天员在太空中的饮食要保证营养均衡,除了提供能量以外,还必须补充已知的钙质损失,以及因失重造成的血细胞和肌肉组织损耗。空间站中的多数食物被保存在"牙膏管"中。航天员吃的时候需要一点点挤到口中,这样的设计在失重环境下十分方便。近年来,随着太空科学技术的发展,太空饮食也更加丰富,除了这种膏体食物,还包括一些脱水食物、低温或冷冻的自然形态食物、包装和罐头类储藏食物等。微波炉和电磁炉等更是为航天员加热食物提供了便利。

航天员有时也需要到舱外执行任务,如对空间站外部部件进行维修。维修对象是舱外的电子器件和机械部件。舱外维修时,航天员需要穿好宇航服,然后打开气闸舱舱门,系上安全

绳。气闸舱有内外两层闸门，及时开启和关闭闸门可以防止宝贵的空气跑出空间站。航天员所穿的宇航服带有提供氧气－二氧化碳循环装备，进而保证供氧及温控设备维持适宜的人体温度。头盔上还有防止阳光刺眼的太阳防护罩。

空间站上有生活舱，是航天员吃饭、睡觉和休息的地方。航天员往往需要在太空中生活两三年的时间。对于身处狭小封闭空间站中的航天员来说，他们的心理健康维持也是十分重要的，所以经常需要开展一些娱乐活动来减压和放松。航天员可以通过弹奏乐器、玩象棋等方式自娱自乐，调节心情。此外，空间站里的起床铃声每天都不一样，铃声是各种音乐与自然的声音，通常是由航天员或亲朋好友等人点播的，这样可以促进航天员保持乐观的心态。音乐和铃声是从地面航天中心传送到空间站的。

空间站的实验室具备很多地球实验室所不具备的条件，如失重的环境与辐射影响等。航天员在空间站中的一项重要工作就是进行各种太空实验任务，如太空种植就是其中之一。

空间站有一套新鲜食品"生产线"，为了满足植物生长过程中所需要的光照条件，采用红、蓝、绿三色LED光线照射植物。植物生长在含有介质和肥料的培养袋上，袋子表层有毛细管作用，使得肥料营养进入植物体内。2014年，航天员成功地种植出了红色长叶莴苣。

空间站寿命长、空间大的特点也为建立未来的空间工厂打下了坚实的基础。材料加工与生产是空间站的一个重要应用。航天员利用太空微重力、高真空、高洁净等环境资源，可以进行高纯度药品的空间生产、提炼无缺陷晶体和制造无泡沫合金等。在微重力环境下，液体中密度不同的成分不会发生沉淀和对流，采用电泳技术可达到大大提

高生产效率、降低反应成本的效果,如空间站制药速度是地球上的几百倍,砷化镓的生产成本仅为地球的1%。

空间站中的灰尘会因失重而四处飘浮,直到被某个物体阻挡并附着在上面。因此,航天员需要定期清理灰尘以防造成仪器损坏。航天员用来清理灰尘的装置叫真空吸尘器。它内部有一个电动抽风机,通电后,吸尘器的内部将瞬间变为真空,内部的气压大大低于外界的气压,在气压差的作用下,灰尘和脏东西随着气流进入吸尘器的桶体内,再经过集尘袋的过滤,尘垢被集尘袋收集,净化后的空气重新返回空间站内。

空间站所需的物品都是用货运飞船从地面运送上去的。为了接收货运飞船的货物,首先空间站要同货运飞船对接,国际空间站部署了数个对接口,可同时停泊几艘飞船或航天器。航天员通过对接口,完成物品的接收和新老航天员的更换。

在对接过程中,航天员需要在舱内通过观察窗调节空间站的位置,进而实现手动对接。对接时,两个飞行器的对接机构先接触,然后锁紧装置逐渐将它们拉拢锁紧,使对接口达到密封。

完成与货运飞船的对接后,航天员可以打开舱门,将补给物品搬运进空间站内并进行整理。这些物品包含航天员生活所需的日用品、食品、科研设备,甚至活体实验动物,等等。在整理过程中,飞船还会根据空间站的需求对其进行燃料补给及舱内气体补充。航天员将物品从货运飞船搬出,然后将废弃物倒入货运飞船,使其随货运飞船坠入大气层烧毁。物品运送是空间站的地面后勤保障中十分重要的环节,会延长航天员在太空的驻留时间与空间站的工作寿命。

空间站需要精心设计数据通信系统空间站环绕地球时，经过每一地区上空时间都不会太长。数据传输环境是实时变化的，而数据传输量又很大。因此，既需要长距离移动无线通信，也需要短距离移动无线通信，这样才能把空间站和地面通信系统链接起来。空间站经过所在国家上空时可以直接通信，不在所在国家上空时可以通过中继通信卫星转发。当然，地面一定要有一套接收天线。航天员还可通过通信系统与地面的家人朋友联系，可以减轻空间站的封闭环境对航天员心理健康的负面影响。

对地观测也是空间站上航天员的工作任务之一。从空间站的观测窗口看地球时，能够看到许多独特而震撼的美景。至今为止，国际空间站上的航天员已经为人们拍摄了无数张精美绝伦的照片。比如，2006年所拍摄的著名照片"地球项圈"，就向人们展示了一个由位于北太平洋的607个岛屿组成的奇特项圈。

由于失重环境影响，在太空里，航天员站着和躺着是没有区别的，睡觉时也不需要保持躺下来的姿势。他们只需钻进睡袋里，拉上拉链就可以美美睡上一觉。睡袋可通过钩子与束缚带子固定在舱壁上，防止熟睡时航天员飘来飘去，甚至导致做噩梦。为节省空间，睡袋可以在平时卷起，睡觉时才放开。

与地面相比，空间站中的昼夜更替更加频繁。比如，天宫二号每90分钟绕地球一圈，一天中经历16次日出日落，所以航天员睡觉时需戴上眼罩和防噪声耳罩，以便于入睡。

1. 什么是航天飞机？
2. 美国共有多少架航天飞机？分别是什么？
3. 航天飞机由哪几部分组成？分别简述这些部分的功能。
4. 航天员座舱分为哪几个部分？各部分分别有哪些设施？
5. 航天员如何在太空中吃饭和睡眠？
6. 航天飞机从安装到发射架至起飞前，还需进行哪些准备工作？
7. 航天飞机有哪些用途？
8. 简述航天飞机的飞行过程。
9. 航天飞机与载人飞船相比有哪些区别？
10. 试分析美国为何要退役全部航天飞机？
11. 什么是空间站？
12. 进入中国大学 MOOC 平台的"航天、人文与艺术"课程，叙述空间站发展历程，展望未来空间站的设想。
13. 有兴趣的读者可以模仿"空间站"作品作画，展示一下自己的创意，然后贴到"航天、人文与艺术"MOOC 讨论平台里，让大家欣赏。

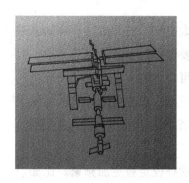
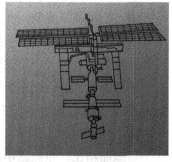
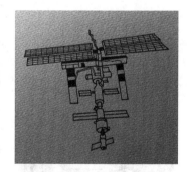

第 5 章　飞向金星

在晴朗夜晚,站在郊外抬头仰望,你会发现金星是天空中比任何其他行星更亮的行星。再仔细观测,你还会发现金星是一颗淡黄色的天体。在天文学家眼里,金星还是一颗迷人的天体,激发着人类去探索。

5.1　大起底:金星探测器

人类关于金星的知识主要来自于美国和苏联向金星发射的空间探测器。迄今为止,发往金星或路过金星的各种探测器已经超过 40 颗,人类通过这些探测器获得了大量的有关金星的科学资料。苏联在 1960 年、1970 年和 1980 年发射了十余颗金星号探测器,围绕金星飞行或着陆金星。着陆的探测器不仅拍摄了金星地表的照片,还对金星进行了一些其他方面的观察。其中有几颗探测器着陆金星后,在金星高温和高压的环境下,坚持工作长达 100 多分钟。

1978 年,美国金星先驱者 1 号和金星先驱者 2 号探测器到达了金星。金星先驱者 1 号探测器围绕金星飞行了 14 年,绘制了金星地表,研究了金星大气层。金星先驱者 2 号向大气层中投放了测量温度和风速的仪器。1990 年,美国麦哲伦号探测器拍摄了大量关于金星表面的详细照片(见图 5.1)。

图 5.1　美国麦哲伦号探测器

1961 年—1983 年,苏联一共发射了 16 颗金星探测器。金星 1 号、2 号及 3 号都没有成功返回信号,所以第一颗探测到金星奥秘的是 1967 年发射的金星 4 号探测器。它是第一颗直接命中金星并首次向地面发回数据的金星探测器。

金星 4 号飞达金星轨道，向金星释放一个登陆舱，在穿过金星大气层的 94 分钟内，发回了金星大气温度、压力和组成成分的测量数据（见图 5.2）。

2005 年，欧空局发射了火星快车。2006 年，火星快车完成减速过程，顺利进环绕飞金星的椭圆轨道（见图 5.3）。火星快车传回了金星南极地区的图片，并在距离金星 20 万千米环绕金星的椭圆轨道上由紫外线、可见光和近红外线成像分光计对金星拍照。科学家对火星快车发回的数据进行分析后，确认金星南极上空大气中存在着奇怪的双漩涡。

图 5.2　苏联的金星 4 号探测器

图 5.3　欧空局的金星快车

2010 年，日本发射了晓号金星探测器（见图 5.4）。晓号金星探测器飞行约 5.2 亿千米后，到达了环绕金星的大椭圆轨道。它携带多种波长观测仪器，计划在金星轨道上对金星进行为期两年的观测，探测金星大气的谜团，同时还将探索金星是如何成为一个灼热星球的奥秘。这也是未来人类探索金星的目的之一。但晓号金星探测器因为故障而终止。

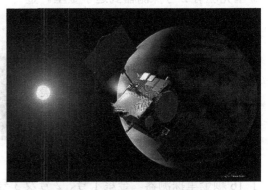

图 5.4　日本的晓号金星探测器

5.2 从地球到金星需要多长时间

人类第一颗金星探测器是苏联于 1961 年 2 月 12 日发射的金星 1 号（见图 5.5），但不幸的是，2 月 17 日，地面人员与探测器失去了联系，所以他们没有机会引导探测器进入金星轨道。这颗探测器于 5 月 19 日经过金星时，距金星的最近距离为 10 万千米。金星 1 号探测器从地球到金星总共用了 97 天，即 3 个多月时间。

第一次成功飞越金星的探测器是美国 NASA 的水手 2 号（见图 5.5）。水手 2 号探测器于 1962 年 8 月 8 日发射，并且于 12 月 14 日成功飞越金星。所以，水手 2 号探测器从发射到飞越金星所用的时间是 110 天。

图 5.5 金星 1 号探测器（左）；水手 2 号金星探测器（右）

21 世纪初，飞往金星的探测器是欧空局的金星快车（见图 5.6）。它于 2005 年 11 月 9 日发射，共花了 153 天到达金星。因为金星距离地球比较近，一般只需要几个月左右的时间就可以到达，所以目前航天工程师开始关注金星旅游的项目。

表 5.1 归纳了航天器飞往金星所需要的时间。

图 5.6 金星快车

表 5.1 飞往金星所需要的时间

航天器	发射时间	到达木星的时间	花费时间	到达方式
水手 5 号	1967.6.14	1967.10.19	127 天	入轨
水手 10 号	1973.11.3	1974.3.29	147 天	入轨
先锋号	1978.5.20	1978.12.4	198 天	子飞行器软着陆
麦哲伦号	1989.5.4	1990.8.10	463 天	入轨

为什么到金星花费的时间差别这么大？这主要归结于发射速度和运行轨道。地球和金星都绕着太阳公转。你不能仅让探测器直接指向金星就给火箭点火，必须使探测器经过一个绕地球轨道和绕金星轨道之间的转移轨道，才是比较理想飞往金星的旅行（见图 5.7）。

为了节约发射成本，一般利用小型的、不昂贵的火箭实现飞往金星的梦想，这就需要以牺牲旅途时间为代价，而折中设计一条旅行轨道。

图 5.7 从地球轨道到金星轨道的转移

5.3 解密金星

金星是人类发现的第一颗行星，这是因为它最明亮。在刚刚日落之后的西方低空中或在黎明之前的东方低空中都可以看到这颗非常明亮的星星。当金星接近地球时，它位于太空的西方；当远离地球时，它位于太空的东方。当太阳位于金星和地球之间时，人们则无法看到它。

金星就像地球的卫星，也经历一天天的相位变化，但由于金星表面覆盖厚厚的淡黄色的旋转云，所以人们在地球上是看不到金星表面的，即使利用望远镜也看不到金星表面。直到美国和苏联的金星探测器着陆到金星表面才拍摄到金星表面的照片，才了解了金星表面的面貌。但是，如果你用一台望远镜观察金星，则能够看到金星形状一天一天地改变（见图 5.8），就像月球那样。你可以记录观察结果，画出金星相位变化的草图。

金星是太阳系的第二颗行星。金星的轨道位于地球与水星轨道之间。与火星轨道比较，金星轨道更靠近地球轨道（见图 5.9）。

金星是环绕太阳运转的内行星，大约每 19 个月，金星会接近地球一次。最近时，距离地球大约 38 000 000km；最远时，距离地球大约 260 000 000km。

平均而言，金星轨道距离太阳大约 108 000 000km，比地球距离太阳近 42 000 000km，比水星距离太阳远 50 000 000km。

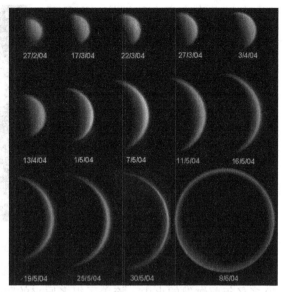

图 5.8　2004 年金星凌日期间的相变

图 5.9　金星在太阳系中的位置

金星是一个岩石的行星（见图 5.10）。所以，你可以在金星表面站立。科学家认为，金星内部很可能就像地球的内部一样，在金星多岩石的固体壳下面可能是一些多岩石的熔融地幔。在地幔之下，很有可能是由铁组成的核心。这铁核心可能是部分熔融，或完全是固体。一些科学家认为，金星有熔融铁的外核和固态铁的内核。

金星上也有高山和深坑,而且还带有地球上无法见到的一些不寻常的特征。这些奇怪的特征有的像日冕,有的像王冠。其中,比较大的环状结构直径约为580km。在金星上,镶嵌物是指被提高的地区,并且沿不同的方向形成了许多山脊和山谷。金星地表的日冕和镶嵌物也是对金星的历史见证。

金星是太阳系中拥有火山数量最多的行星。目前,人类已探测到的大型火山有1600多处。此外,还有无数的小火山,估计总数超过100万处,至少85%的金星表面被火山岩覆盖。这些岩浆主要来自50多亿年前爆发的火山,掩盖了很多原来的陨石坑。这就是金星表面的陨石坑比水星或月球表面的陨石坑要少的一个原因。

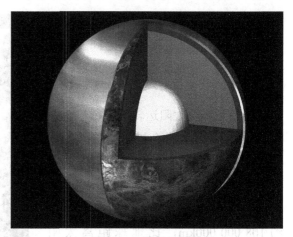

图 5.10　金星的组成

一些科学家认为金星上有的火山偶尔会变得活跃。NASA空间探测器已经在金星地表发现疑似活火山口的"热点",还在大气层中发现了由火山喷出的某种气体。金星表面没有水,但是1989年,麦哲伦号航天器却发现了一条漫长而曲折的硬化了的熔岩"河"(见图5.11)。

图 5.11　金星表面的火山(左);熔岩"河"(右)

金星上的气候非常炎热，甚至比水星的气候还要炎热。这是由于金星厚厚的大气层圈住了它表面的热量（见图5.12），不让其散发出去，就像地球上的温室圈住热量一样。金星上通常一天的平均温度能够达到465℃。

金星云端的风速通常高于320km/h，相当于地球上强台风的速度。但金星表面的风速却相当于一个人慢慢行走的速度。

金星的大气层主要是由二氧化碳气体构成的，还包含少量的氮气、氩气和其他物质。金星大气层与地球的大气层不同。金星的大气层很厚，浓云密布，其表面的大气压力等于地球表面900m深水处的压力。

金星大气层至少包含三层厚厚的云层在流动（见图5.13）。这些云层是由含硫酸的小滴组成的。这种硫酸可以用于汽车电池里，酸性很强，可以用来溶解金属。如果人接触到这种含硫酸的小滴，则会被灼伤皮肤；如果吸进肺里，会损害肺部健康。一些科学家认为，金星云层的硫酸来源于金星火山喷发出来的化学物质。

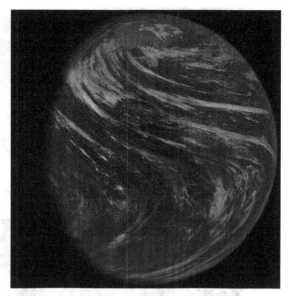

图5.12　金星的气候云图

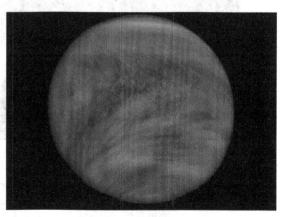

图5.13　金星号探测器用紫外波段相机拍摄的金星云层

5.4　金星与地球的参数对比

金星有时被称为地球的孪生兄弟，因为它们的大小差不多。金星赤道的直径是12 104km，比地球赤道直径小652km，如图5.14和图5.15所示。

表5.2给出了金星的基本参数。

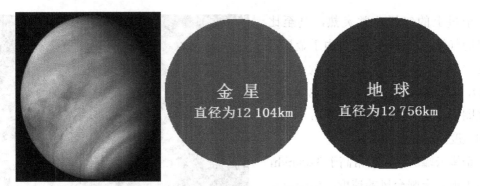

图 5.14 金星（水手 10 号拍的照片）与地球的比较

图 5.15 金星（左）与地球（右）的比较

表 5.2 金星的基本参数

赤道直径	12 104km
质量（地球=1）	0.82
赤道重力（地球=1）	0.9
到太阳的距离（地球=1）	0.72
自转轴的倾斜角	2.6°
自转周期（天）	243 地球日
轨道周期	224.7 地球日
平均表面温度	470℃
自然卫星	0

5.5 探索金星

5.5.1 金星为啥没有磁场

像地球一样（请读者比较图 5.10 和图 5.16），金星是由硅酸盐矿物和金属组成的星球，但当涉及它们各自的大气层和磁场时，两颗行星却截然不同。

天文学家一直在努力回答为什么地球有一个磁场，而金星却没有。地球外核液态金属的流动导致地球被磁场包围。在太空中，磁场就像一个巨大的条形磁铁。金星也有一个流动的金属外核，似乎也应该有一个磁场。科学家不知道为什么金星探测器没有在金星周围发现磁场。很多科学家认为，金星核心一定存在一些不同于地球核心的物质。

图 5.16 地球分层显示内部和外部的核心，地幔和地壳

天文学家认为，金星是地球的过去，火星是地球的未来。探测金星与探测火星具有同样重要的意义。不少科学家认为，金星的云层里可能存在着生命。目前，世界各个航天大国正在制定新的金星探测计划。在一些科学家看来，探索金星的梦幻任务应该采用天地一体化系统（见图 5.17）。这个系统应该包括地面机器人、行星飞机和轨道载人飞船。

大量研究表明，金星大气层适合飞机飞行，可以用飞机直接探测金星（见图 5.18）。不过，由于金星云顶的风速达到 95m/s，所以金星探测飞机必须克服金星上剧烈的风速和腐蚀性的大气层影响。

图 5.17 NASA 设想的金星探测系统

为了准确了解金星地表的相关情况，仍将需要一颗着陆器。着陆器能够分析大气、岩石和表面物质的化学成分并通过地震仪的数据来帮助判定金星内部的结构。美国和欧洲，甚至俄罗斯都正在规划预计将于2020年执行的新的金星探测计划。俄罗斯计划的金星-D探测器将于2025年发射，如图5.19所示。

图5.18 金星探测飞机

图5.19 俄罗斯金星-D探测器示意图

5.5.2 建设金星城市的设想

金星比火星更接近地球，所以金星更适合载人航天的探索。美国航空航天局（NASA）计划在金星上建立永久太空城。这不是玩笑。事实上，金星具有空间环境辐射小、太阳光照条件好，是外层空间中与地球环境最接近的星球，而且这些条件很适合建立一座由充满氦气的靠太阳能为动力的飞艇组成的城市。它能飘浮在金星灼热表面以上48km，是宇航员的家园（见图5.20）。在这里，人们可以忘掉火星及其寒冷的气温和超薄的大气层，像神仙一样飘浮在厚厚的金星云层上。

图 5.20　一个飘浮在金星云层上的城市

5.6　发现达人

5.6.1　米哈伊尔·瓦西里耶维奇·罗蒙诺索夫（Mikhail Vasilevich Lomonosov，1711—1765）

图 5.21　米哈伊尔·瓦西里耶维奇·罗蒙诺索夫

米哈伊尔·瓦西里耶维奇·罗蒙诺索夫出生于俄国的一个农民家庭（见图 5.21），很小就失去了母亲。少年时期，他经常和父亲一起出海捕鱼，一有闲暇就会读书。1731 年，他加入了一个马车队，偷偷地离开父亲去莫斯科学习。他被救世主学校接收。作为一名二十岁的青年人，他和小孩子们一起在一年级学习。他的进步、勤勉和模范举止很快引起了学校领导的注意。他用一年的时间读完了头三年级的课程。1736 年，他作为最优秀学员之一被送到彼得堡，在科学院的附属大学学习。当年秋天，他被派往德国学习化学和矿业。此外，他还被嘱咐"学习自然、历史、物理、几何、力学和水利工程"。他对俄国科学的贡献不胜枚举。他不仅是自然科学家、诗人、俄国语言改革家，还是彼得堡科学院的第一位俄籍院士、美术科学院的成员。1755 年，莫斯科大学在他的倡导下成立，并在 1940 年被冠以他的姓名。他的大量发现丰富了诸多知识领域。他发展了物质结构的原子-分子学说，阐述了物质守恒和运动守恒定律，奠定了物理化学的基础，研究了大气电流和万有引力。此外，他还推动了光学研究，发明了一系列光学仪器，发现了金星大气，描述了地球结构，解释了许多矿产资源和矿物质的来源。

5.6.2 弗朗茨·冯·格罗特胡森（Franz von Gruithuisen，1774—1852）

弗朗茨·冯·格罗特胡森是德国物理学家和天文学家（见图 5.22），1826 年成为慕尼黑大学天文学教授前，主要教授医学。

在从事医学研究和教学期间，他就因泌尿外科的贡献而闻名，曾开发出一些较为安全地排除膀胱结石的方法，使用过的器械成为后来标准的医疗器具。他相信月球适宜居住，声称在施罗特陨石坑北面崎岖的地形上发现了一座被他称为"沃尔沃克"的城池。他在 1824 年公布了这一观察，但当时的天文学家却对此持怀疑态度，因为其观点很容易被功能更强的观察器具所驳倒。他还因发现了金星边沿上的灰色而出名，并首次提出了月球上的陨石坑是由流星撞击所造成的。

图 5.22 弗朗茨·冯·格罗特胡森

他提出由于金星比地球更靠近太阳，所以金星上的丛林比巴西生长得还要快，因此，居民们燃放焰火庆祝导致金星上出现了灰色。他长期坚持对金星的观测。1813 年，他观察到了金星两极的亮点，认为这些亮点是金星两极的冰山，但之后被证实，这些亮点是金星大气中旋转移动的明亮云层。月球上的格罗特胡森陨石坑就是以他的名字命名的。

5.7 传奇故事

5.7.1 金星名称的由来

几千年前，人们认为日出时东方天空中明亮的星体和日落时西方天空中明亮的星体是两颗不同的行星，后来发现是同一颗行星，即金星。

金星耀眼的光芒使得古代中国人称其为太白，就是美人痣的意思。古希腊人和古罗马人将此行星与神话中的女神联系起来，所以古罗马人用美丽之神维纳斯的名字为其命名。

金星也是唯一一颗罗马人用女性雕塑的名字来命名的行星（见图 5.23 左）。此外，几乎所有的陨石坑、山脉和金星上的其他特征都是用真实女性名字、神话中的女性或者女神的名字来命名的，而且金星的天文符号就是女人的象征。

金星上唯一用男人来命名的标志是麦克斯韦山脉（见图 5.23 右），它是用苏格兰科学家詹姆斯·克拉克·麦克斯韦（1831—1879）的名字来命名的。

图 5.23　罗马女神维纳斯塑像（左）；科学家麦克斯韦（右）

5.7.2　古希腊人认为有两个金星

在古代希腊，金星有两个不同的名字。最初，人们发现在每年的特定时间段，金星就会出现，并认为早晨出现的金星和晚上出现的金星是两个不同的天体。大约在 2500 年前，古希腊数学家毕达哥拉斯才指出，这两个金星是同一个天体。他的这种观点来自于巴比伦人。

为什么古希腊人会认为有两个金星呢？因为当时地心说占主导地位。按照地心说理论，有时就会发现一个行星在运行中似乎改变了运动方向，又走回头路了。为了回答这些疑惑，古希腊天文学家托勒密解释行星围绕地球旋转的同时，还要围绕自己的小圆轨道运转，这也是托勒密的地心说模型。托勒密地心说模型是在仔细观察天体运动规律基础上得出来的模型（见图 5.24），当时可以解释许多天体运动的现象。因此，天文领域几千年以来一直使用这个模型。

公元 17 世纪，伽利略通过望远镜观测太空，不仅观测了月表、金星、木星和木星卫星，还观测到了不是两个，而是一个金星围绕太阳转，并确认了哥白尼的日心说是正确的。

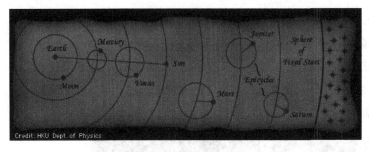

图 5.24　托勒密解释地心说（左）；哥白尼日心说（右）

5.7.3　金星上能否有生命

图 5.25　理查德·普罗克托

1875 年，英国天文学家理查德·普罗克托（Richard A Proctor）认为宇宙中极可能处处都有生命（见图 5.25）。他称金星和地球尺寸极为相似，在金星厚厚的云层下极有可能隐藏着先进的文明。

金星是一个干燥高温的世界，其上空是有强烈腐蚀作用的几十千米厚的浓硫酸雾，无法支持任何生命存在（见图 5.26）。可以想象，金星表面温度高达 460℃，足以把生命烤成焦炭；金星表面大气压是地球大气压的 100 倍，足以把生命压扁；金星上二氧化碳是地球上的一万倍，足以把生命闷死。

50 年前，人们认为金星是一个温暖湿润的天堂之地，像地球上一些热带地区一样。人们想象着有奇怪的生物在丛林中奔跑、在海洋中游动，甚至认为金星上是繁衍"小绿人"的地方。

图 5.26　利用雷达拍摄的金星表面

5.7.4 拿破仑和金星

1812年，法国皇帝拿破仑（见图5.27）在带兵进军莫斯科时，在白天的天空中看到了金星，据说这是一个幸运的征兆。他认为这预兆着战争的胜利，但是紧接着到来的却是他的军队从俄国慌乱撤退。

图5.27　法国皇帝拿破仑一世

第 6 章　飞向火星

火星因其表面是红色的，所以中国古代人称它为火星。古希腊人和古罗马人认为火星的颜色是血与战争的颜色，所以战神就成了火星的名字（Mars）。直到很久以后，望远镜才揭示火星不仅仅是一个红色的亮点，而且有大气包裹，与地球最为相似。而"运河"的错误发现使无数人认为火星有高等生物，在相当一段时间内，人们都把发现外星人的希望寄托于火星，甚至撰写了不少关于火星人的科幻小说。

当航天器访问火星后，人们发现其表面只是一个干燥的、无生命的沙漠。让人们重新燃起希望的是，有证据证明火星以前是有很多水的（见图6.1）。

图 6.1　马歇尔的流星体环境办公室计算机生成的图像

6.1 火星探测器

从 1960 年 10 月 10 日苏联发射火星 1960A 探测器至今,人类共组织实施了 43 次火星探测任务,成功或部分成功的有 22 次。受天体运行规律的约束,每 26 个月才有一次火星探测的有利发射时机。中国 2020 年的首次火星探测将一次实现环绕、着陆、巡视三个目标。目前,NASA 的好奇号等火星探测器引起了公众的广泛关注。

1965 年,第一艘抵达火星的人类航天器——NASA 的水手 4 号(Mariner 4)航天器第一次成功飞越火星,拍下了火星南半球的 21 张图片,发现火星的陨石坑很像月亮上的陨石坑(见图 6.2)。

1971 年,第一颗火星轨道飞行器水手 9 号发现了火星上一个巨大的、休眠的火山。南半球比相对更年轻的北半球有更多的陨石坑。

1975 年,美国海盗(Viking)飞行器离开地球前往火星(见图 6.3),传回了第一张从火星表面拍摄的图片,发现了一条似乎干涸的河床分支。

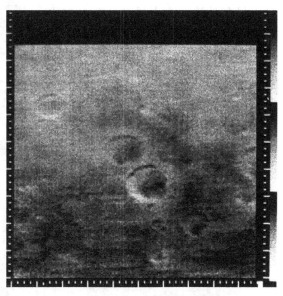

图 6.2 水手 4 号拍摄的陨石坑

图 6.3 海盗 2 号飞行器着陆火星

好奇(Curiosity)号火星车是美国第七个火星着陆探测器,第四台火星车,也是四个漫步火星的火星车中最新的和最大的一个(见图 6.4)。它于 2011 年 11 月发射,2012 年 8 月成功登陆火星表面,是世界上第一辆采用核动力驱动的火星车。

好奇号之前的三个火星车（见图6.5）的情况如何呢？索杰纳（Sojourner）号火星车是第一个火星车，在1996年探测了克里斯平原，之后被安置在母船附近。其孪生火星车勇气（Spirit）号和机遇（Opportunity）号于2004年到达火星，探测了火星上很大面积的区域。

图6.4　正在火星表面巡视的好奇号探测器

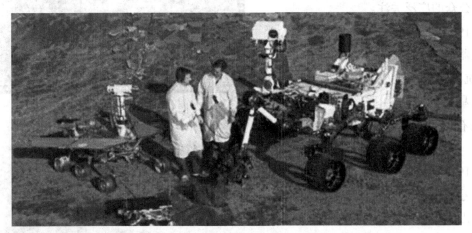

图6.5　三代火星车：索杰纳号（前）、机遇号（左）、好奇号（右）

6.2　从地球到火星需要多长时间

为了确定到达火星的时间，我们必须确定地球与火星之间的距离，而两颗行星之间的距离因环绕太阳的运行而时刻发生着变化。地球和火星之间最近点的距离是5460万千米。如两者之间的最近距离发生于2003年，相距5600万千米。当两颗行星都位于太阳的两边时，两者之间的距离最远，大约为4.01亿千米。

从火星表面发出的光到达地球的时间最短为大约3分钟。对于航天器来说，到达火星的时间主要取决于发射任务时两颗行星所处的轨道位置，同时还取决于推进系统的科技发展。从地球发射的最快宇宙飞船是新视野号探测器（见图6.6）。这个探测器到达火星的时间为 942 小时（39 天）。

电影《火星救援》里很多技术的真实可行性得到了广泛好评，但在美国麻省理工学院的研究人员看来，电影里的救援路线并非最佳。人们想出了人类从地球前往火星的最佳路线，就是利用月球作为中转。

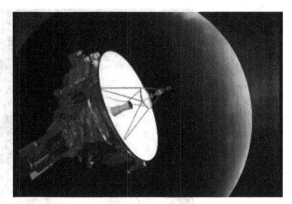

图 6.6　正在飞向火星的新视野号探测器

6.3　火星的基本参数

无论是质量还是体积，与太阳系其他行星相比，火星都算是一个相当小的行星。火星只比水星略大，比金星、地球、木星、土星、天王星和海王星都要小。火星的赤道直径为 6794km，而地球的赤道直径为 12 756km。所以，火星半径只有地球的一半，质量和密度也比地球小，如表 6.1 所示。

表 6.1　火星的参数

质量	6.4219×10^{23}kg
直径	6794km
表面温度	−63℃
自转周期	24.6229 小时
公转周期	687 地球日
卫星数量	2

火星上的引力大约只有地球上的 38%。如果你在地球上的体重是 100kg，那么你在火星上的重量大约是 38kg，同时，你在火星上能比在地球上跳得高很多。图 6.7 为火星与地球参数的比较。

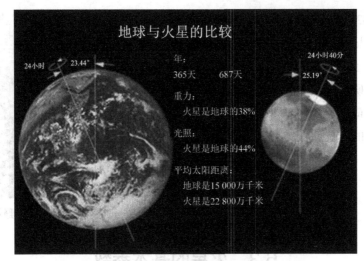

图 6.7　火星与地球参数的比较

6.4　特别星球

太阳的引力促使火星以 24km/s 的速度环绕太阳运动,如图 6.8 所示。这一速度比地球公转的速度(30km/s)慢。因为火星的轨道半径比地球大,所以火星上的一年相当于地球上的 687 天。这也是火星绕日公转一周所用的时间。

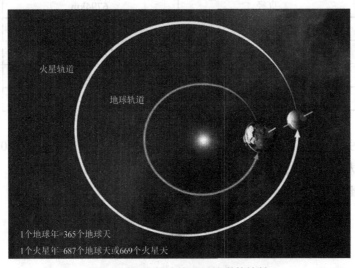

图 6.8　火星与地球运行轨道的比较

火星的轨道是椭圆形的。火星近日点距离太阳约为 2.07 亿千米，远日点距离太阳约为 2.49 亿千米。火星绕其自转轴自转一圈约为 24 小时 37 分。

意大利天文学家安吉洛·西奇（Angelo Secchi）画出了火星的第一张有色地图。之后，1879 年，意大利人乔范尼·弗吉尼奥·夏帕雷利（Giovanni Schiaparelli）画出了更加详细的火星地图，包括细纹标记运河（见图 6.9），意大利语译为"channels"，英语版本错误翻译为"canals（运河）"。

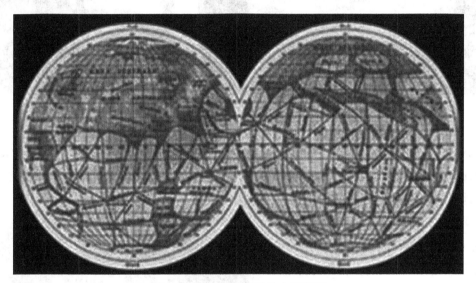

图 6.9　夏帕雷利画出的火星地图

火星是太阳系中的第四颗行星。它的运行轨道位于地球和木星轨道之间，与太阳的平均距离是 2.28 亿千米。火星是一个比地球冷得多的星球，表面的平均温度约为 -60℃。火星的外部包裹着一层粗厚的岩石外壳，在这层外壳之下是炽热的地幔，温度极高，以至于其中的部分岩石都有可能熔化。在地幔以下，也就是火星的中央是一个巨大的金属核心。火星的核心主要由铁构成，当然也含有其他化学元素，如图 6.10 所示。

火星有人居住的观点在科幻小说中非常流行。1938 年 10 月 30 日，奥逊·威尔斯（Orson Welles）根据赫伯特·乔治·威尔斯（H.G. Wells）的原作演出了广播剧《宇宙的战争》（*War of the Worlds*），并使用了一种新闻节目的风格（见图 6.11），让一些听众相信火星入侵者正在接管地球。

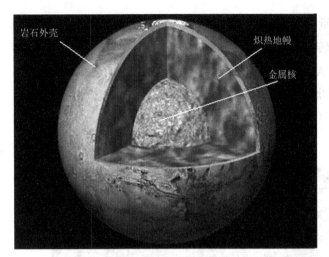
图 6.10 火星的结构组成

图 6.11 奥逊·威尔斯在 CBS 广播

1938 年，在威斯康星州耶基斯天文台工作的美国天文学家杰拉德·柯伊伯（Gerard Kuiper）发现火星稀薄的大气层中主要由二氧化碳组成。这个发现帮助人们推翻之前火星像地球的大众观点。

美国 SpaceX 公司创始人埃隆·马斯克（Elon Musk）表示，随着科学技术的不断发展，人类的火星旅行并非难事，让人类成为多行星物种的计划有望成为现实。他预言 2030 年人类将实现登陆火星（见图 6.12），2060 年火星表面人口数量将达到 100 万，甚至最终地球人应当移居火星。

然而，火星旅行计划将产生一系列有趣的问题。例如，如何在火星发现充

图 6.12 2030 年将实现人类首次登陆火星

足的水资源、维持人类日常生活及农作物的生长？火星极地冰盖存在大量水资源？哪种类型的建筑适宜人类生活？如何保护人类免遭恶劣火星环境因素的影响？如何利用火星土壤制造砖块来建造房屋，或者原地安置一个塑料膨胀设备，像一个巨大的充气帐篷，用于人类生活居住？未来哪些人将成为首批火星探险者？太空爱好者、美国人、有钱人，谁将最早登陆火星表面呢？

6.5　火星四季和地貌特征

英国天文学家威廉·赫歇尔（William Herschel）利用对火星自旋周期的测量，发现它的轴是倾斜 25.2°的。因此，火星也是有四个季的。赫歇尔指出，火星上冰冠的大小会随着季节而改变（见图 6.13）。

当行星自转轴倾斜时，行星表面上的光照量在一年里会不断变化。像地球一样，火星在一年期间也有春夏秋冬四季更替（见图 6.14）。但火星上每个季节都是地球的两倍，这是因为火星公转周期约是地球的 2 倍。

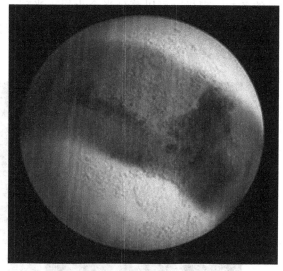

图 6.13　冬季的冰盖

图 6.14　火星的四季

火星的南北极像地球一样常年覆盖着白皑皑的冰盖。这两个冰盖的尺寸会随着火星气候的变化而变化。火星北极冠的水冰更多，而火星南极冠的固态二氧化碳更多。在火星的冬季，南极冠可以蔓延半个火星南半球。在夏季，这些极冠几乎全部消失。然而，北极冠的大小变化却没有南极冠那么明显，因为无论是在冬季还是夏季，火星北半球总比南半球寒冷得多（见图6.15）。

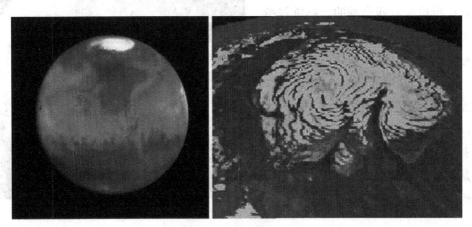

图6.15　火星的冰盖

在火星表面经常会有速度约为10km/h的风吹过，酷似龙卷风的火星旋风会吹起红色的火星沙尘，最大的这种风可以把整个火星表面覆盖上一层毯子似的沙尘（见图6.16）。

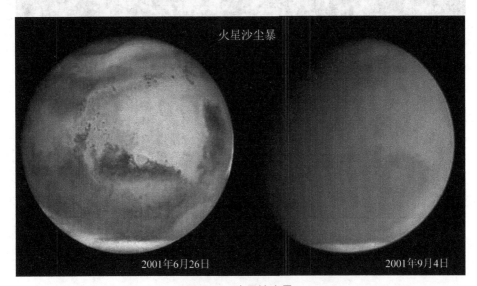

图6.16　火星沙尘暴

火星上也有很多火山。其中某些火山还是太阳系中最大的几座火山。就像地球上夏威夷群岛的盾状火山一样,这些火山都非常宽,拥有非常长的斜坡。火星是太阳系中最大火山的所在地。其中四座大火山在塔西斯高地,位于火星赤道上一个凸起的地方,而这四座火山中最大的就是奥林匹斯火山。奥林匹斯火山高约为25km,半径约为600km,比地球上最高的珠穆朗玛峰还要高出两倍多(见图6.17)。目前,科学家还不能确定这些火山最近一次爆发的时间,也许有一亿多年未曾爆发过了。

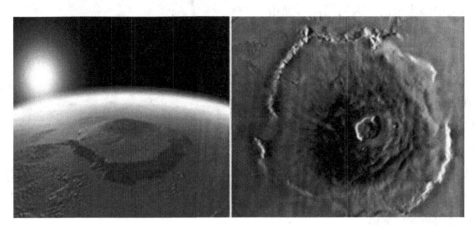

图6.17　太阳系中最高的火山——奥林匹斯火山

水手谷是火星上一个巨大的峡谷群,在火星赤道附近绵延4000多千米。1971年,美国发射的水手9号探测器首次发现了它。构成水手谷的峡谷群,最宽处为100km,最深处为10km。水手谷中心的三条大峡谷形成了一个600km宽的巨大缺口。科学家们认为,在几十亿年前,火星地壳由于表面张力过大引起分裂,形成了水手谷。40亿年前,水手谷可能还有水在流淌(见图6.18)。

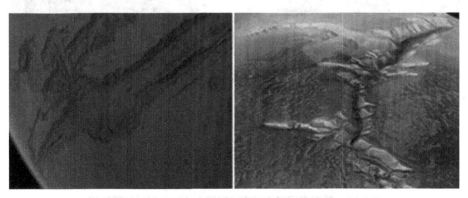

图6.18　火星的伤疤——水手谷

火星有整个太阳系中最大的陨石坑——赫拉斯盆地（见图6.19），差不多和美洲的加勒比海一样大。赫拉斯盆地半径约为2300km，深约为9km，而地球上最大陨石坑的半径也只有约为300km。许多火星陨石坑周围的岩石是从陨石坑中溅出来的，因为当陨石撞击火星形成陨石坑时产生大量的热，这些热使火星地下的冰融化，湿润的泥土被溅出到陨石坑的周围。

在火星处于有利于观测的位置时，美国天文学家阿萨夫·霍尔（Asaph Hall）发现了火星的2颗卫星——火卫一和火卫二，分别命名为福波斯（Phobos）和德莫斯（Deimos）。他使用的是美国海军气象天文台中新建成不久的66cm口径折射望远镜（见图6.20）。这台望远镜当时是世界上口径最大的折射望远镜。

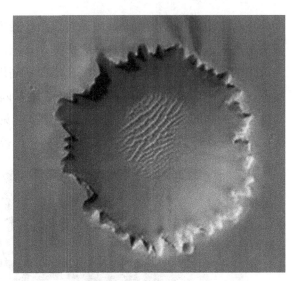

图6.19 火星上的陨石坑

图6.20 美国海军气象天文台口径为66cm的折射望远镜

火星的这两颗卫星并不像月亮那样圆,形状很不规则,表面布满了陨石坑(见图6.21)。火卫一比火卫二大,从目前的观察结果看,火卫一的轨道正在降低,而且逐渐靠近火星,与火卫一不同,火卫二半径只有15km,目前正慢慢远离火星。

图6.21 火卫一和火卫二

1924年,美国天文学家爱迪生·佩蒂特(Edison Pettit)和瑟思·尼可尔森(Seth Nicholson)使用位于加州威尔逊山的胡克望远镜(见图6.22)估测出火星表面的温度。测得火星赤道处为7℃,极点处为-68℃,并得出风和温度是季节性变化的结论。

图6.22 胡克望远镜

6.6 发现达人

6.6.1 克里斯蒂安·惠更斯

克里斯蒂安·惠更斯（Christiaan Huyg（h）ens，1629—1695）是荷兰物理学家、天文学家、数学家（见图6.23）。他是介于伽利略与牛顿时代之间一位重要的物理学先驱，是历史上最著名的物理学家之一。他对力学的发展和光学的研究都有杰出的贡献，在数学和天文学方面也有卓越的成就，是近代自然科学的一位重要开拓者。他建立向心力定律，提出动量守恒原理，并改进了计时器。

图6.23 克里斯蒂安·惠更斯

6.6.2 阿萨夫·霍尔

阿萨夫·霍尔（Asaph Hall，1829—1907）是美国天文学家（见图6.24）。他是火星的两颗卫星的发现者，年轻时曾是一名木匠，后来进入华盛顿的美国海军天文台，发现了火星的两颗卫星——火卫一和火卫二。此外，他还测定了土星的自转周期，1879年获得了英国皇家天文学会颁发的金质奖章。为纪念他，月球表面和火卫一南极附近各有一座环形山被命名为霍尔。

图6.24 阿萨夫·霍尔

6.7 传奇故事

探索火星是人类的梦想，然而火星历来是一个危险的目的地。50多年来，世界各国先后向火星发射了40多个探测器，但其中约1/2的火星探测器都以失败告终，火星被称为"探测器坟场"名副其实。虽然人类在探测火星的道路上磕磕绊绊，但是人们探测火星、探测深空的科学试验会永不停歇，挑战火星依然是人类并不遥远的美丽理想。

火箭发射故障是第一关。1996 年 11 月 16 日，俄罗斯火星-96 探测器（见图 6.25）因质子号运载火箭出现故障而未能踏上征程。2011 年 11 月 9 日，俄罗斯火卫一－土壤探测器升空后，由于变轨用的主发动机无法点火，未能进入地火转移轨道，最终在 2012 年 1 月 15 日坠入地球。

通信联系是第二关。由于路途遥远，火星探测器对通信的要求极高，通信故障也是最常见的失败原因。1962 年 11 月 1 日，苏联发射了火星 1 号探测器，在 1963 年 6 月 19 日飞越火星，但不久就失去了无线电联系。1989 年，苏联火卫 1 号和 2 号探测器都在前往火星的途中失踪。1992 年 9 月 25 日，美国发射了火星观测者轨道器，在 1993 年 8 月 21 日即将切入火星轨道之前失去通信联系，实在是可惜。

火星探测器在火星上的着陆是鬼门关，不少火星着陆器都因此功亏一篑。1999 年 9 月 23 日，美国火星气候轨道器在即将进入预定轨道前被烧毁，原定于同年 12 月 3 日在火星着陆的火星极地着陆器（见图 6.26）也下落不明。

图 6.25　俄罗斯火星－96 探测器发射前照片

图 6.26　火星极地着陆器

日本的火星探测器希望号（见图6.27），由于其电路系统在2003年年底受太阳风暴的影响而出现故障，未能切入火星轨道而告失败。

2003年12月，欧洲猎兔犬2号着陆器与火星快车轨道器分离后，准备在火星表面着陆时失踪。其原因可能是猎兔犬2号在着陆过程中未及时打开降落伞而坠毁在火星表面。

图6.27　日本希望号火星探测器没能进入火星轨道

第 7 章　飞向木星

每当夜幕降临，明亮的木星总是准时从夜空中划过，西方早期的天文学家在神话故事中赋予它突出的地位。木星体积庞大，人们使用最简单的望远镜就可以清楚地观测到木星，甚至可以看到环绕着它运行的四颗最大的卫星。在望远镜时代，木星表面不断移动着的斑纹一直让天文学家感到困惑。在当今航天时代，木星探测器为人类揭示了许多关于木星及其卫星的秘密。

7.1　飞向木星的勘探利器

先驱者 10 号是第一个访问木星的探测器（见图 7.1）。它于 1972 年 3 月发射，1973 年 12 月到达木星轨道。它飞临木星时，沿木星赤道从木星右侧绕过，在距木星云顶 132 250km 处拍摄了第一张木星照片。

先驱者 11 号于 1974 年 12 月接近木星，离木星云顶仅仅 42 900km。这个距离是地球到月亮距离的十分之一。先驱者 11 号首次为人类拍下了高清的木星和木星光环的照片，为科学家收集了诸多反映木星特征的数据，如木星磁场、辐射带、温度、大气环境等数据。

图 7.1　人类第一次利用航天探测器拍摄的木星照片，图中从左上到右为先驱者 10 号接近木星时拍的照片，木星在图中的尺寸渐渐变大；图中从右到左下为离开木星时拍的照片，木星在图中的尺寸渐渐变小

尤利西斯号（Ulysses）是由美国航空航天局和欧洲空间局联合研制的一颗太阳探测器，以希腊神话中智勇双全的奥德修斯的拉丁名字命名。尤利西斯号的主要任务是探测

太阳。它的轨道与黄道平面几乎垂直（见图 7.2）。为了到达这样的一条轨道，尤利西斯号首先接近木星，而后借助木星的引力调整到太阳极轨上。它由美国发现号航天飞机释放后，经过 16 个月的航行，于 1992 年 2 月到达木星轨道，探测了木星强大的磁场及辐射数据，探测到了尘埃风暴。

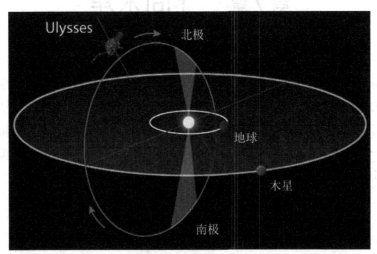

图 7.2　尤利西斯号的运行轨道平面正交于木星轨道平面，并且两个轨道之间有一个交点，使得它有机会探测木星

卡西尼－惠更斯号是由美国航空航天局、欧洲空间局和意大利航天局联合研制的项目，于 1997 年 10 月 15 日发射升空。2000 年 10 月 1 日至 2001 年 3 月 31 日期间，卡西尼－惠更斯号途经木星。此时，伽利略号也在木星轨道上运行（见图 7.3），两颗探测器同时获得木星数据，所获得的数据具有极大的参考比对价值。

图 7.3　伽利略号（左）和卡西尼－惠更斯号（右）分别抵达木星

伽利略号是美国航空航天局研制的木星探测器。1989年10月18日,伽利略号升空,1995年12月8日进入木星轨道。之前,它于6个月前释放的木星探测器已经进入木星云层中。

伽利略号释放的木星探测器带有隔热保护装置,在高速坠入木星的过程中,不断发回木星云层中的温度、风速、气压和组成等信息,最后探测器在炽热的大气环境中被熔化继而蒸发,最后消失了(见图7.4、图7.5)。

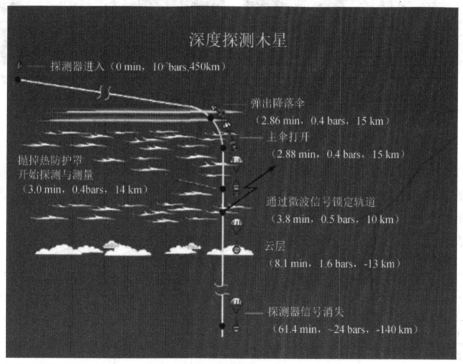

图7.4 伽利略号进入木星深处的探测过程

美国的朱诺号是以罗马神话中朱庇特妻子的名字来命名的探测器。它的任务是帮助科学家了解木星的起源和演化情况。朱诺号探测器于2011年升空,2016年进入木星轨道,在木星上空5000km的高度飞行,比以前的任何航天器都要更接近木星(见图7.6)。科学家通过它了解木星是否存在水和固体内核、内部构造、大气、极光和磁场等。

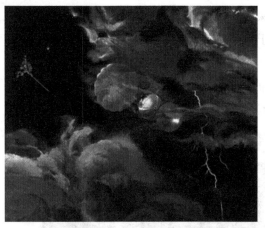
图 7.5 伽利略号深入到木星大气层内进行的探测

图 7.6 朱诺号探测器将围绕木星进行探测

7.2 从地球到木星需要多长时间

飞向木星需要多长时间？这取决于探测器的任务。按照任务的不同，可以采用两种不同的方式接近木星：一种是飞越木星，也就是擦边而过；另一种是进入木星轨道，围绕木星旋转。

表 7.1 归纳了各个航天探测器飞向木星所需要的时间。

表 7.1 飞向木星需要的时间

航天探测器	发射的时间	到达木星的时间	花费的时间	平均时间
先驱 10 号	1972.3.3	1973.12.2	640 天	飞越：大约 600 天
先驱 11 号	1973.4.6	1974.12.4	606 天	
旅行者 1 号	1977.9.5	1979.3.5	546 天	
旅行者 2 号	1977.8.20	1979.7.9	688 天	
伽利略号	1989.10.18	1995.12.8	2242 天	围绕木星，大约 2000 天
朱诺号	2011.8.5	2016.7.4	1795 天	
未来的木卫探测计划	2022	2030	8 年	

7.3 解密木星大气和神奇的木星环

木星是太阳系中依次排序的第五颗行星。木星在椭圆轨道上绕太阳运行，与太阳的平均距离是 7.79 亿千米。它在近日点时，与太阳的距离比在远日点相差约 7480 万千米。

木星离太阳的距离大约是地球离太阳距离的 5 倍。

在夜晚，因为木星非常明亮，闪耀着光芒，呈奶油色，所以人们很容易发现它。在太阳系中，有三个天体的亮度比木星的亮度大，分别是太阳、月亮和金星。

图 7.7 盛传于网络间，在 2008 年 12 月 1 日，很多人都可以轻易地在地球上拍摄到这一奇观。这一难得的景致——由金星、木星和月亮在夜空中组

图 7.7　左上方是金星、右上方是木星、在它们的下方是月亮，刚好组合出右下角图中的笑脸图案

成了一张笑脸。这样巧妙的组合，下次出现将是 2054 年了。

1903 年，美国天文学家乔治•W•霍夫认为，木星由一层很厚的气体组成。这团气体在木星深处因为高压而转换成液态形式存在。这是人类第一次提出木星是一团巨大的气体而不是一个被稀薄大气包围的固体。天文学家经过观测证明，木星是一个具有石质内核的气态行星。从星体结构上看，它包括四个层面（见图 7.8）。

木星的中心是固态内核。其质量相当于地球质量的 10～15 倍，内核温度达到 20 000～40 000K。由于压力很高，因此仍然存在固态的放射性金属、岩石和冰晶体。

邻近内核的外层主要由液态金属氢组成。它不仅是木星质量和体积的主导者，还是木星磁场的创造者。这一层还含有一些氦和微量的冰。

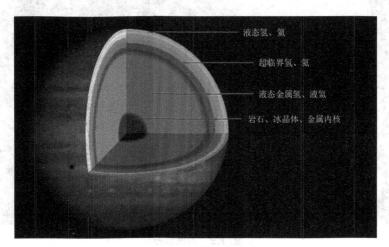

图 7.8　木星的内部组成

再向外层则是分子氢和氦所构成的超临界状态层。在这里，氢和氦处于超临界流体状态，运动流畅，但不是气体。这里的超临界流体没有表面张力，可以像气体般地在给定容积内自由扩散。木星的最外层由液态氢和氦组成，越往中心方向深入，密度越大。

在最外层，天文学家将木星的大气层从底向顶，分为对流层、平流层、增温层和散逸层。每一层都有各自的温度梯度特征。最底层的对流层是云雾，呈现出一种朦胧的美；最上层的氨云是可见的木星表面，组成了12道平行于赤道的带状云，并且被强大的带状气流分隔着。这些交替的云气有着不同颜色，使得木星的表面呈现出深浅不一的条纹。我们把其中暗的云气称为带，将亮的云气称为区。区的温度比带低，所以区是上升的气流，而带是下降的气流。它们起始于南北极之下的地区，延伸至大约北纬和南纬的40°~48°之间，每一条区和带都有自己专属的名称和独有的特征（见图7.9）。

木星表面的大气层是顽皮的，可以制造不稳定的带状物、旋涡、风暴甚至闪电。

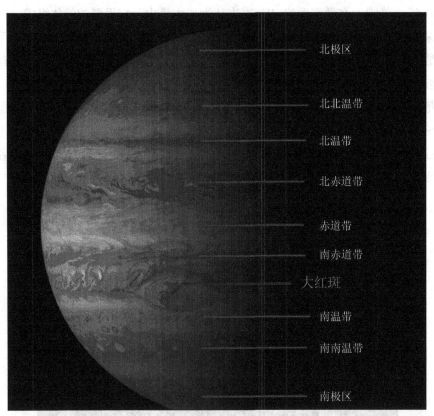

图 7.9 木星云图

木星最明显的特征就是表面覆盖着厚厚的多彩云层。这些云层就像是木星上的一条条绚丽的彩带，色彩的变化与云层的高度有关。最低处为蓝色，接着是棕色与白色，最高处为红色。人们猜测，多彩云层可能是大气中混入了硫的混合物，具体情况还无法知晓。

近距离观测木星会在木星表面发现一个巨大的红色卵形区域，被称为大红斑，位于木星赤道南部（见图7.10）。科学家研究认为，大红斑是一个比地球还大的巨大漩涡风暴，已经存在了至少175年，甚至更长时间。

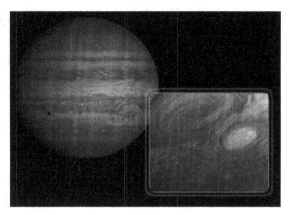

图7.10 木星的大红斑

科学家在木星表面还发现了一处大冷斑。这块斑点温度很低，位于大气上层，斑点长约为2.4万千米，宽约为1.2万千米，比周边温度低得多。不过与大红斑不同，大冷斑的形状和规模一直在不断变化，是由木星极光能量产生出来的（见图7.11）。

图7.11 哈勃太空望远镜在2014年春天捕获的木星照片和在2016年捕获的木星紫外线观测极光

木星上的风暴速度是非常快的，而木星赤道区域则是风暴速度最快的地方，甚至可达到650km/h。

木星因为自转很快，所以在大气中产生了与赤道平行且明暗交替的气流带纹。其中，亮带纹区域中的气温相对较高，并且该处的云层和气体正在上升；而暗带纹区域中的气温相对较低，并且该处的云层和气体正在沉降。在木星的云层之间，由于气流的

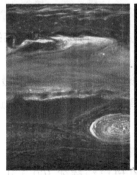 

图7.12 木星上的暴风云图（左）；1992年—1999年木星上巨大的红点受风暴影响的变化（右）

上升与沉降不断交替运动，形成了强烈的对流，进而导致如此强大的风暴（见图7.12）。

7.4 揭秘绚丽多彩的木星云层

木星的大气云层厚而浓密,主要由氢和氦两种元素构成。这两种元素的比例类似于太阳中氢和氦元素所占的比例。除此之外,木星的大气层还含有少量的甲烷、氨、硫化氢和水。

深空探测器发现木星的云顶类似固体表面,厚而浓密,但并没有达到可以支撑人类站到上面的程度。

木星离太阳的距离比地球远得多,接收到的太阳辐射能量也少得多,表面温度理所当然要低得多。根据测算,木星表面的温度比地球大约低89℃。

木星向外辐射能量,比从太阳那里吸收到的要多。木星内部很热,它的内核可能高达20 000℃。虽然木星的内部热量使木星表面的气流变暖并上升,但这些气流在上升的过程中逐渐冷却,进而产生了飓风和风暴(见图7.13),其中的一些风暴会持续上百年。

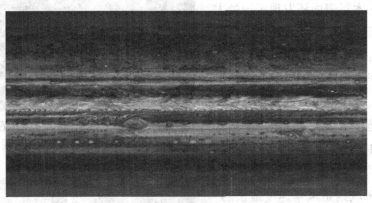

图 7.13　木星表面的飓风和风暴

木星上的天气是多变的,通过将分别拍摄于2009年6月和2010年5月的木星照片进行对比,可以发现木星南极赤道表面的云带逐渐消失了(见图7.14)。天文学家认为这是大气变化导致的。

通过观察发现,随着南极赤道带的消失,木星上的大红斑开始靠近北极带。另外,天文学家认为木星的大红斑已经持续300多年,是强大的风暴,覆盖的面积比地球的两倍还要大,目前似乎有些萎缩。自2008年发现以来,其他的小红斑也像风暴,随着南极带的消失,小红斑的变化似乎也减缓了。

图 7.14　2009 年 6 月拍摄（左）；2010 年 5 月拍摄（右）

以前天文学家并不知道木星周围有光环，直到 1979 年 3 月旅行者 1 号探测器穿越木星赤道平面（编者注：地球赤道所在的平面称为赤道平面）时，才发现木星和土星一样也拥有光环。4 个月后，旅行者 2 号探测器飞临木星证实了这一结论。

天文学家经过研究，发现木星实际上有四种弥散透明的光环（见图 7.15）。其中，最亮的那个被称为主环；稍弱的被称为光环；两个最弱的被称为薄纱光环。在亮度上，所有这些环都比土星环微弱。天文学家认为，木星的这些光环应该是由木星的卫星和附近的小流星之间碰撞出的尘埃和碎石形成的。

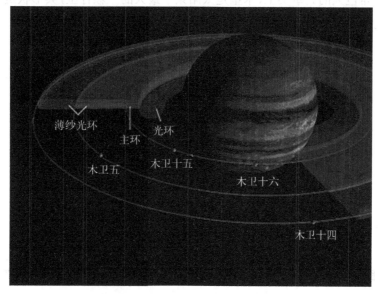

图 7.15　木星的光环及卫星

木星的邻居是小行星，是亿万年前太阳系形成初期遗留下来的不规则形状的天体。科学家们估计，木星轨道附近的小行星数目应该达到数百万。最早发现的谷神星（Ceres 1）、智神星（Pallas 2）、婚神星（Juno 3）和灶神星（Vesta 4）是小行星中最大的四颗，被称为"四大金刚"。

多数小行星由金属或岩石材料组成，或者是由含碳的矿物质组成，类似于太阳系中的行星（见图 7.16）。小行星也是围绕太阳旋转的，但是它们不具备行星的其他特征，如被大气层包围等。

小行星的直径从 965km～6m 不等，一些尺寸较大的小行星周围还拥有自己的卫星。

图 7.16　伽利略号探测器于 1993 年拍摄的小行星 Ida 和它的卫星 Dactyl

7.5　木星与地球的参数对比

木星是非常巨大的。事实上，木星是太阳系中最大的一颗行星，其形状是一个扁球体，赤道直径约为 142 800km，是地球的 11.2 倍（见图 7.17）。

图 7.17　如果把木星看作一个空心球，那么它里面能够盛满 1300 个地球

不仅如此，木星也是太阳系中质量最大的一颗行星。它有着极其巨大的质量，是太阳系其他七大行星总和的 2.5 倍还多（见图 7.18）。

图 7.18　木星与其他行星的比较

就木星未来的演变趋势来看，它很可能成为太阳系中与太阳分庭抗礼的第二颗恒星。不过尽管木星是行星中最大的，但跟太阳比起来又是小巫见大巫了，其质量也只有太阳的千分之一。事实上，科学家认为，假如木星的质量能够再增大 100 倍，那么它很有希望成为一颗恒星。据研究，30 亿年以后，太阳就到了它的晚年，木星很有可能取而代之。

表 7.2 给出了木星的基本参数。

表 7.2　木星的基本参数

赤道直径	142 984km
质量（地球 =1）	318
赤道重力（地球 =1）	2.36
到太阳的距离（地球 =1）	5.20
自转轴的倾斜角度	3.1°
自转周期	9.93 小时
轨道周期	11.86 地球年
云顶温度	−108℃
自然卫星	67+

7.6 敢于竞争太阳的中心地位

木星是在太阳之后形成的，大约是 46 亿年前。当然，科学家没有任何木星样品，甚至没有来自木星的陨石。那么，人类如何获取木星的信息呢？天文学家期待着航天器继续探测木星，帮助他们解开木星的未解之谜。

图 7.19　木星保留着太阳系早期的秘密

按照太阳系形成理论，在太阳形成初期（见图 7.19），由于宇宙里的冰块、尘埃粒子的旋转和塌陷，进而扎堆形成越来越大的碎片。其中的一些碎片继续组合，导致木星及其他行星的形成，还有一些更小的碎片独立存在，形成了围绕太阳旋转的陨石。离太阳近的行星，因为那里比较热，所以一般由岩石和金属组成；离太阳远的行星，因为那里比较冷，所以一般由气体、冰块及岩石组成。

最新发现，由于太阳风的作用，很多气体和尘埃进入外层太阳系，在木星和土星的引力作用下，导致今天人们看到了木星和土星周围被厚厚气体包围着。

美国的肯尼思·富兰克林和伯纳德·伯克发现了来自于木星的无线电波脉冲，也称为同步辐射。这种类型的辐射是由高速电子在磁场中自旋发出的。这一发现表明木星存在磁层。太阳系仅仅有六个行星有磁场，分别是水星、地球、木星、土星、天王星和海王星。在这六个行星中，木星的磁场是最大和最强的，其赤道附近的磁通密度为 4Gs，比地球磁场大十倍。木星的磁气圈也大得惊人，范围甚至超过了木星的环系，半径约为 640 万千米，可以装数千个太阳。

类似于地球的磁气圈，太阳风作用在木星的磁气圈上，也会将木星的磁气圈吹出一个长长的尾巴。由于木星的磁气圈范围很大，所以形成了很长的尾巴，大约为 6000 万千米，甚至超过了土星运行的轨道。

木星的强大磁场是由木星内部液态金属氢的对流运动（速度为 1cm/s）而产生的，同时将木星自身产生的热量带走（见图 7.20）。木星磁场强度比地球

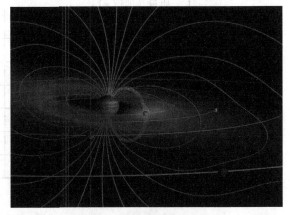

图 7.20　木星周围的磁场

磁场强度大 20 000 倍，所以在木星附近也有类似于地球的范·艾伦粒子带。其高能电粒子束与地球比较，也有很多共同特征，但不同于地球，如低频的无线电波可能来自木卫一和木卫二。

范·艾伦粒子带是指在地球近地空间中存在一个包围着地球的高能电子辐射带（见图 7.21）。这个高能电子辐射带是由美国物理学家范·艾伦最先发现的，因此以他的名字命名。目前人类对于木星的范·艾伦带了解得甚少，只有伽利略号航天器环绕着木星的大气层进行长达 8 年多的探测，并发射自身携带的探测器进入木星的内部进行探测，测量到关于木星内部磁场的电子辐射运动信息。

1994 年，一颗名为苏梅克－列维 9 号的彗星断裂成了 21 个碎块。其中，最大的一块宽约为 4km，并以 60km/s 的速度向木星撞去（见图 7.22）。

(a) 木星磁场中的范·艾伦粒子带

(b) 朱诺航天器飞越木星的范·艾伦粒子带的艺术图

图 7.21 范·艾伦粒子带

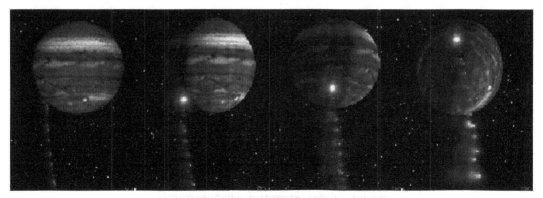

图 7.22 木星与苏梅克－列维 9 号相撞

据天文学家们推测，这颗彗星环绕木星运行了大概一个多世纪，但由于它距离地球太遥远、亮度太暗，人们一直没有发现它。它真正的家是在柯伊伯带里，由于过往星体产生引力摄动的原因，不时有一些彗星脱离柯伊伯带，苏梅克－列维9号彗星就是被木星引进来的一位"不速之客"。

这次彗木相撞的撞击点正好处于木星背对地球的一侧，所以在地球上是无法直接看到的，但由于木星的自转周期为9小时56分，撞击点可以随着木星的快速自转运行到面向地球的位置，所以人们每隔20分钟左右就能看到撞击后出现的蘑菇状烟云。

木星有16颗直径至少为10km的自然卫星。除了这些大卫星，木星还拥有许多小卫星。在最新的一次统计中，木星拥有的自然卫星总数累计已达66颗，成为太阳系中拥有最多自然卫星的行星，并且天文学家仍在继续观测更多的木星卫星。

木星卫星种类很多，其中一些还具有大气层。这些卫星都有自己的特点，它们的大小、颜色和密度都不一样。由于木星拥有的卫星不仅数量多，而且类型各异，天文学家有时会认为木星连同它拥有的卫星就是一个名副其实的小太阳系。

木星有四颗比较大的卫星，用普通望远镜在地面就可以观察到它们。1610年，意大利天文学家伽利略使用自制的望远镜观测木星，随后发现了木星的4颗卫星，分别为木卫一（Io）、木卫二（Europa）、木卫三（Ganymede)和木卫四（Callisto）。这四颗卫星后来被统称为伽利略卫星（见图7.23）。

木卫一的直径约为3643km，是伽利略卫星中最靠近木星的卫星。与太阳系中其他星体相比，木卫一拥有最频繁的火山活动。

木卫二表面有一个薄薄的冰外壳，直径是3122km。

木卫三是目前已知太阳系中最大的卫星，直径是5262km。

木卫四是伽利略卫星中距离木星最远的卫星，表面十分古老，而且都是环形山，就

图7.23　木星的伽利略卫星（两组图对比照）

像月球和火星上的高原，直径是 4821km。

木星、土星、天王星和海王星统统被称为类木行星（见图 7.24）。它们的共同特点是组成成分类似，主要由氢、氦、冰、甲烷、氨等构成，而石质和铁质的成分只占极小的比例，质量和半径均远大于地球，但密度却较低。

类木行星有三个特征：一是具有行星环的结构；二是星体的密度较低，如土星的密度甚至比水的密度还要低；三是具有比较多的卫星。有些卫星周围还有一圈圈光环，其中木星具有的卫星最多，因为木星的引力最大。

图 7.24　太阳系中的类木行星

7.7　发现达人

7.7.1　乔凡尼·多美尼科·卡西尼（Giovanni Domenico Cassini，1625—1712）

卡西尼 1625 年出生于意大利（见图 7.25），1673 年加入法国国籍。他制作了第一张木星大气的草图，被认为与胡克同时发现了大红斑。他是第一个发现土星的 4 颗卫星（土卫八、土卫五、土卫四、土卫三）的人。1690 年，他在观测木星的大气层时发现木星赤道旋转得比两极快，因此发现了木星的较差自转。1675 年，他发现土星光环中间有条暗缝，这就是后来以他名字命名的著名的卡西尼环缝。他猜测光环是由无数小颗粒构成的，两个多世纪后的分光观测证实了他的猜测。1671 年—1679 年，他仔细观测了月球的表面特征，1679 年送呈法国皇家科学院一份大幅月面图，在一个多世纪内始终没人能在这方面超过他。1683 年 3 月起，卡西尼研究了黄道光，认为它是由于行星际尘埃反射太阳光引起的，不属于大气现象。

卡西尼是一位保守的天文学家，拒绝接受哥白尼的日心说，也反对开普勒定律、牛顿的万有引力定律和光速有限说。卡西尼于 1711 年失明，次年（1712 年）逝世于法国巴黎。除了天文学的贡献以外，他亦曾被教宗委任治理波河的防治、管理及防汛工程。目前，人类探测土星的探测器"卡西尼号"也是以他的名字命名的。

图 7.25　意大利天文学家乔凡尼·卡西尼

7.7.2　奥勒·罗默（Ole Rømer，1644—1710）

奥勒·罗默是丹麦天文学家（见图 7.26）。他的最大成就为发现光速。他注意到因为光到达地球的时间上的变化，木星卫星蚀和木星卫星的过境并不总是按照预测时间发生的。这一现象促使他首次做出了对光速的估算。他认为光速绕行长达 14 484km 地球所花的时间还不到一秒，虽然受到巴黎天文台台长及许多科学家的质疑，但得到了牛顿、惠更斯、莱布尼兹等人的支持。他晚年回到丹麦从事天文教学等事务。今天，丹麦还有他个人的博物馆。

图 7.26　丹麦天文学家奥利·罗默

7.7.3　詹姆斯·布拉德雷（Bradley James，1693—1762）

詹姆斯·布拉德雷是英国天文学家（见图 7.27）。他发现星光的光行差并用它测定光速，通过望远镜测量木星盘的大小，并用该结果计算木星的巨大直径。此外，他还跟踪了木星卫星的运动，并研究了它们的影子和卫星蚀。1742 年，他接替哈雷的工作，成为第三任英国皇家天文台台长。1725 年—1728 年，他试图观测视差，却发现了光行差，并对其进行了深入研究，为地球运动提供了有力的证据。1728 年后，他又经过近二十年的观测，发现了地轴的章动（章动：旋转轴的抖动）。他从 1742 年起至去世一直担任皇家天文台台长，1748 年获得科普利奖章。

7.7.4　海因利希·史瓦贝（Samuel Heinrich Schwabe，1789—1875）

海因利希·史瓦贝是德国天文学家（见图 7.28）。他原本是药剂师，但专注于天文学，并且从 1826 年开始观察太阳黑子。他企图发现当时被称为祝融星，被假设在水星轨道内侧环绕太阳的新行星。因为很接近太阳，祝融星是很难被发现的，史瓦贝相信当它经过太阳前方时会呈现出一个黑点，从而能被观察到。1826 年—1843 年，在长达 17 年的时间里，在每一个晴天，他日复一日地审视太阳表面，并且记录下每一个黑点，试图从中找到祝融星。他虽然没有发现祝融星，但注意到太阳黑子数量在进行有规律的变化。他发现每隔 10 年，太阳黑子的数量会达到一个极大值。他提出的太阳黑子周期被视为天文学上最重要的发现之一。1830 年，史瓦贝第一次证实了"大红斑"。

图 7.27　英国天文学家詹姆斯·布拉德雷

图 7.28　德国天文学家海因利希·史瓦贝

7.8　传奇故事

7.8.1　给木星起名

古代天文学家对木星并不陌生，因为用肉眼就可以非常容易地看到它，或许他们并不知道木星究竟长什么样子，但是至少木星划过夜空时他们可以追踪到。

因为木星非常巨大而又明亮，所以古代的天文学家便用威望最高的罗马上帝的名字 Jupiter 命名它。在罗马宗教中，Jupiter 是掌管天界的神，以雷电作为武器，拥有着天地间呼风唤雨的力量。他就是宇宙中的诸神之神，相当于古希腊众神之王——宙斯（见图 7.29 所示）。

谈到宙斯，还有一段神话，也被人们称为木星的神话。宙斯拥有众多子孙，如阿波罗、雅典娜、时序女神、缪斯女神等。相应地，经发现的木星、卫星已有 66 颗，其中从木卫一到木卫五十都已经正式命名，而这些名字正是来自于宙斯家族的名字。这也非常符合卫星 satellite 一词的含义，因为 satellite 即有追随者的意思。

7.8.2　从工程师到科学家的故事

伽利略 25 岁时就当上了一个大学的数学教授。他的个人优势是设计和制造仪器。他完成了一个"军用罗盘设计"大项目，可以有效提高火炮射击精度，因此他成为了一流工程师。在 16 世纪期间，工程师的等级不如科学家地位高，所以他有一个未来成为科学家的梦想。可是科学家是不食人间烟火的，他们只争论那些看不见摸不着的问题，比如宇宙中心在哪里、人和上帝的关系等。伽利略的那些实用仪器和这些大问题不沾边。

图 7.29　罗马上帝 Jupiter（翻译：木星）

不久，伽利略又有了一项新的发明，就是经他改进的伽利略望远镜。这当然又是一个世界尖端的军事技术，能让你在敌人看不见你的时候就能看见敌人。具有创新头脑的伽利略为了实现成为科学家的目标，把望远镜指向天空，希望用此解决一些自然科学的问题。

当时，人类争论不休的最大问题是，到底地球是宇宙唯一的中心，还是地球和其他行星一起围着太阳转。没想到六个月后，1610 年，伽利略就有了重大发现。他发现木星周围有四颗明亮的物体。经过之后几天的连续观察，他终于发现这是围着木星旋转的四个"月亮"（见图 7.30）。这个发现使他立刻成了自然科学领域的明星。在那个科学家只能争论却没有答案的领域，他用观察的方法明确地指出，不管你相信哪种理论，宇宙的中心不止一个，因为至少木星是那些卫星的中心。

可是即使有了这么重要的发现,要当上自然科学家还必须有个王公贵族作为赞助人。伽利略去请求当时意大利中部的国王。可是国王并不需要学者,而是更需要一个能够富国强兵的工程师,所以伽利略的请求碰壁了。

伽利略开始挖掘自己的情商。1610 年 3 月,伽利略在发表木星卫星的书里不仅描述他发现了木星的四颗卫星,而且把这些星体以国王的名字命名(见图 7.31)。这引起了当时所有贵族的轰动,原来科学发现还有为国争光的作用,由此伽利略顺利获得了自然科学家的头衔。

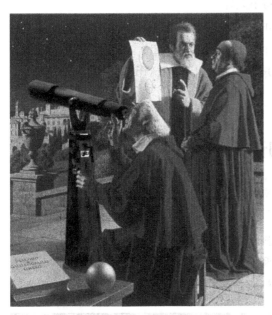

图 7.30　伽利略用望远镜观测木星

图 7.31　伽利略辅导国王如何使用望远镜

第8章　飞向空间的小天体

2006年，世界天文学组织讨论决定将小行星、彗星、陨石、流星及其他类似的围绕太阳运行的非行星和非卫星的天体统称为空间小天体。

小行星是围绕太阳运行的一种比行星小的巨大块状天体，大部分小行星在火星和木星之间的空间中运行。流星是比小行星更小的石块。在太阳系里，有些小天体围绕着太阳运行，但有些却在太阳系中任意游荡。彗星是太阳系中小天体中的一类，由尘埃和冰冻物质组成。

8.1　观测和访问小天体

行星观测有一定的周期性和预见性，但对于彗星、小行星及流星等小天体的观测却存在着随机性和不确定性，更需要一定的运气。目前，借助于先进太空望远镜和功能更强大的计算机（见图8.1），发现小天体的概率有了明显的提升。

放射性检测手段可以确定地球上的岩石和化石是何时形成的。陨石、彗星和小行星的"年龄"也可以采用同样方法来确定。当然，彗星和小行星的样本可以通过航天器进入太空来收集。

计算机搜索可以帮助科学家快速分析来自太空望远镜拍下的照片，从而判断这是一颗新天体，还是一颗已知天体的自然位移。通过这种方法，每个月都有数以千计的小行星被发现。

国际日地探测器-3号（ISEE-3）于1978年8月12日发射进入日心轨道。它是国际日地探测计划项目中的三颗探测器之一，另外两颗被称为ISEE-1和ISEE-2的母女对。这个项目是由NASA

图8.1　广角红外巡天探索者（WISE），于2009年12月发射，它的任务是寻找被尘埃笼罩的冷恒星、明亮的遥远星系、大量小行星和彗星

和欧空局共同承担的，任务是探测地球磁场和太阳风。

国际日地探测器-3号是第一颗被部署在 L1 轨道上的探测器，完成轨道任务后，被重新命名为国际彗星探测器（见图 8.2），于 1985 年 9 月 11 日借助月球重力场的作用，进入太阳轨道与 Giacobini-Zinner 彗星相遇，并穿越彗尾，成为人类第一颗访问彗星的探测器。

1986 年，国际彗星探测器又继续探测了哈雷彗星。2014 年 7 月 2 日，地面控制发动机点火，由于储存箱中氮气压力不足，点火失败。2014 年 9 月 16 日，国际彗星探测器与地面完全失去联系。

根据轨道理论预测，2029 年左右彗星探测器将再次回到地球附近，或许到时 NASA 工程师们还会继续操控这颗探测器，挖掘它的新价值。

乔托号是一颗圆柱形探测器（见图 8.3），直径和高分别为 1.8m 和 3m，质量为 950kg。它是一颗彗星探测器，于 1985 年 7 月发射，1986 年 3 月 13 日抵达哈雷彗星。

很久以来，由于彗核被彗发包围着，地面望远镜无法观测到，所以直到 1986 年之前，没有人知道彗核是什么样子。乔托号探测器从距离哈雷彗星彗核 600km 飞越，拍摄了大量的哈雷彗星彗核图像。天文学家从它送回的照片和图像分析得知，哈雷彗核是一个长为 15.3km、宽为 8km 的马铃薯块状的物体。它的表面是光滑的，由于

图 8.2　国际彗星探测器

图 8.3　乔托号探测器

受太阳光照的影响，不断地喷射出亮晶晶的气体和尘埃粒子。

星尘号探测器是美国研发的行星际宇宙飞船（见图8.4），于1992年2月9日发射，任务是探测维尔特二号彗星及探测彗发的组成。

为了成功捕获到来自彗星的尘埃粒子，并防止其挥发，星尘号探测器使用了轻质多孔气凝胶材料，将其悬挂在形如网球拍状的收集装置上。2004年1月

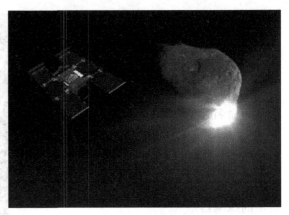

图8.4 星尘号探测器

2日，探测器飞越彗星时，从其彗发中收集到彗星尘埃样品，并拍摄了清晰的冰质彗核图像。

2006年1月15日，装载有被科学界称为无价之宝的星尘号返回舱与探测器成功分离，并平稳着陆在犹他州沙漠。星尘号返回舱的速度达到了12.9km/s，刷新了阿波罗10号所创造的人造探测器返回地球的飞行速度的纪录。至此，总航程达46亿千米的星尘号探测器圆满完成既定科学任务，同时也标志着美国航空航天局历时7年，利用航天器对彗星进行的首个取样计划的完成。

深度撞击号探测器是NASA为探测坦普尔一号彗星任务而设计的（见图8.5）。2005年1月12日，这颗探测器携带一个像洗衣机一样大撞击器的探测器成功发射，7月4日，释放撞击器并于次日成功撞击目标彗星的彗核。这枚372kg级的铜制撞击器价值3.3亿美元，伴随着相当于4.7吨TNT释放的能量，实现了人类与彗星的撞击。

深度撞击号推测器主要由两部分组成：一部分是用于撞击彗核的撞击器；另一部分是在安全距离外拍摄的飞越探测器。撞击发生的同时，飞越探测器在距离彗核500km的距离飞掠，并对喷出物、弹坑位置等进行拍摄。

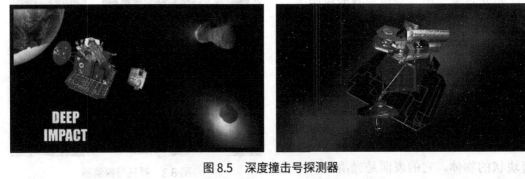

图8.5 深度撞击号探测器

罗塞塔号探测器是欧空局组织的无人太空船计划，并且是迄今为止最具有意义的彗星飞行任务。探测器设计用来研究代号为 67P 的彗星。整个探测器由对彗星进行绕飞观测的罗塞塔号探测器和用以彗星软着陆的菲莱着陆器组成（见图 8.6），于 2004 年 3 月 2 日搭乘阿丽亚娜 5 号火箭升空，经过三次借力飞行，向着彗星 67P 前进。8 月 6 日，罗塞塔号探测器抵达彗星 67P。通过探测器对彗星的环绕拍摄，为菲莱着陆器选择了合适的着陆点。11 月 12 日，菲莱着陆器成功着陆，但不幸的是，着陆位置的上方会遮住太阳光，导致太阳帆板能接受的阳光比预期少，在工作 60 多个小时后，便进入了休眠。

　　幸运的是，在接近近日点的过程中，太阳照射逐渐变强，2015 年 6 月 14 日，"菲莱"与"罗塞塔"取得了联系，传回了 2256 比特的信息。但在 7 月 9 日以后，"菲莱"就再也没有联系上，"罗塞塔"也于 2016 年 9 月 30 日坠落到彗星 67P 的表面，结束了它的生命。

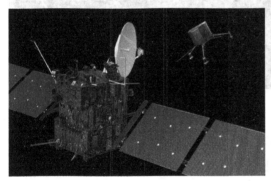

图 8.6　罗塞塔号探测器（左）；菲莱着陆器（右）

　　未来二十年，对小天体探测有两大方向：一是通过红外线广域探测器寻找更多的小行星和彗星。这样一方面可以锁定对地球有威胁的近地天体，进行持续追踪并采取必要的预防措施；另一方面也可以捕获适当的小行星作为建设空间站的基地。二是发射探测器对小天体表面进行科学研究，包括地外生命研究以及小天体表面金属矿产的采集分析，有可能的话宇航员将会乘坐飞船着陆小行星表面进行专门的实验采集，如图 8.7 所示。

图 8.7　NASA 计划近年发射一颗探测器，探测器逐渐靠近小行星表面，随后伸出机械臂，抓取超过两盎司的土壤样本，并于 2023 年送回地球

8.2 飞往小天体需要多长时间

小天体不同于行星，运行轨迹并不总是有规律的，所以航天器飞往小天体需要多长时间，这不是一个用数字能够回答的问题。因为小天体的出现通常是一种随机事件，至少需要了解小天体的运动轨迹后才能回答这个问题。

让我们拿周期性彗星为例（见图8.8）来解释人类飞往小天体需要多长时间的问题吧。按照彗星访问地球附近的情况，可以将彗星分为两类。对于那种只出现一次，然后便一去不复返的彗星，称之为非周期性彗星。它们也许一生就在茫茫宇宙中游荡，或者被其他星体吸引，与其他的行星发生撞击并被吞灭。

另外，还有一种彗星被称为周期性彗星。它们围绕着太阳做周期性的运动。通常，周期性彗星是沿着椭圆轨道运行的。

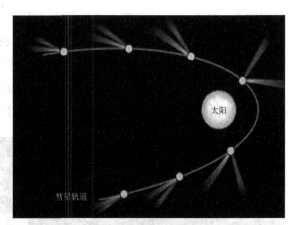

图 8.8　彗星的运行轨道

周期性彗星又分为短周期彗星和长周期彗星。短周期彗星是指围绕太阳公转周期少于 200 年的彗星，而长周期彗星的周期一般长于 200 年。这就意味着人们在过去 200 年里发现的长周期彗星还没有回来过，但是天文学家可以通过测量彗星的运动速度和环绕路径而计算出彗星的运行时间和周期。

太阳系中的行星都在同一平面，或者说在同一水平层面上围绕太阳运行，就好像它们被平铺在一个圆形的桌面上。而周期性彗星却不在这个平面上运行，它们以不同的轨道倾角围绕着太阳运行，在这个平面之上，或者在这个平面之下，如图 8.9 所示。

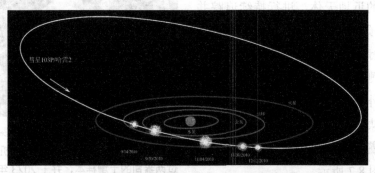

图 8.9　2010 年 9 月 30 日，美国太阳和太阳风层探测器观测哈雷 2 号彗星的盛大旅行

大多数短周期彗星是沿着太阳在柯伊伯带内运行的（这个区间带在海王星之外的一段空间区域）。而大多数的长周期彗星也许会将轨道延伸得更远，一直延伸到奥尔特云附近（在太阳系边缘的一段辽阔的由无数天体构成的球状贝壳状的星云）。奥尔特云附近也许就是数以十亿计的"死亡"彗星的家园。在那里，几乎是每时每刻都有彗星被"拉入"太阳系，并开始它们的盛大旅行。

由此可见，飞往某颗小天体需要多长时间，要看那颗小天体什么时间进入人类视角范围。人类飞往小天体执行任务，一般采用的是守株待兔的被动方式。

8.3 彗星那些事

8.3.1 彗星起源

大约46亿年前，太阳被包围在一个巨大的物质盘中（见图8.10）。后来，盘中的大部分物质逐渐形成了行星，剩余的物质被木星和土星弹射到太阳系边缘。早在1932年至1950年，一些天文学家认为彗星起源于一种围绕在太阳系周边的云团，现在被称为奥尔特云，距离太阳2000～5000个天文单位。目前，奥尔特云的概念仍一直停留在假说阶段，没有得到观测认证，但人们能经常看到新彗星造访内太阳系，这说明在太阳系周围必定存在着一个"彗星仓库"，当恒星在彗星仓库附近经过时，就会扰动其中的物质团块奔向太阳，最终抵达内太阳系形成新彗星。

图8.10 被大量彗星物质包围的原始太阳系

8.3.2 彗星的特征

一般的彗星都有一条长长的尾巴，头部具有块状固体（被称作彗核）。一般看不见彗核，因为它太小了。但可以看见彗星的其他部分，如彗星的彗发和彗尾（见图8.11）。

图8.11 在地球上观察的彗星（注意彗星有两条尾巴）

众所周知,地球的外层有一层气体环绕,称之为大气层。类似地,彗星同样也拥有大气层,比地球的大气层更为稀薄和纤细。彗星的大气层被称为彗发(见图8.12)。它包裹着彗核并发出光芒。太阳照射时,彗核散发出灰尘和气体便形成了彗发。彗发向太空中扩散比地球大气层向太空扩散得更远,一般是100 000km,有的甚至超过150 000km,比太阳直径还长。

图8.12 彗星的彗发

在彗星头部的内层是彗星的彗核,是一颗又小又黑的石块。大多数彗核的尺寸不超过50km。早期人们认为彗核是覆盖一层冰的小卵石颗粒,可以形象地称其为碎石银行。1950年,美国宇航员惠普尔提出了著名的脏雪球的概念。他认为彗核是由尘土颗粒和岩石碎片混合的巨大冰块。彗核的冰块并非简单的冰水,还有其他的冰冻物质,如固态甲烷、二氧化碳和氨,而这些物质在地球上都是气态的。

2005年,美国深度撞击号航天器释放了一个撞击器与坦普尔1号彗星的彗核(见图8.13)进行深度撞击,撞击结果证明彗核所包含的冰状物质比原先假想的要少,尘土颗粒和岩石碎片比原先假想的要多。以前认为彗核中包含的冰比尘土多,所以把彗核描绘成一个脏雪球。今天由于发现彗核的岩石碎片和尘土颗粒比冰多的结论,所以彗核又被称为冰状脏雪球。

图8.13 彗星的彗核

从太阳发射出的辐射和高能粒子将彗星的头部"吹"出一条或者多条的尾巴,所以当彗星接近太阳时,彗尾最长,而远离太阳去时,彗尾开始缩短。

事实上,大部分彗星通常有两条尾巴:一条是由尘土组成的;另一条是由气体组成的(见图8.14)。由于彗星在太空中高速运动和行星引力的合成作用,因此尘土构成的尾巴会稍稍有点弯曲。由于气体比固体更轻，且更易被太阳风吹动，所以由气体构成的尾巴通常是笔直的。另外，由于尘土颗粒可以反射或者反弹光线，所以尘土彗星尾巴是闪亮的；因为气体中的粒子本身就可以发光，所以气体彗星尾巴是发光的。

8.3.3 哈雷彗星

在所有的彗星中，哈雷彗星算是非常独特的，因为它不仅足够大，还很活跃、轮廓清楚，而且还有规律性的轨道。大部分彗星都是不停地围绕太阳沿着很扁长的轨道运行的，公转周期一般在 3 年至几百年之间。周期只有几年的彗星多数是小彗星，直接用肉眼很难看到。不沿椭圆形轨道运行的彗星，只能算是太阳系的过客，一旦离去就不见踪影。大多数彗星在天空中都是由西向东运行的。但也有例外，哈雷彗星就是从东向西运行的。哈雷彗星的公转轨道是逆向的，与黄道面呈 18°倾斜，像其他彗星一样，偏心率较大。

哈雷彗星每 76 年就会回到太阳系的核心区。来到太阳附近一次，它便要被剥掉一层皮，每次大约会损失 6m 厚的冰、尘埃和岩石。从 1986 年那次回归以来（见图 8.15），哈雷彗星总共已损失了 1.5 亿吨物质，彗核直径缩小了 4～5m（见图 8.16）。据科学家估算，再经过 38 万年，即 5000 次回归后，这种有去无回的物质损耗将导致哈雷彗星走向消亡。

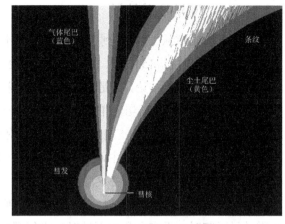

图 8.14　彗星的两条尾巴

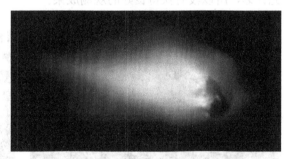

图 8.15　1986 年哈雷彗星回归的照片

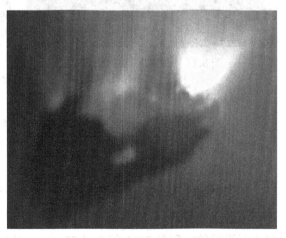

图 8.16　1986 年哈雷彗星的彗核

8.3.4 观测哈雷彗星

天文学家哈雷从 1337 年到 1698 年的彗星记录中挑选了 24 颗彗星,计算它们的轨道(见图 8.17)时发现,1531 年、1607 年和 1682 年出现的三颗彗星轨道看起来如出一辙。但哈雷没有立即下此结论,而是不厌其烦地向前搜索。通过大量的观测、研究和计算后,哈雷大胆地指出,1682 年出现的那颗彗星,将于 1758 年的年底再次回归。在那个时代,还没有任何人意识到彗星能定期地回到太阳附近。1759 年 3 月 13 日,这颗明亮的彗星拖着长长的尾巴出现在星空中,自此,哈雷在 18 世纪初的预言,经过半个多世纪的时间终于得到了证实,后来人们称这颗彗星为哈雷彗星。

20 世纪,哈雷彗星总共回归 2 次。人们对哈雷彗星进行了不同手段的观测。1910 年,哈雷彗星回归时,天文台和老百姓对其进行观察(见图 8.18)。但由于当时观测时没有预先计划,所以没有获得良好的观测成果。

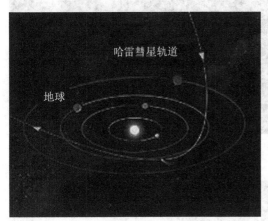

图 8.17 哈雷彗星运行轨道

图 8.18 1910 年墨西哥街道上的人们观察哈雷彗星

1986 年,哈雷彗星再次回归时,以美国喷气推进实验室为中心,由 22 位天文学家组成委员会成立了"国际哈雷彗星观测组织",从 1983 年 10 月中旬开始直至 1987 年末,不间断地对哈雷彗星进行观测。

截至目前,为了观察哈雷彗星,美国航空航天局、苏联太空局、欧洲空间局及日本宇宙空间研究所发射了七颗宇宙探查器,获得了大量的哈雷彗星资料。哈雷彗星下次回到太阳附近的时间是 2061 年 7 月 28 日,相信一定会出现一些新式航天器对其进行更加详细的观测。

8.4 流星和陨石

在太阳系中,有三类英文名称以"M"开头的小天体经常让人产生混淆。这三类小天体分别是流星体(meteoroid)、流星(meteor)和陨星(meteorite)。流星体、流星、陨星都是宇宙中的碎屑,只是在不同状态与情形下有不同的名字。

流星体是太阳系内颗粒状的碎片。其尺度可以小至沙尘,大至巨砾,但通常比小行星要小得多。它们并不是按照一定的轨道绕太阳旋转,而是在太空中以任意路径运行。多数流星体是由小行星、彗星、自然卫星等天体在撞击分裂时而产生的。

流星是流星体进入地球大气层撞击摩擦而产生的光亮现象。流星现象通常发生在大气层高层距地面约为 50km 的空间。

大多数落入地球的流星体会在大气层中燃烧殆尽,但部分流星体由于体积巨大、抗熔性好或者以特殊角度进入大气层等原因在大气层中并没有燃烧完,部分残留的碎片落入地球表面,这就是所谓的陨星,也称作陨石。事实上,流星体不仅会落入地球,也会落入其他行星、自然卫星及小行星,从而形成陨石(见图 8.19)。

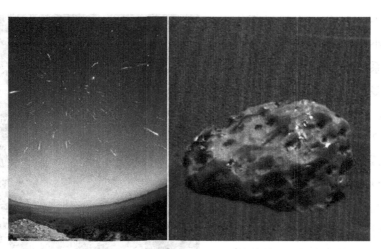

图 8.19 流星(左);铁陨石(右)

流星雨的产生一般认为是由于流星体与地球大气层相摩擦的结果。流星群往往由彗星分裂的碎片产生,成群的流星就形成了流星雨。流星雨看起来像是流星从夜空中的一点迸发并坠落下来。这一点或这一小块天区被称为流星雨的辐射点。通常以流星雨辐射点所在天区的星座给流星雨命名(见图 8.20),以区别来自不同方向的流星雨。

一般的流星雨，流星出现的频率为每小时 5～60 颗，最高能达到每分钟 1 颗。当每小时出现的流星超过 1000 颗时，称为流星暴雨，有些大型的流星风暴，每秒都会有流星出现。流星暴雨对生活在地面上的人不会造成直接危害，不会影响人们的日常生活。但是，因速度极高，流星暴雨对太空中的航天飞行器的安全构成威胁，同时对地球大气层高层的电离层也会产生影响。

图 8.20　2012 年天龙座流星雨

8.5　小行星那些事

8.5.1　小行星从哪里来

通常，绝大部分的小行星都位于木星附近的小行星带内，仍然有部分小行星在太阳系的其他区域绕太阳旋转，这类小行星多被称为近地小行星，按照轨道的不同，可以划分为三类近地小行星（见图 8.21）：Atens 小行星——它的轨道几乎或全部位于地球轨道内部；Apollos 小行星——它的轨道偶尔穿过地球轨道；Amors 小行星——它的轨道穿过火星轨道，而不是地球轨道。

小行星带介于火星和木星轨道之间的小行星密集区域，也称为主带。科学家发现小行星带可分为两个不同的区

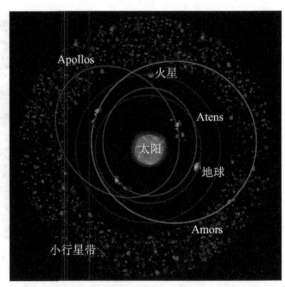

图 8.21　三类近地小行星轨道示意图

域。小行星带的外缘以富含碳元素的 C- 型小行星为主，这类小行星年代久远，从太阳系形成以来没有发生过大的变化；小行星带内侧靠近地球的部分以富含金属矿物成分的小行星为主，科学家猜测这些小行星是在很高的温度下形成的。

在小行星带之外靠近木星的位置还存在着 1000 多颗小行星，它们被称为特洛伊小行星（见图 8.22）。这些小行星都是以希腊传说特洛伊战争中的英雄人物命名的。

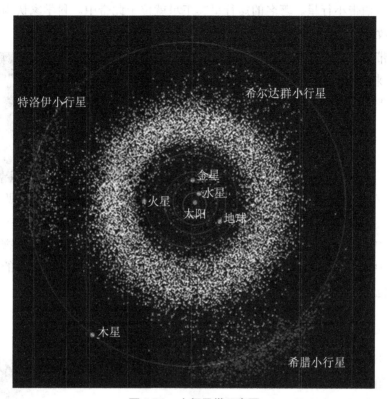

图 8.22　小行星带示意图

木星附近的小行星是亿万年前在太阳系形成初期遗留下来的不规则形状的天体。它们的直径从 965km 到 6m，一些尺寸较大的小行星周围还拥有自己的卫星。图 8.23 为小行星 Ida 和它的卫星 Dactyl。木星附近的小行星数目多达数百万。最早科学家发现谷神星（Ceres 1）、智神星（Pallas 2）、婚神星（Juno 3）和灶神星（Vesta 4）是小行星中最大的四颗，被称为"四大金刚"。

图 8.23　伽利略号探测器于 1993 年拍摄的小行星 Ida 和它的卫星 Dactyl

海王星是太阳系最外围的一个巨大的行星。它自身产生的引力与太阳引力共同作用，使得太阳系边缘众多的小行星能够绕太阳旋转。海王星轨道外围的这些神秘的小行星就是所谓的柯伊伯带小行星。著名的矮行星冥王星就位于此带中。科学家认为，在柯伊伯带中存在着数量巨大的小行星和彗星等。

柯伊伯带是一种理论推测，认为短周期彗星是来自离太阳 50～500 天文单位的一个环带（见图 8.24），位于太阳系的尽头，其名称源于荷兰裔美籍天文学家柯伊伯（Kuiper）。柯伊伯带内边缘毗邻海王星公转轨道，与太阳相距约 45 亿千米，外边缘距离太阳有大约 70 亿千米。

图 8.24　柯伊伯带立体视图

太阳系中的多数小行星由金属或岩石材料组成，或者由含丰富碳的矿物质组成。类似于太阳系中的行星。小行星也是围绕太阳旋转的，但是它们不具备行星的其他特征，如被大气层包围等。

8.5.2　小行星与地球相撞

通常，小行星并不威胁地球，但是进入人类视角的小行星，有时也是地球生命的杀手。如果一个大的小行星脱离了太阳轨道，它就有可能撞击地球，给地球生命带来毁灭性的灾难，这种情况在地球历史上曾经发生过。6500 万年前，一颗直径为 10～16km 的陨石或小行星撞击到墨西哥尤卡坦半岛附近。撞击之后引起一场大爆炸，产生的巨大海啸和

图 8.25　导致恐龙灭绝的小天体撞击事件

弥漫全球的尘埃，尘埃和大量碎片抛入大气环境，形成遮天蔽日的尘雾，像地毯一样阻止太阳光线进入地球，停止了植物的光合作用。经过数个月后，植物灭绝，破坏了食物链，导致恐龙灭绝（见图 8.25）。

1908 年，在俄国通古斯河上空发生了一次巨大的爆炸事件（见图 8.26）。巨大的冲击波将 2.150 万平方千米的森林摧毁，其中约有 8000 万棵树木倒塌。对于这场神秘的爆

炸事件，有人认为是外星人的飞船坠毁在通古斯河地区，但也有评论认为这是一颗小行星或者彗星坠毁。通古斯大爆炸一直是个未解之谜，冰陨石假说解释了为何陨石碎片无法找到，但目前科学家发现的碎片可能来自撞击通古斯地区的天体，科学家计算出撞击通古斯地区的天体平均密度大约为 0.6 g/cm³，与哈雷彗星的彗核密度相当，因此该陨石样本很可能来自一颗彗星。

图 8.26　落到地球的小天体被人们称为的陨石

2008 年，天文学家发出了有史以来的第一份名叫 2008 TC3 小行星撞击预报，一块卡车大小的太空巨石即将撞击地球，预计会在一天之内撞击苏丹北部。就在预定撞击的时刻，一名飞行员在苏丹上空看到了火球，这是小行星闯入地球大气时发生的爆炸，当量相当于 1000 吨 TNT。几个月后，科学家找到了一批散落在沙漠里的新鲜陨石——相当于完成了一次近地天体的"采样返回任务"。

陨石可以说是与地球"打交道"最多的小天体了（见图 8.27），但在一般情况下陨石对地球的影响是很小的，只有少数的陨石可以穿过地球大气，到达地球表面。陨石带来的危害不仅取决于速度和大小，还与入射的角度和入射点的环境有关，像湿地、沼泽就可以缓冲冲击的力量，使其破坏性降低。

图 8.27　小天体落入大气层示意图

8.5.3　太阳系历史信息的档案室

小行星有很多不同类型的表面，有些看起来是黑暗的，有些则看起来很明亮。这是因为它们表面反射了太阳光。小行星地表形态的不同与构成小行星的物质有关。例如，黑暗小行星通常由富含碳的物质构成；明亮小行星含有很多能够反射太阳光的金属矿物质，其发光的表面为科学家研究小行星提供了良好的视线。

有些小行星表面甚至存在"山峰"。1996 年，哈勃空间望远镜拍摄到的一张灶神星照片，显示了灶神星表面一个巨大的火山口。黎明号探测器接近灶神星，对其表面进行了观测（见图8.28）。科学家认为，这个火山口是由一个大的物体撞击灶神星而形成的，撞击时产生了大量的热，使得熔岩在流回火山口的过程中在火山口中心形成了一座山峰。

科学家已经从小行星体上了解到很多关于太阳系历史的信息，对于小行星的了解多数来自地球陨石坑附近的陨石研究（见图8.29）。陨石是从外太空穿过大气层陨落到地球表面的固体颗粒，很多科学家认为，大部分的陨石是从小行星上分裂脱落的碎片。科学家们对小行星有着极大的兴趣，小行星年代久远，很多在亿万年的时间中没有发生过变化。因此，小行星可以告诉科学家很多关于太阳系如何形成的信息。例如，通过研究小行星的组成成分，可以了解到在太阳系形成初期的物质类型和成分，特别是对探索生命的起源有重要的帮助。

图8.28 美国黎明号探测器进入灶神星轨道，对其表面坑洼的洞穴进行观测

图8.29 位于美国亚利桑那州北部的"巴林杰陨石坑"

8.6 发现达人

8.6.1 德蒙·哈雷（Edmond Halley，1656—1742）

哈雷（见图8.30）1656年出生在伦敦附近的哈格斯顿，1673年进入牛津大学学习数学。1676年，20岁的哈雷毅然放弃了即将到手的学位证书，只身搭乘东印度公司的航船，在海上颠簸了三个月，建立起人类第一个南天观测站，然

图8.30 天文学家哈雷

后进行了一年多的天文观测，绘制了世界上第一份精度很高的南天星表。

哈雷发现了月球运动的长期加速现象，证明恒星不是恒定不动的。此后，他选择了彗星这一前人涉及不多的领域进行了深入的研究，开创了认识彗星和研究彗星的新领域。1678年，哈雷发表了《南天星表》，获得了与第谷·布拉赫同样高的声誉。

哈雷还劝说牛顿写出了经典力学的奠基之作《自然哲学的数学原理》，并慷慨解囊支付这部巨著的出版费用。

8.6.2 奥尔特（Jan Hendrik Oort，1900—1992）

奥尔特是荷兰天文学家（见图8.31），最先提出银河系自转学说。1950年，奥尔特提出太阳系外层边缘存在一个云团。他认为大量彗星构成一个巨大的小行星云，把太阳裹在硕大一个距离（一光年左右）的小行星带中。奥尔特估计，由于附近恒星的引力摄动，少量彗星不断被抛进太阳系中来。原有的彗星中约有20%已被这样抛了进来。

目前，科学家认为，太阳系诞生于太阳先辈所爆发的超新星大爆炸，其剩余产物构成了包裹太阳系的奥尔特云团。

图8.31 天文学家奥尔特

8.7 传奇故事

8.7.1 哈雷彗星蛋的故事

哈雷彗星蛋（见图8.32）是指当哈雷彗星靠近地球时，有母鸡正好生下蛋壳上会布满星辰花纹的鸡蛋。1682年，哈雷彗星飞近地球时，在德国的马尔堡，有只母鸡生下一个蛋壳上布满星辰花纹的鸡蛋。1758年，英国霍伊克附近乡村的一只母鸡生下一个蛋壳上有清晰彗星图案的鸡蛋。

图8.32 哈雷彗星蛋（本图来自国内网站图片，真实性待考证）

1986年哈雷彗星又一次回归地球时，人们在意大利博尔戈的一户居民家里，又一次发现了一个彗星蛋。

彗星与鸡蛋，一个在太空中遨游，一个在大地上诞生，但很多科学家认为它们之间存在着因果关系，也许与免疫系统的效应和生物的进化相关。

8.7.2　哈雷彗星巧遇马克·吐温

谈到哈雷彗星，就不得不联想到它与知名作家马克·吐温之间的关系。马克·吐温生于1835年（见图8.33），当时哈雷彗星刚刚离去。1909，当得知哈雷彗星将在来年再次回归时，马克·吐温就预计哈雷彗星回归时他将死去。死前，马克·吐温留下5000页的自传手稿，同时附言："死后100年内不得出版"。100年过去了，加州大学出版社出版了他的完整权威版自传。

在1910年4月9日，天文望远镜捕捉到了哈雷彗星，在4月20日达到近日点，马克·吐温则在4月21日心脏病发作逝世。

1909年，马克·吐温写下："我在1835年与哈雷彗星同来。明年它将复至，我希望与它同去。如果不能与哈雷彗星一同离去，将是我一生中最大的遗憾。"

图8.33　著名作家马克·吐温

8.7.3　陨石中存在地外生命迹象

有些科学家认为，陨石是在宇宙中传播生命的种子，地球上的生命可能最初就起源于地球婴儿时期遭受的陨石撞击。1996年，NASA宣布在来自于火星的陨石"艾伦-希尔斯84001"中发现含有火星细菌化石的证据（见图8.34），并且发现这块陨石晶体结构中的大约25%是由细菌形成的，这一发现引发了人们对火星上生命探索的强烈兴趣。

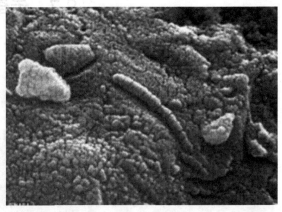

图8.34　火星岩石"艾伦-希尔斯84001"中蠕虫形态的结构

另有研究表明，火星上的陨石撞击坑可能同样充当着有机生命体避难所的功能，如果在那里向深部进行探索，可能会找到与微小生命体相似的生命形式。陨石撞击一瞬间产生的热量足以杀死其表面所有的生命，但是，由撞击产生的陨石岩裂隙却能让营养及水分流入其内部，从而支持内部生命的继续存在。

第 9 章 航天器飞行与力学

9.1 太空飞行与大气层内飞行的区别

飞行器在大气层内和大气层外飞行时主要有三个方面的不同。

首先,在大气层内飞行的飞行器速度与它的飞行路线以及飞行高度没有直接的关系,如几架飞机可以以不同的速度飞行在同一飞行路径上。而卫星的轨道和它的飞行速度是严格相关的。比如,对于圆轨道来说,在相同轨道高度上的卫星一定具有相同的飞行速度;而轨道高度不同的卫星,其飞行速度一定不同。这种高度和速度的关系会严格地限制太空飞行器的行为。

其次,在大气层内飞行的飞行器不但需要借助空气使其飘浮在空中,同时还需要借助空气来作机动飞行。就如同船在水中行驶,利用桨和舵划水进行机动一样,在大气层内飞行的飞行器通过翼和舵反推空气来改变方向。而在太空中,高真空的环境使这一切就变得不可能了,所以卫星必须用小发动机来作机动。

最后,由于空气的阻力会持续降低在大气层内飞行器的飞行速度,因此在大气层内飞行的飞行器必须保持连续的动力来维持飞行,但太空中的卫星飞行的情况却不同。为把卫星送入轨道,我们需要用到火箭推进器,而一旦卫星进入其环绕地球的轨道,它就不再需要发动机来提供动力了。例如,月球就是一个天然的绕地球旋转的卫星,它就可以持续地绕地球运动而不需要任何的动力。

9.2 开普勒定律和宇宙速度

航天器在空间航行的轨迹称为轨道。航天器由运载火箭发射升空到完成全部飞行任务返回的整个过程,通常包括发射入轨段、轨道运行段和再入返回段,相应的有发射轨道、运行轨道和返回轨道。航天器在轨道运行段完成航天飞机的全部飞行任务,在轨道运行段飞行的航天器,绝大部分时间是在地球引力的作用下的无动力惯性飞行,因此在本质上它与自然天体的运动一致，因此研究航天器的运动可采用天体力学的方法。

9.2.1　开普勒三大定律

几个世纪以来，天文观测者一直面临着如何解释天体运动的挑战。亚里士多德认为圆周运动是唯一合乎自然的完美运动，因此天体必定作圆周运动。德国天文学家开普勒根据丹麦天文学家古·布拉赫多年观测积累的资料，发现这种理论与观察存在着差异，通过大量的理论计算与归纳总结，于1609年—1619年先后归纳提出了具有划时代意义的开普勒（Kepler）三大定律。

第一定律（椭圆定律）：所有行星绕太阳的运行轨道都是椭圆，而太阳则位于椭圆的一个焦点上。

第二定律（面积定律）：在相等的时间内，行星与太阳的连线所扫过的面积相等。

第三定律（调和定律）：行星运动周期的平方与行星至太阳的平均距离的立方成正比，即行星公转的周期只和半长轴有关。

开普勒三大定律描述了行星运动所遵循的规律，该定律同时也适用于航天器绕地球的运动，因此至今仍为广大天文工作者及从事航天事业的科技人员所用。

如果把卫星看作行星，地球看作太阳，那么开普勒定律也适用于卫星运动，因而有以下的运动规律。

① 卫星的运行轨道是个椭圆（圆轨道是椭圆轨道的特例），地球在它的一个焦点上。不论向哪个方向发射卫星，卫星轨道一定通过赤道，轨道面通过地心。

② 卫星和地心连线在同一时间内扫过的面积相等。也就是说，卫星的速度在近地点处最大，在远地点处最小。

③ 卫星运行的周期只和半长轴有关。只要半长轴相等，周期也相同。

9.2.2　三大宇宙速度

人类的航天活动，并不是一味地要逃离地球。特别是当前的应用航天器，需要绕地球飞行，即让航天器做圆周运动。宇宙速度是物体从地球出发，在天体的重力场中运动，三个有代表性的初始速度的统称。

第一宇宙速度（又称环绕速度）：是指从地面发射航天器时，使其环绕地球运行所需的最小速度，大小为7.9km/s。物体的运动速度达到7.9km/s时，它所产生的离心力，正好与地球对它的引力相等。若发射速度小于这个数值，卫星就不能绕地球飞行，当卫星速度大于这个值时，就能进入到地球飞行轨道。

随着高度的增加，地球引力下降，环绕地球飞行所需要的飞行速度也降低，所有航天器都是在距离地面很高的大气层外飞行，所以它们的飞行速度都比第一宇宙速度低。第一宇宙速度有两重意义，它既是发射航天器时的最小初速度，也是航天器在绕地球飞行时的最大环绕速度。

第二宇宙速度（又称逃逸速度）：当卫星速度大于 11.2km/s 时，物体完全摆脱地球引力束缚，沿着一条抛物线轨道脱离地球进入环绕太阳运行的轨道，不再绕地球运行。各种行星探测器的起始飞行速度都高于第二宇宙速度。

第三宇宙速度：从地球起飞的航天器飞行速度达到 16.6km/s 时，就可以摆脱太阳引力的束缚，脱离太阳系进入更广漠的宇宙空间。这个从地球起飞脱离太阳系的最低飞行速度就是第三宇宙速度。

9.3 轨道基础

这一节简要讨论卫星轨道的物理意义，并概述轨道力学的关键概念，这些关键概念定义了卫星在轨道上的特性，其中包括轨道速度、轨道周期和轨道倾角。

通常，卫星轨道都是椭圆的。在讨论椭圆轨道之前先讨论比较特殊的圆轨道，因为圆轨道便于理解，而且被应用在很多方面。

9.3.1 航天器圆周轨道

一个在圆轨道上运行或飞行的卫星，它的轨道速度和轨道高度之间是有严格关系的。用火箭发射卫星的作用就是在适当的地点、用合适的速度和运动方向把卫星释放出去，以使卫星进入特定的轨道。

卫星的运动可以看作是产生离心力来抵抗重力。例如，将一个物体绑在绳子的一端并做圆周运动，物体就会向外反向拉绳子，圆周运动越快，离心力就越大。在一个特定的速度，卫星环绕地球运动的离心力等于卫星的重力，卫星就将被固定在相应的轨道上运行。

卫星距离地球越远，地心的引力就越小。因此距离越远，要平衡重力所需的离心力就越小，所以卫星的轨道越高，它的轨道速度就越小。

对于卫星在圆轨道飞行的情况，图 9.1 和表 9.1 列出了不同的轨道高度所对应的轨道速度。通过图 9.1 的曲线，可以看出卫星环绕地球运行所需的速度是非常大的：卫星在低轨（小于 1000km）的速度达到了 8km/s 左右，这个速度大约是大型喷气客机速度的

30倍。

需要注意的是，卫星在轨道上运行的速度与卫星的质量无关，这是理解太空飞行问题的一个基本原则。这就意味着，不同质量的物体会运行在相同的轨道上。不同质量和体积的卫星，如果它们的速度相同，它们就会运行在相同高度的轨道上。

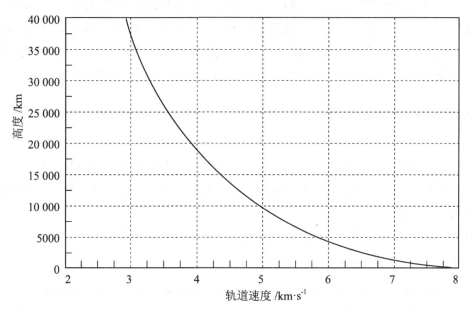

图9.1　在圆轨道上的卫星速度与轨道高度的数学关系曲线

表9.1　在圆轨道上的卫星速度与轨道高度的定量关系

高度 /km	轨道速度 /km·s^{-1}
200	7.8
500	7.6
1000	7.4
5000	5.9
10000	4.9
20200（半同步轨道）	3.9
35800（同步轨道）	3.1

正如上面所提到的，一旦卫星被运载火箭加速到轨道速度，那么它就不再需要推力装置来维持它在轨道上的运行，这遵循的是牛顿第一运动定律，也就是在没有摩擦力和

空气阻力的情况下,物体的运动性质不会发生改变。这就是说,卫星一旦被运载火箭加速运动起来,卫星就会保持运动,而地球的重力将把它的运动轨迹从直线弯曲为围绕着地球飞行的圆轨道。

因此,卫星无须携带大量的燃料,也能在轨道上运行相当长的时间。同时,一旦进入轨道,不管是运载火箭推进器、释放卫星时带出的铆钉或者其他残骸碎片,本质上都有可能留在轨道上。这也是太空垃圾问题的本质,一旦太空垃圾进入轨道,它就将持续在这一轨道上飞行,因此太空垃圾的数量就会越积累越多。今天,我们还无法大范围地清除太空垃圾,这就使得太空中某些区域的太空垃圾会多到影响卫星的正常飞行。

9.3.2 卫星轨道周期

另外一个描述卫星轨道的重要参数就是卫星围绕地球飞行一周所花费的时间,也就是运行完一个完整的轨道周期所需的时间。这个时间就是所谓的轨道周期。由于随着轨道高度的增加,卫星不仅速度降低,而且每圈运行的距离也越远,因此轨道周期随轨道高度的增加而增加。

图9.2和表9.2列出了不同圆轨道的轨道高度所对应的轨道周期。对于低轨道卫星(小于1000km),轨道周期大约为90分钟。

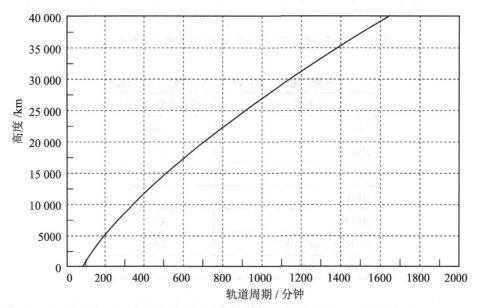

图9.2　在圆轨道上的卫星运行周期与轨道高度的数学关系曲线

卫星在 36 000km 高度轨道飞行时的轨道周期为一天，与地球自转的时间相同，因此这种轨道称为地球同步轨道。位于赤道上的地球同步轨道卫星的特点是，它始终与地球保持相对静止。这在后面将详细介绍，地球同步轨道有相当重要的作用。

表 9.2 在圆轨道上的卫星周期与轨道高度的定量关系

高度 /km	轨道周期 / 分钟
200	88.3
500	94.4
1000	104.9
5000	201.1
10 000	347.4
20 200（半同步轨道）	718.3（12 小时）
35 800（同步轨道）	1436.2（24 小时）

9.3.3 轨道平面倾角

卫星的轨道始终处在一个平面中，这个平面必定是通过地心的。描述卫星轨道就须要指定这个轨道平面的倾角。当轨道平面包括地球赤道时，这种轨道称为赤道轨道。一般的轨道平面都和地球赤道平面呈一定的角度，这个角就是轨道倾角（见图 9.3）。

当轨道倾角为 90° 时，轨道平面将包含地球的地轴，卫星会通过地球的两极上方，这样的轨道称为极轨道。

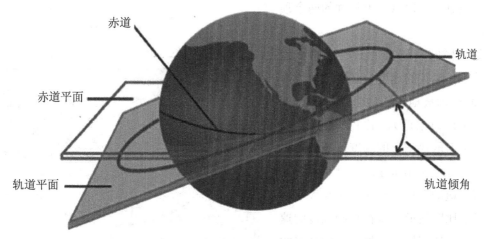

图 9.3 轨道器倾角物理意义示意图

轨道倾角决定了卫星所能扫过地球的区域。卫星垂直扫过地球表面的路径称为星下点轨迹。如图 9.3 所示，一个轨道倾角接近零度的卫星仅通过地球上一个赤道附近的狭窄带状区域。因此，一个轨道倾角接近零度的卫星是不能用来观测极地以及极地通信的。总的来说，图 9.3 表明一个轨道倾角为 θ 的卫星是不可能扫过纬度大于 θ 的地球上的区域的。

从纬度为 θ 的发射场发射的卫星能进入轨道倾角大于或者等于 θ 的轨道，但却不能进入轨道倾角小于 θ 的轨道。因此，不在赤道上的发射场不能直接把卫星送入赤道轨道。卫星在入轨时为了改变它的轨道倾角就必须进行机动，这就需要用到推进器。

9.4 椭圆轨道

一般来说，大多数卫星轨道是椭圆的。椭圆是由所有到两个焦点的距离之和为常数的点组成的集合。因此，圆就是两个焦点重合为一点的椭圆。根据开普勒定律，地球总是位于卫星椭圆轨道的一个焦点上（见图 9.4）。

通过椭圆两个焦点的直线所得的弦称为长轴，垂直平分两焦点连线所得的弦，称为短轴（见图 9.4）。

椭圆对圆的偏离程度用偏心率来描述。椭圆轨道上卫星最靠近地球的点称为轨道近地点，最远的点则称为远地点。近地点和远地点位于长轴的两个顶点上。

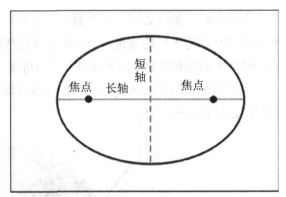

处在椭圆轨道上的卫星在距离地球近的时候运行的速度快（在近地点附近），而在远离地球的地方运行的速度慢（在远地点附近）。卫星在给定点上的速度不但取决于它的高度，还取决于轨道的形状（尤其是长轴的长度）。对于椭圆轨道的卫星，它在给定高度点的速度既能比圆轨道卫星在相同高度的速度大，也能比圆轨道卫星在相同高度的速度小，这些都取决于椭圆的形状。

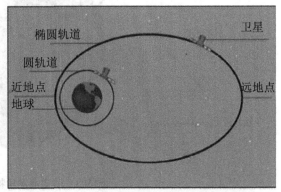

图 9.4　在椭圆轨道上卫星运行的示意图

轨道周期由长轴的长度决定,轨道周期会随着长轴长度的增加而增加。椭圆轨道的轨道周期也可以与地球自转周期相同,但由于卫星的轨道速度随时间变化而变化,所以它又不是真正的与地球同步。

9.5 卫星轨道的数学模型

9.5.1 卫星圆轨道的数学模型

对于一个处在高度 h,以速度 v 运行在圆轨道上的卫星,其离心力等于卫星所受的重力,即

$$\frac{mv^2}{(R_e+h)} = \frac{GmM_e}{(R_e+h)^2} \tag{9-1}$$

式中,m 是卫星质量,G 是重力常数,M_e 是地球的质量,R_e 是地球的平均半径(6370km)。

因此卫星的速度和它高度的关系就可以通过公式表述为

$$v = \sqrt{\frac{GM_e}{R_e+h}} \tag{9-2}$$

用 r 来表示卫星到地心的距离,因此

$$r = R_e + h \tag{9-3}$$

于是,由式(9-2)和式(9-3)得

$$v = \sqrt{\frac{GM_e}{r}} \tag{9-4}$$

值得注意的是,卫星的质量并不出现在式(9-2)或式(9-4)中。

轨道周期可以用卫星围绕地球运行一圈所经过的距离(在本例中,就是一个以 R_e+h 为半径的圆周)除以卫星的速度(由式(9-2)给出)来计算,则圆轨道的轨道周期可由下面的公式给出

$$P_{circ} = 2\pi\sqrt{\frac{(R_e+h)^3}{GM_e}} = 2\pi\sqrt{\frac{r^3}{GM_e}} \tag{9-5}$$

9.5.2 椭圆轨道

卫星椭圆轨道有两个焦点,地球位于其中一个焦点上。

在椭圆轨道中,长轴长度标记为 $2a$,短轴长度标记为 $2b$。两个焦点之间的距离称为 $2c$(见图 9.5)。这些量之间的关系是

$$a^2 = b^2 + c^2 \tag{9-6}$$

轨道近地点为卫星距离地球最近的点;从近地点到地球地心的距离称为 r_p。同样,轨道远地点就是卫星距离地球最远的点,从远地点到地球地心的距离称为 r_a。通过图 9.5 所示的几何关系可以得到

$$r_a + r_p = 2a, \quad r_a - r_p = 2c \tag{9-7}$$

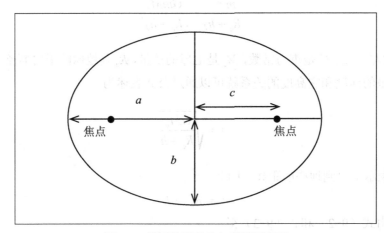

图 9.5 椭圆轨道的几何关系示意图

既然 $a = (r_a + r_p)/2$,那么 a 就可以认为是轨道到地心的距离。

椭圆对圆的偏离程度可以用离心率来表示,它的范围从零(对应于圆)到 1(对应于一个无限扁的椭圆)。离心率是到焦点之间距离的比值,表示为

$$e = \frac{c}{a} = \sqrt{1 - \frac{b^2}{a^2}} \tag{9-8}$$

或

$$e = \frac{r_a - r_p}{r_a + r_p} \tag{9-9}$$

由于大多数卫星的轨道是椭圆，所以就可以用卫星"高度"这个名词。例如，一个近地点为500km、远地点为800km的轨道，$r_p = (R_e + h_p)$ 和 $r_a = (R_e + h_a)$ 的差别大约仅为4%，偏心率仅为0.02。

于是可以得到

$$r_a = a(1+e), \quad r_p = a(1-e) \tag{9-10}$$

根据角动量守恒定律要求 $r_a v_a = r_p v_p$，这里 v_a 和 v_p 分别是卫星在远地点和近地点的速度。于是得到

$$\frac{r_a}{r_p} = \frac{v_p}{v_a} = \frac{1+e}{1-e} \tag{9-11}$$

卫星在椭圆轨道上某点的速度取决于这一点的高度 h，则有如下公式

$$v = \sqrt{GM_e\left(\frac{2}{R_e+h} - \frac{1}{a}\right)} = \sqrt{GM_e\left(\frac{2}{r} - \frac{1}{a}\right)} \tag{9-12}$$

这个公式可以简化成式（9-2）对于圆轨道的公式，在圆轨道中，$a = R_a + h$（轨道半径）。

式（9-12）表明，卫星在椭圆轨道上距离地球近的时候（近地点附近）运动得快，而在距离地球远的时候（远地点附近）运动得慢。早在1600年，开普勒就提出，卫星在轨道上运行时，卫星和地心的连线在相同的时间扫过的面积是相等的。这一特性是由动量守恒定律决定的。

椭圆轨道的轨道周期为

$$P = 2\pi\sqrt{\frac{a^3}{GM_e}} \tag{9-13}$$

这个公式是由椭圆半长轴 a 取代式（9-5）中的圆轨道半径 $r = R_a + h$ 得到的。

思考题

1. 大气层外飞行和大气层内飞行的区别是什么？
2. 什么是开普勒三大定律？

3. 什么是三大宇宙速度？分别代表了什么？
4. 轨道要素有哪些？
5. 简述各种卫星轨道的特点。
6. 圆轨道和椭圆轨道中轨道高度和轨道速度的关系分别是什么？
7. 试简述航天器圆轨道的建模过程。
8. 试简述航天器椭圆轨道的建模过程。

第10章 航天器轨道和太空机动

卫星轨道的选择，主要取决于卫星需要执行的任务。例如，对于一个用于观测地球的高分辨率图像遥测卫星来说，应该离地球表面尽可能近，所以，这类卫星总是运行在地球的低轨道上。而对于商业通信卫星，这类卫星只有覆盖较大的地表区域，才能有效地完成通信任务（发送和接收信号）。同时还应该与地面尽量保持在一个相对固定的位置上，所以绝大多数通信卫星都分布在赤道上空的地球同步轨道中。同样，其他各类型卫星轨道的选择也都是基于卫星的特定任务。

因为卫星的任务与其运行轨道之间的这种紧密联系，随之将产生一些重要的影响。例如，虽然在传统观念上"领土"是一个固定面积或固定体积的空间，但在太空中却没有"领土"的概念。一方面因为所有卫星必须绕固定轨道运转，自然要通过某些国家的"太空"；另一方面，某些特定的任务必须由特定轨道的卫星完成，因此这些轨道具有很高的价值。轨道和卫星的这种联系，使人们往往能够通过观察卫星的运行轨道就能猜测出其功能。

本章讨论空间轨道的一些重要的特性，包括一些用几何学描述的特征，如卫星相对于地球的运动、卫星的仰角、卫星地面覆盖区域、地面与在轨卫星传输信号所需的时间以及空间环境（如辐射和大气）对在轨卫星的影响。

10.1 空间几何学的限制

10.1.1 卫星相对地球表面的运动

一般来说，卫星在自身轨道上运动的同时，地球也在绕着地轴快速旋转，二者的合成效果决定了卫星相对于地球表面的运动。由于地球自转的原因，当卫星运行一个轨道周期回到其轨道上起始点时，它相对于地球表面已经产生了一定位移。如果卫星的轨道周期正好是一天，与地球的自转周期相同，则这类卫星称为地球同步卫星，相应的轨道即为地球同步轨道。地球同步轨道可以是圆形的或椭圆形的，并且其倾角可以为任何值。圆形的地球同步轨道与地面的距离大约为36 000km。

位于地球赤道平面内的圆形地球同步轨道（倾角为 0°）是地球同步轨道的一个特例，它与地面的相对位置是不变的。运行于这个轨道上的卫星与地球也是相对静止的，并且它总处在地球赤道上某一个固定点的正上方。换个说法，就是从地面上看，这种同步卫星在天空中的位置是不变的。这样的轨道称为地球静止轨道。只有在赤道上方，同步轨道中的卫星才能做到与地面保持相对静止。因此地球静止轨道只有一个，所以这个轨道上的空间是非常有价值的。

现在讨论一下卫星在低地轨道（轨道高度小于 1000km）运行的情况，这类卫星的轨道周期大约为 90 分钟。在 90 分钟内，地球自转会使得地表赤道上某点向东转动 2500km（在其他任意纬度，地面向东转动的距离都将少于 2500km）。

简单来说，某观察者在地表一点观测一颗低轨卫星（轨道倾角不为 0°），卫星从观察者一边的地平线升起，经过他的头顶并于大约 10 分钟后消失在另一面，经过大约 80 分钟后，卫星再次进入他的视野。但由于地球自转的原因，导致卫星这次不再经过他头顶了（除非站在南北两极）。

卫星在它的轨道上运动时，它在地面上的连续投影称为星下点轨迹（同步卫星的星下点轨迹只是在赤道上的一个点）。图 10.1 所示是一个轨道倾角为 45°的轨道：图中灰色的圆盘是轨道及其投影所围成的圆盘。如果地球没有自转的话，轨道平面与地球表面的交线就是该卫星的星下点轨迹。如图 10.2 所示，当把星下点轨迹画到平面的地图上时，其显示为一条不断上下穿过赤道的曲线，并且卫星的星下点轨迹一半在赤道下方，一半在赤道上方。同时可以看出，卫星的星下点轨迹在地面所能到达的最大纬度（北纬和南纬）与轨道的倾角相等。

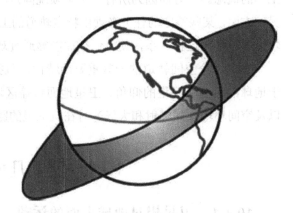

图 10.1　轨道倾角为 45°时的轨道示意图

因为地球的自转，相同轨道上的两个卫星的星下点轨迹并不重合（见图 10.2）。因此，如果在同一轨道上有选择地投放一组卫星，最终将会使这组卫星的星下点轨迹遍布其所能到达的南北纬之间的任何位置。

10.1.2 卫星的仰角

卫星的仰角是卫星与观察者所在处的地平线之间的夹角（见图10.3）。通常用它来描述卫星在某时刻经过观察者上方的位置，仰角为90°表示卫星在观察者正上方。因为仰角与地面观察者所处位置有关，所以对于地面上不同的观察者来说，观察同一个卫星的仰角是不同的，另外仰角还随着卫星在其轨道上的运动而不断变化。

如图10.3所示，卫星的仰角，即在某给定的时刻，位于地球上的点 P 的观察者到卫星的视线与当地地平线之间的夹角。

实际上，决定某一时刻卫星仰角的参数有许多，它们都是描述卫星与地面观察者相对位置的参数。这些参数包括观察者所处位置的纬度和经度，卫星距离地面的高度，卫星的轨道倾角 θ 以及卫星处于轨道上的具体位置（卫星的纬度和经度）。

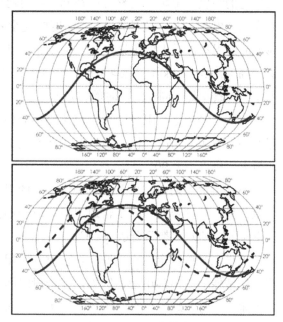

图10.2 星下点轨迹图

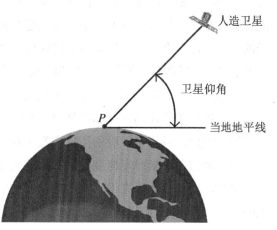

图10.3 描述卫星仰角的示意图

下面用一个例子来说明这些关系，以便加深理解，进而了解观察者的经度、纬度、卫星高度和轨道倾角这些参数是如何影响卫星仰角的。例如，赤道上的一个观察者（即观察者的纬度为0°），观察一个在赤道平面内圆形轨道上的卫星（倾角为0°）。当卫星沿着其轨道运行时，它将从这个观察者的头顶正上方经过，而它的仰角将从0°增加到90°，然后再减小到0°（对于赤道上任意点的观察者都是这样）。

只有在卫星正下方观察，卫星的仰角才为90°。因此，对于赤道上空的卫星，如果观察者不在赤道上，则卫星的仰角永远也不会是 90°。同时，最大仰角取决于观察者所处位置的纬度、卫星与观察者处在同一经度时的飞行高度以及卫星轨道远地点和近地点的高度。例如，对一位处在 45°纬度的观察者来说，一颗赤道圆形轨道上飞行高度为 500km 的卫星的最大仰角只有 17°。这时最大仰角会随着卫星高度的增加而增加，对于轨道高度为 36 000km 的地球同步轨道卫星，对同一观察者的最大仰角会达到 38°（当卫星与观察者处于同一经度时的仰角）。

前面已经学过，卫星的星下点轨迹不会到达纬度大于其轨道倾角的地区。因此，在纬度高于卫星倾角的地区，虽然有可能看到卫星，但是卫星永远也不会经过头顶，卫星的最大仰角将小于 90°。

不同轨道周期内，星下点轨迹均重合的卫星只有两种，一种是任意高度的赤道轨道卫星，另一种则是地球同步轨道卫星。对于不在它们星下点轨迹上的观察者来说，这两种卫星的仰角永远都不会达到 90°。

卫星在某些特定地点的仰角，会对其应用产生关键性的影响，所以通过一个卫星的仰角经常能够看出其用途。例如，在一段时间里，卫星地面测控站会无法收到某个低仰角卫星的信号，这主要有两个原因：第一，与来自高仰角卫星的信号相比，低仰角卫星的信号穿过稠密大气的路径要更长，这就使信号强度衰减得更为严重；第二，地平线上的某些物体（如高层建筑物或高山）可能位于地面站和卫星之间，这就阻断了卫星信号的传输。在建筑物密集的城市中，高层建筑物会阻挡地面通信站与低仰角的卫星通信信号的传送，最严重的情况甚至能阻挡仰角为 70°的卫星与测控站之间的通信，因此城市中的卫星信号接收机和发射器一般都安装在建筑物的顶端。

地球同步轨道通信卫星对于美国比对俄罗斯更加有应用价值，因为近赤道轨道卫星不能很好地覆盖地球的两极和高纬度区域，而俄罗斯的许多重要军事设施都是位于北极圈附近。因此，俄罗斯一般使用轨道倾角较大的卫星，这类卫星在其轨道的相应位置可以很容易地覆盖北半球高纬度地区。当这类卫星的轨道为大椭圆且其远地点位于北极附近上空时，对这些地区来说，这些卫星就能够在头顶停留很长的时间，也就能够发挥更大的作用。后面将要谈到的 Molniya 轨道，就属于这类轨道。

10.1.3 地面覆盖区域（可见区域）

一颗卫星的飞行高度，决定了这颗卫星能够覆盖地球表面区域的大小。高度决定着卫星能够观察到的最大区域的面积，同时星载传感器件也限制着卫星能够监视的最大面积，因此一颗卫星不能同时监测其覆盖的整个地区。

卫星覆盖的区域一般为圆形，此区域的半径仅仅取决于该卫星的高度。图 10.4 直观给出了二者的几何关系。然而，一般情况下地面卫星通信接收机只有在卫星仰角大于其最小通信仰角时，才能接收到卫星的信号，这个最小通信仰角一般为 5°～10°。因此，能够与卫星通信的有效区域比卫星真实的覆盖区域要小一些。有效区域的半径是以卫星高度和卫星与地面通信的最小仰角两个变量为参数的函数。

图 10.4 解释了一个卫星的轨道高度与卫星能够覆盖地球表面区域大小的关系。这里对两种不同高度卫星的覆盖区域作了比较，轨道较低的卫星覆盖区域明显小于轨道高的卫星。

表 10.1 中列出了一些不同轨道高度卫星的覆盖区域半径，以及当最小通信仰角为 10°时能够与卫星进行通信的有效区域半径。从表中数据可以得到，对于高度较低的那些卫星，有效通信面积大约只有其覆盖面积的一半；但对于高度较高的那些卫星，有效通信面积比起其覆盖面积减小的就没有那么多。从表中数据还可以发现，地球同步轨道卫星覆盖区域的面积，要比低轨道卫星覆盖的面积大得多。

图 10.4 卫星覆盖区域与轨道高度的关系

表 10.1 卫星覆盖区域与卫星覆盖区内的有效通信区域

卫星高度 /km	卫星覆盖区域		卫星有效通信区域（最小通信仰角 10°）	
	半径 /km	占地球表面积的百分比 /%	半径 /km	占地球表面积的百分比 /%
500	2440	3.6	1560	1.5
1000	3360	6.8	2440	3.6
20 000（半同步轨道）	8450	38	7360	30
36 000（同步轨道）	9040	42	7950	34

显然，卫星轨道越高，其覆盖面积和可通信有效面积也越大。不过，其他一些因素也会影响卫星轨道高度的选择。

电磁波——包括可见光、红外线和无线电波，在发射体与接收体之间传播的衰减率与二者之间距离的平方成正比。随着高度增加，卫星的信号强度会逐渐衰减，这就使得低轨道卫星在信号传输方面更有优势。另一方面，当确定了地面覆盖区面积后，低轨道卫星的仰角变化范围必定比高轨道卫星的仰角范围更大（见图10.4）。为了使卫星信号的覆盖范围更大，卫星天线需要向各个方向发射信号，这就牺牲掉了单一方向的信号强度（或增益）。但是，对于一个给定的卫星任务，在低轨道高度与大覆盖面积天线之间权衡利弊，带有高定向性天线的高轨道卫星更有优势。

卫星的地面覆盖区域面积以及它相对于地球表面的运动情况，是决定其应用类型的关键因素。例如，用来拍摄地面高分辨率照片的侦测卫星最好运行于低轨道上。这样，只要花费很短时间卫星就能精细地观察到地球上任何一个地方。另外，一个特定的区域上方就会需要多个运行于低轨道的监测卫星，以便不论卫星如何运动，也至少有一个卫星能够观测到该区域。

一个星座系统中所需的卫星总数，取决于卫星在观测位置上空的"缺勤率"。这种缺勤率又由每颗卫星的覆盖区域面积决定。如果其他条件均相同，则卫星轨道越高其缺勤率越小。然而，有些任务却无法用高轨道卫星完成，比如高分辨率监测任务，或者弹道导弹防御任务。

10.1.4 通信卫星信号传输时间

信号在地面通信设备与卫星之间来回传输的时间，等于信号传输的距离除以光速（300 000 km/s）。信号的实际传输距离，取决于该卫星的仰角和它在轨道中的位置，这大约为卫星高度 h 的2倍。所以信号来回传输所用的时间大约等于 $2h/300\,000$，这里 h 的单位是 km。

对于轨道高度为 36 000km 的同步卫星，信号来回传输所用的时间大约为 0.25s。因为信号延迟的存在，当把该卫星用作其覆盖区内两个或两个以上地面通信设备间的数据中继卫星时，在电话信号传输时就需要加回声控制技术，同时还需要特殊的数据传输协议。而对于一颗轨道高度为 500km 的卫星，信号来回传输时间的只有 0.003s，这就不需要加回声控制或其他特殊信号处理手段。

10.2 一般轨道

10.2.1 低轨道

低轨道（LEO）卫星运行高度一般为几百到几千千米。因为低轨道卫星不能覆盖较大的地面区域，而且它们会相对地面快速运动，所以单个卫星不利于通信。但是，如果一个星座包含足够多的低轨道卫星，它们就可以覆盖地球上任何地方，同时各卫星之间可以做通信中继，那么这个星座就可以为全世界提供连续的通信服务。如果这样一个星座中包含极地轨道，那么它还能为两极和高纬度地区提供通信服务。由于在低轨道中，通信信号来回传输所用时间很短（在 0.005s 的时间里，通信信号就可以在卫星与地球之间传递一个来回），这就省去了回声控制装置和其他特殊的信号处理。当通信信号经过多个卫星中继，从地球上一个地方传递到另一个地方时，所花的时间主要与两地之间的距离有关，而不是取决于卫星的高度。例如，通信信号传输距离为地球周长的一半即 20 000km 时，至少需要 0.067s。而且，如果其中一些卫星运行在大倾角轨道上，则它们可以以较高的仰角与高纬度地区的人们通信，这样就减小了建筑物和其他的物体对信号的阻挡干扰。上述这些特性，使得低地球轨道卫星在个人通信系统中非常有应用价值。

低轨道卫星用于通信的缺点是，卫星网络系统需要很多颗卫星。前面提到过，星下任何地方的观察者看到一颗卫星的时间大约为 10 分钟而此后卫星将消失大约 80 分钟，所以如果要为轨道下一条带状区域提供连续通信服务则需要 9 颗卫星（对于 500km 高度的轨道，这条通信带的宽度大约为 3000km，见表 10.1）。如果需要更广的覆盖面积，就需要更多的卫星。举例来说，有着多种军事和商业用途的 Iridium 星座，就拥有 66 颗卫星，它们分布在 780km 高度的六个不同的轨道上。这六个轨道分别在六个不同的轨道平面中。

低轨道卫星对于不需要实时通信的任务也非常适合，这时仅仅需要一个或数个卫星即可。例如，不需要将数据立即发送给地面站的情况，此时可以先将数据存储起来，等卫星经过地面站时再进行传输（这种数据传送方式即"存储—传输"方式）。

对于对时间要求不高的任务，低轨道卫星的运动方式就意味着，仅一颗卫星就足以覆盖整个地球。如果为低轨极地轨道卫星选择合适的轨道周期，使得两个相邻周期的星下点覆盖带也是紧挨着，则地球上任何一处的人们都可以在一天内看到这颗卫星两次。

还有一些任务也需要使用低轨道卫星。地面观测和勘察卫星一般用于拍摄高分辨率地表照片，这时它们就需要离地面近一些了。

10.2.2 中高度圆形地球轨道

中高度圆形地球轨道（MEO）又称为中高度圆轨道（ICO），其轨道高度在低地轨道和地球同步轨道之间：轨道高度为 1500～36 000km。

一般中高度轨道高度大约为 10 000km，轨道周期约为 6 小时。与低轨道卫星星座相比，提供全世界连续的实时服务所需的中高度轨道卫星数量会少一些。举例来说，一个轨道高度为 10 390 km 的中高度圆轨道通信卫星系统，只需要 2 个轨道上的 10 颗卫星即可。这两个轨道的轨道倾角均为 45°，且两个轨道平面之间的夹角为 90°。

从地面上观察，中高度轨道卫星在天空中划过的速度比较慢，因此比起低轨道卫星，中高度轨道卫星系统所需的地面设备要简单一些。不过通信信号在中高度卫星与地面之间来回传输所用时间也会较长，约为 0.069s，而低轨道的铱卫星系统的通信信号传输时间仅为 0.0052s。但由于中高度轨道卫星的地面覆盖区域更大，因此一次信号传输的距离也更远，这就使得中高度轨道卫星的实际通信效率并不低。而且，使用较高轨道的卫星作远距离通信时，可以减少中继卫星的个数。但由于宇宙射线的原因，中高度轨道的卫星必须装备防护设施以延长卫星寿命。

地球半同步轨道是中高度轨道中一个特别的类型，它的轨道周期为 12 小时，轨道高度约为 20 000 km。美国 Navstar 全球定位系统（GPS）和俄罗斯的 Glonass 导航卫星系统均属于这种半同步轨道卫星。如果要全天候覆盖一个片区域（位置），一个卫星导航系统至少需要四颗卫星才能完成，而连续通信卫星系统仅需一颗卫星就能完成。因此，同样轨道高度，一个导航卫星系统比一个通信卫星系统需要部署更多颗的卫星：美国的 GPS 系统和俄罗斯的 Glonass 都由 24 颗卫星组成。美国的 GPS 系统有 6 个轨道平面，每个轨道面的倾角均为 55°；俄罗斯的 Glonass 包括 3 个轨道平面，每个轨道面的倾角均为 64.8°。

10.2.3　Molniya 轨道

Molniya 轨道是一种大椭圆轨道，其轨道周期为 12 小时，倾角为 63.4°，这个倾角可以使该轨道的远地点一直保持在北半球（或南半球）的某个纬度上不变，而不是作进动。由于苏联首先在 Molniya 卫星系统中采用这种轨道，所以这种轨道也就被命名为 Molniya。这种轨道有时也被称为大椭圆轨道（HEO）。

一颗远地点位于北半球的大椭圆轨道卫星，在其轨道周期的大部分时间里都可以覆盖北半球的高纬度地区。之前的章节讲到过，运行于椭圆轨道的卫星的飞行速度是变化的。它在近地点附近时速度很快，而在远地点附近时速度很慢，因此它就能够大部分时间停留在北半球的上空。

关于俄罗斯的 Molniya 系统，它的远地点大约在 40 000 km 的高度，而近地点大约在 1000 km 的高度（或者说它的轨道偏心率为 0.75）。在 12 小时的轨道周期里，有 8 个小时都能够以 70° 的卫星仰角对其远地点的下方保持覆盖。

同样，美国也使用 Molniya 轨道部署侦察卫星来监视俄罗斯，而俄罗斯的此类轨道预警卫星也在监视着美国导弹的发射。

10.2.4 Tundra 轨道 / 冻土带轨道

类似于 Molniya 轨道，Tundra 轨道的倾角也为 63.4°，所以它们的远地点也保持在某一半球。它们通常用来覆盖高纬度地区，这时它们的远地点位于北半球。不过这种轨道并不像 Molniya 轨道那样"扁"，而且它们的轨道周期不是 12 小时，而是 24 小时。

Tundra 轨道的卫星在其 24 小时的轨道周期中，对其远地点下方人们有 12 小时是可见的。因此我们有可能仅用 2 颗这种卫星（二者轨道相互间为旋转 180°的关系），就可以对这一地区进行全天候覆盖。俄罗斯的 Tundra 卫星系统包含 2 颗卫星，它们轨道的近地点和远地点分别为 18 000 km 和 54 000km。

10.2.5 地球同步轨道

地球同步轨道卫星的轨道周期恰好等于地球的一个自转周期，高度为 35 786km。与其他轨道相比，地球同步轨道更具有价值。当地球同步轨道的倾角为 0°时，其轨道平面与赤道面重合，这就是地球赤道同步轨道。对于地面上任意的观察者来说，一颗地球同步卫星在天空中的位置是永远不变的，所以卫星用户在发送和接收卫星信号时就不需要地面卫星跟踪设备。只要三颗这种卫星就能够覆盖到地球两极以外的任何地方。同步卫星的地面覆盖区很大，约占地球表面积的 43%。因此，地球同步轨道卫星可以为一个相当大的地区提供连续服务。这个特点对于电视和无线电广播是非常有用的，因为它可以在其广大服务区内提供实时数据传输。而且它也能够为商业和军事通信提供"弹性"的服务，这两种通信的用户的位置一般都较为分散。

虽然地球同步卫星没有运行在范·艾伦粒子带最稠密的区域，但是偶尔也会受到来自太阳的高能粒子的撞击，这会加快卫星的老化，甚至使卫星发生故障。

10.2.6 太阳同步轨道

太阳同步轨道指的是卫星的轨道平面和太阳始终保持相对固定的取向，轨道倾角大于 90°，卫星要在两极附近通过，因此又称之为近极地太阳同步卫星轨道。为使轨道平面始终与太阳保持固定的取向，因此轨道平面每天平均要向地球公转方向（自西向东）转动 0.9856°。太阳同步轨道卫星会在每一天的同一时间经过一个特定地点（虽然不是每天都完全准时）。这意味着，任何时刻当卫星覆盖到某给定区域时，对于这个区域太阳也总是在天空的相同位置。这种轨道特别适合拍摄地球表面照片，因为从卫星上观察，地面上物体的阴影与视线总是成同一个角度。这种特点使我们更加容易比较不同日期的某地图像。这种轨道的卫星通常都在较低高度（轨道周期短），所以可以在一天之内就覆盖地球表面一次。

轨道倾角在选择时要求比较严格，以便使由引力不规则性引起的卫星轨道面绕地球的进动为某特定值，从而轨道面与地日连线在一整年内都能保持相对位置不变。能够产生这种效果的轨道倾角，取决于轨道高度和轨道的偏心率；这个倾角一般是96°～98°，可以使这类轨道轻微地倒退旋转。图10.5显示了一个无进动轨道与一个随着太阳进动轨道之间的不同。

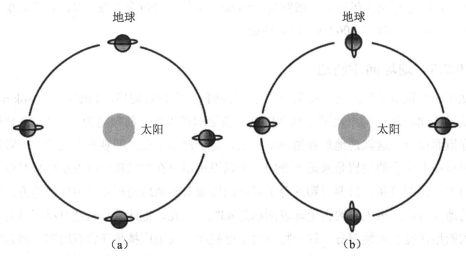

图10.5　两个图都是一年中地球相对于太阳的四个不同位置，以及同一个卫星在四个不同时刻的轨道面位置

图（a）显示的是一个无进动的卫星，它的轨道面相对于空间保持相同的方向。这样的话，如果一颗卫星到达地球上某地的当地时间为中午或午夜，则四个月之后，它到达本地的时间将变成早上6点或下午6点。图（b）中也是一个太阳同步轨道。这个轨道的相平面是经过选择的，它以与地球公转相同的速度作进动，因此它的轨道面与地日连线保持固定的相对位置。结果在一整年中，这颗卫星都是在相同的本地时间观察地球表面的。

还有一种特别的太阳同步轨道，称为朝—暮轨道，这种卫星轨道面将地球和太阳分成的两个部分，即卫星恰好是一半面对太阳而另一半背对太阳。如果该轨道面对准稍有不同，则卫星一半时间完全在阳光里，而另一半时间在阴影内。这种朝—暮轨道可以使卫星的太阳能面板一直处在阳光的照耀中。举例来说，加拿大的Radarsat地球观测卫星就是用这种朝—暮轨道,以使卫星的太阳能面板始终保持对着太阳,因此,这种卫星仅靠太阳能就能提供足够能量。

10.2.7 拉格朗日点

有五种特殊卫星轨道,在这些轨道中的卫星绕太阳运行而不是绕地球运行,并且在它们绕太阳转动的同时保持与地球相对位置不变。这些固定的位置叫作拉格朗日点,一共有五个这样的点,每个点对应于五个不同轨道之一(见图10.6和图10.7)。

第一种轨道卫星比地球离太阳更近,且相对地球公转有较短的轨道周期。不过,这种卫星同时受到地球引力和太阳引力的作用。当卫星离地球很远时,这种地球引力可以忽略,但当卫星离地球较近时必须考虑进去。对于一颗正好位于地球和太阳之间的卫星,它受到的地球引力与太阳引力的方向完全相反,这就抵消了一部分来自太阳的引力。在第一拉格朗日点(L_1),卫星所受的合力加速度与地球受到太阳的引力加速度一样,所以这种卫星绕太阳的轨道周期和地球的公转周期一样。在这个位置上的卫星会一直伴随着地球绕太阳公转。L_1点与地球的距离是月球与地球距离的4倍多。在L_1点上的卫星非常适合对太阳进行科学研究,它可以对太阳风的增加给出预报。

第二拉格朗日点L_2到地球的距离和L_1相同,不过是在远离太阳的地球的另一面。在这个位置,卫星受到的地球引力和太阳引力是相加的,增加了卫星的速度使其保持在轨道上。在这种情况下,卫星在其轨道上跟随着地球,不过通常它都会落后一点。在这个点上的卫星,同样也有相应的科学研究价值,这里可以使卫星距离地球最远(干扰降低到最小)却可以与地球保持稳定的联系。美国航空航天局(NASA)计划在L_2点或这点附近放置下一代太空望远镜(NGST),用来代替哈勃望远镜。

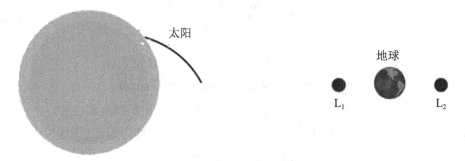

图10.6　L_1和L_2两个拉格朗日点在地球—太阳系中的位置示意图

L_3 点位于太阳的另一边，与地球正好相对，对于人造卫星来说这里并不是很有应用价值。L_4 和 L_5 两个拉格朗日点都位于地球公转轨道上，只是它们一个超前于地球，另一个落后于地球。它们与太阳的连线都同地日连线成 60° 夹角。

一些人提出，L_2 点将会在空间探索和空间军事上有战略意义，因为位于 L_2 点的宇宙飞行器是不动的，可以长期保持飞行而只需要很少的推进剂。L_2 点可以用于组装其他宇宙飞行器，而这个飞行器可以一部分一部分地分散送来。这个宇宙飞行器

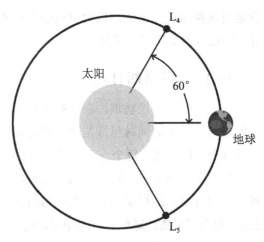

图 10.7 L_4 和 L_5 两个拉格朗日点在地球—太阳系中的位置示意图

组装方案，比起在月球上组装较大结构的飞行器可以大大节约能源，也比从地球上组装然后再发射的方案可行得多。不过在 L_2 点的飞行器也不太容易观测地球，因为它们的距离相当远。

10.3 卫星仰角与地面覆盖范围的关系

10.3.1 卫星仰角

对于地球上的观察者，卫星仰角 ε 为

$$\varepsilon = \arctan\left[\frac{\cos\phi - R_e/(R_e + h)}{\sin\phi}\right] \tag{10-1}$$

式中，R_e 为地球半径，h 为卫星海拔高度。卫星的仰角计算如下：

$$\cos\phi = \cos(\psi - \lambda)\cos l \cos\varphi + \sin l \sin\varphi \tag{10-2}$$

式中，l 和 ψ 分别为观察者的纬度和经度，φ 和 λ 分别为卫星的纬度和经度。

对于赤道圆形轨道，$\varphi = 0$。观察者所看到的最大卫星仰角为 $\varepsilon_{\max}$，这发生在卫星与观察者处于同一经度 $\psi = \lambda$ 时刻，此时式（10-2）简化为

$$\cos\varphi = \cos l \tag{10-3}$$

因此，位于纬度 l 处的观察者看到的一颗赤道圆形轨道卫星的最大仰角 $\varepsilon_{\max}$ 为

$$\varepsilon_{\max} = \arctan\left[\frac{\cos l - R_e/(R_e + h)}{\sin l}\right] \quad (10\text{-}4)$$

由上式可知,对于一个位于纬度为 45°的观察者,一颗 h = 500km 的赤道圆形轨道卫星的最大仰角 $\varepsilon_{\max}$ 为 17°。

之前曾说过,高层建筑会对仰角为 70°之内的卫星信号有干扰作用。用这个公式,我们可以计算出对于一颗赤道同步卫星,相应的纬度为 18°。

10.3.2 卫星的覆盖区

从图 10.8 可以看出,一颗高度为 h 的卫星,其圆形覆盖区的半径 R_{area} 等于

$$R_{\text{area}} = R_e \cos^{-1}\left(\frac{R_e}{R_e + h}\right) \quad (10\text{-}5)$$

式中,R_e 为地球半径,角度单位为弧度。卫星覆盖面积占地球表面积的比例 F 为

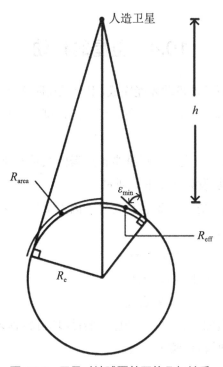

图 10.8　卫星对地球覆盖区的几何关系

$$F = 0.5\left(1 - \cos\left(R_{area} / R_e\right)\right) = 0.5h / \left(R_e + h\right) \tag{10-6}$$

如果用户能与卫星进行沟通的最小仰角 ε_{min} 大于 0°，则由正弦函数，也可以从图 10.8 中看出，与卫星通信的有效区域（沿着地球表面测量）半径 R_{eff} 为

$$R_{eff} = R_e \left(\frac{\pi}{2} - \varepsilon_{min} - \sin^{-1}\left(\frac{R_e \cos \varepsilon_{min}}{R_e + h}\right)\right) \tag{10-7}$$

这里角度用弧度表示。这一区域占地球表面积比例为

$$\begin{aligned}F &= \frac{1}{2}\left[1 - \cos\left(\frac{R_{eff}}{R_e}\right)\right] \\ &= \frac{1}{2}\left[1 - \sqrt{1 - X^2} \sin \varepsilon_{min} + X \cos \varepsilon_{min}\right]\end{aligned} \tag{10-8}$$

其中

$$X = \frac{R_e \cos \varepsilon_{min}}{R_e + h} \tag{10-9}$$

10.4　卫星的机动

卫星的任务，有时必须通过机动才能完成，卫星机动时必须使用轨道发动机（推进器）来改变它速度的大小或方向。由于卫星在轨运行的速度非常快，要改变其速度，必须施加很大的力。

一颗卫星的机动范围，决定于卫星携带推进器的数量和类型。卫星携带推进剂的质量是有限的，因为这会增加发射入轨的总质量。

当一颗卫星作机动时，它的轨道将会变化。因为卫星的速度与其轨道是相关的，所以机动可能产生很复杂的效果。

用来改变卫星轨道的机动方法有三种：

① 在轨道面内改变轨道的形状或大小；

② 通过改变轨道倾角，来改变轨道面；

③ 为了改变卫星轨道面，让卫星轨道面绕着地球自转轴匀速转动。（注意，卫星轨道面都必须经过地心，这时轨道倾角不变。）

在同一轨道面内机动，可以改变圆形轨道卫星的轨道高度、轨道形状、轨道周期，或者改变相同轨道内的两颗卫星的相对位置，甚至让卫星离轨返回到地球。表 10.2 定量地给出了轨道机动类型和所需要速度变化量的关系。而在实际工程中的机动，不外乎是这些基本机动的组合。不过，如果设计一个同时改变轨道高度和轨道面的机动计划，要比分两个步骤连续机动的计划更加节省推进剂。

为了对速度有一个感性认识，我们提供一个参考，1 km/s 的速度大约比民航飞机快 4 倍。如果要用传统的推进技术产生 2 km/s 的速度变化量，则这颗卫星必须携带与自身相同质量的推进剂，即卫星质量需要增加一倍。

改变卫星轨道面的机动，需要更大的速度变化量，尤其是对于低轨道卫星（见表 10.2）。

表 10.2 轨道机动类型和所需要速度变化量的关系

卫星机动类型	速度变化 /km·s^{-1}
同步轨道（GEO）卫星保持轨道高度 10 年	0.5～1
低轨道卫星（LEO）回收	0.5～2
低轨道卫星（LEO）改变轨道高度（400～1000 km）	0.3
低轨道卫星（LEO）变轨到同步轨道（从 400～36 000 km）	4
同步轨道卫星（GEO）改变轨道倾角	
改变倾角 $\Delta\theta = 30°$	2
改变倾角 $\Delta\theta = 90°$	4
低轨道卫星（LEO）改变轨道倾角	
改变倾角 $\Delta\theta = 30°$	4
改变倾角 $\Delta\theta = 90°$	11

10.4.1 在同一轨道面内的机动

卫星在轨道面内作机动，只需要改变自身速度的大小而不需要改变速度的方向，以此改变轨道形状或大小，同时保持原轨道面不变。这类机动所需要的推进剂比改变速度方向的机动要少得多。

10.4.2 改变轨道形状

考虑一颗在圆形轨道飞行的卫星，它的初始轨道高度为 h。如第 9 章所述，按照物理定律，在此高度它需要以特定速度运行，参见图 9.1 和式（9-2）。如果它的速度突然增加 Δv（速度方向不变），则这颗卫星将不再运行于以前的轨道，新的轨道将转换成原

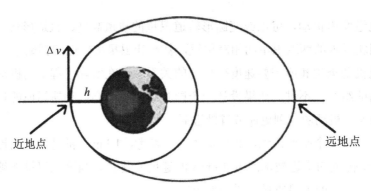

图 10.9　高度为 h 的圆形轨道卫星，当在某一点速度增加后的情况，这点变成了该卫星的新椭圆轨道的近地点

轨道面内的一个椭圆（见图 10.9）。新轨道的近地点就在卫星速度增加的那个点，这里近地点的高度将依然为 h，但远地点的高度取决于速度变化量 Δv。

如果一个圆形轨道卫星，在轨道的某点使它的速度突然减少 Δv，则此点将变成新椭圆轨道的远地点，高度为 h，近地点的高度小于 h。

一个较小的速度变化量 Δv，就可以使远地点有很大的变化。例如，对于一颗轨道高度为 400km 的卫星，0.1 km/s 的 Δv 将使远地点提高 350 km（即新轨道的远地点将为 750 km。）

一般来说，对于椭圆轨道，仅改变卫星速度大小，就可以形成新的椭圆轨道；新轨道和原轨道在同一平面内，但具有不同的形状，新的轨道特性决定于卫星速度变化 Δv 大小和卫星改变速度时所处的轨道位置。不过有两种特殊情况，可以使椭圆轨道变成圆形轨道：一种是卫星在椭圆轨道的远地点处增加相应的速度量可以形成轨道高度等于远地点高度的圆形轨道；同样，在近地点处将速度减小相应大小后，也可以使椭圆轨道变成高度等于近地点高度的圆形轨道。

10.4.3　改变圆形轨道的高度

按照上述描述的改变轨道形状的策略，若将圆形轨道高度从 h_1 增加到 h_2，需要两个步骤的变轨（见图 10.10）。第一步是将卫星速度增加 Δv_1，形成的椭圆轨道远地点为 h_2。前面提过新形成的椭圆轨道远地点高度取决于原轨道高度 h_2 和卫星速度增量 Δv_1。第二步是在椭圆轨道的远地点处增加卫星速度 Δv_2，使轨道变为高度为 h_2 的圆形轨道。选择相应的 Δv_1 来确定中间椭圆轨道远地点高度 h_2 的大小，此椭圆与高度 h_2 的圆形轨道相切（切点如图 10.10 所示），并且 Δv_2 也只是改变卫星速度大小而不改其方向。

卫星速度总的变化 Δv，等于这两步变化的速度增量之和：$\Delta v = \Delta v_1 + \Delta v_2$。这个在两个圆形轨道之间起过渡作用的椭圆轨道，与二者均相切，我们称之为 Hohmann 传递轨道（见图 10.10）。这种变轨方法是消耗推进剂最少的，因为它在两个轨道之间变轨所需要的速度增量 Δv 最小。这种变轨方法所用的时间为半个 Hohmann 传递轨道周期。

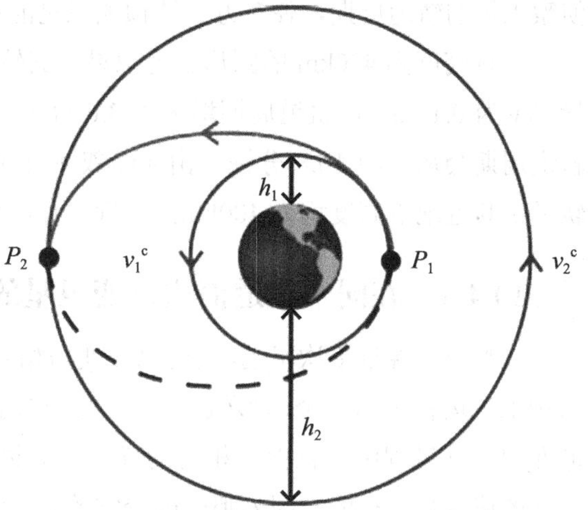

若要减少变轨所需的时间，可以在第一步时用较大的 Δv_1。这种情况下，卫星在到达大圆形轨道时的速度方向将不与其相切，所以 Δv_2 必须既改变速度大小，又改变速度方向，从而使卫星进入大圆形轨道。此时 Δv_1 和 Δv_2 都增大了，所以很显然，消耗的推进剂也会更多。

图 10.10 中间转换椭圆 Hohmann 卫星轨道在两个圆形轨道之间的转化过程，初始轨道为高度为 h_1 的圆形轨道，最终轨道为高度为 h_2 的圆形轨道。Δv_1 和 Δv_2 两个速度增量分别在 P_1 和 P_2 两个点处完成。变轨卫星在中间椭圆轨道内运行了半个轨道，并没经过图中椭圆轨道的虚线部分

一般来说，在发射地球同步轨道卫星时，总是先将卫星送入低地轨道，再通过变轨将卫星送入地球同步轨道。这是因为整个过程所需的速度增量 Δv 很小。例如，圆形轨道高度从 400km 变轨到 1000km 的圆轨道所需的速度增量总和 Δv 只有 0.32km/s。而如果这颗卫星从 400km 高度轨道变轨到 36 000km 的同步轨道，需要的速度增量总和 Δv 也仅为 0.39km/s。

这是因为，我们一般所说的轨道高度，是指卫星到地球表面的距离，但实际决定卫星运行速度的参数是卫星到地心的距离。例如，卫星从 500km 高度增加到 1000km，看似高度增加了一倍，但实际卫星与地心的距离变化却很小，这里是从 6870km 增加到 7370km，仅仅有 7% 的增幅，而这个变轨过程速度的增幅也很小，仅有不足 4%。

10.4.4 改变轨道周期

因为卫星的轨道周期取决于其轨道高度和轨道形状，所以可以通过轨道机动来改变卫星轨道的高度和形状，进而改变其轨道周期。这么做是很有意义的，例如，可以改变

侦察卫星的轨道周期，使对方无法预测卫星的重访时间。

一颗高度为 400km 的圆形轨道卫星，其轨道周期为 92.2 分钟。对其施加一个速度增量 Δν 为 0.1 km/s，轨道周期增大约 3.6 分钟；施加一个速度增量 Δν 为 0.3 km/s 时，其轨道周期会增大约 10.8 分钟。由前面叙述可知，这两个速度增量会使圆形轨道变成椭圆轨道：其近地点高度均为 400km，而远地点高度分别为 750km 和 1460km。

10.4.5　在同一轨道面内改变卫星的相对位置

一颗卫星经过多次机动，就可以改变与相同轨道内其他卫星之间的相对位置。例如，两颗卫星运行于同一个圆形轨道内，因为它们必须具有相等的速度，所以它们在同一轨道面内运行过程中一直保持相对的静止。如果要改变它们之间的距离，简单地增加二者之一的速度是不行的，因为那会改变它的轨道。

但是我们可以先把其中一颗卫星的轨道升高或者降低一些，从而使其具有较长或者较短的轨道周期，经过一段适当的时间以后再将它变回原来的轨道内，就能够使其到达预期的位置上了。整个变轨过程所需的推进剂的量取决于此过程完成时间的长短：较小的 Δν 只能造成较小的轨道周期改变，因而卫星需要较长的时间到达预期的位置。

下面举例说明，假定两颗卫星运行于 400 km 高度的圆形轨道中，且彼此较近。首先使其中一颗卫星的速度改变 Δν=0.1 km/s，则它进入与原轨道周期相差 3.6 分钟的椭圆轨道，接下来它需要运行大约 13 圈，或 20 小时。当运行到原先圆轨道内的另一颗卫星的轨道正对面时，再将椭圆轨道内这颗卫星拉回到原来圆轨道，这又需要 0.1 km/s 的速度改变量 Δν，这样两次变轨需要的总的速度变化 Δν 为 0.2km/s。如果速度改变量 Δν 提高一倍，则同样的变轨所需的时间将大约为原来的一半，因为两倍的 Δν 会造成大约 2 倍的轨道周期变化（7.2 分钟）。

这种类型的太空机动可以用来改变一颗卫星与另一颗卫星的相对位置，也可以用来在一个轨道内部放置多颗卫星，以增加一个星座的覆盖区域。整个星座内的所有卫星都可以用一枚火箭送入同一轨道之内，然后再用上述机动方法改变每颗卫星的位置。

10.4.6　改变轨道面的机动

改变轨道面的机动，需要改变卫星的速度方向。因为卫星的轨道速度非常大（一般的轨道速度为 3～8 km/s)，所以要想明显地改变其轨道面，需要在与原速度矢量垂直的方向上增加一个很大的速度分量。这样大的速度分量需要消耗大量的推进剂。

图 10.11 以一颗轨道高度 500 km、速度 7.6 km/s 的卫星为例,说明了对于一个 2km/s 的速度分量 Δv,能使轨道速度方向改变 15°。

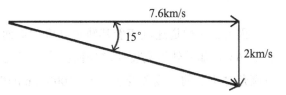

图 10.11　卫星轨道高度 500 km、速度 7.6 km/s,给一个垂直于原速度的 2 km/s 的速度分量,造成相对小的轨道面变化（与原轨道面相比,仅有 15°改变）

通过分析图 10.11 可以发现,卫星轨道速度越大,要改变其轨道面所需的速度分量 Δv 就越大。要改变轨道面的一个角度,低圆轨道比高圆轨道的卫星所需的速度变量 Δv 要大,这是因为圆形轨道卫星高度越高其运行速度越低。

可以很容易看出有两类改变轨道面的不同机动:一类是改变轨道倾角,另一类是让轨道面保持同一个倾角进行旋转。

10.4.7　改变轨道倾角的机动

简单改变轨道倾角的方法是改变一个圆形轨道的倾角使其有 Δθ 的变化。这类机动需要将卫星速度矢量方向改变同样的角度 Δθ（见图 10.12）（改变轨道面倾角,可以想象成卫星轨道面绕地球赤道面的交线旋转）。

在表 10.3 中,列出了对于一颗 500km 高度的卫星,轨道面变化角 Δθ 的各种值相对应的速度变量需求值 Δv;这些数据是由式（10-22）计算得到。

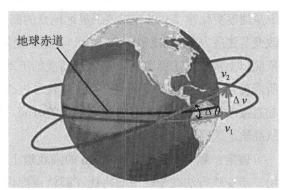

图 10.12　两个不同倾角的轨道,一颗卫星在两个轨道面内的速度矢量分别为 v_1 和 v_2。对于一颗卫星,从一个轨道面转到另一个轨道面,这颗卫星的推进器必须在相应的方向上产生足够大的速度变量,以使其速度从 v_1 变为 v_2

表 10.3　高度 500km 卫星的轨道倾角的 Δθ 与 Δv 的关系

Δθ/（°）	Δv/km·s^{-1}
15	2.0
30	3.9
45	5.8
90	11

因为卫星轨道速度随着其轨道高度增加而降低，所以轨道倾角变化 $\Delta\theta$ 需要的速度变量 Δv 也随着轨道高度的增加而减少，只是减少的速度相对慢些。例如，改变同样轨道倾角时所需的速度改变量 Δv，1000 km 的轨道高度比 500km 的轨道高度仅仅减小了 3%。另外，对于 36 000km 高度的地球同步轨道，所需的速度增量大约为 500 km 高度轨道的 40%。

由于这个原因，一般尽可能在更高轨道内作此类机动改变轨道倾角。例如，要发射一颗地球赤道同步轨道（倾角为 0°）卫星，但是因为发射点位置的原因它发射后最初进入的轨道倾角并不为 0°，此时就需要通过机动改变轨道倾角，来将卫星送入地球赤道同步轨道。

因为对于给定的轨道倾角变化 $\Delta\theta$，需要的速度变量 Δv 随着轨道速度的降低而减少，所以在进行较大的轨道面旋转时，可以通过三步机动过程来节约推进剂。第一步，增加卫星速度变化率 Δv 以增加该卫星远地点的高度；第二步，在卫星远地点处（速度较慢）改变其速度方向；第三步，给卫星一个速度变量 Δv 以减小其远地点高度而回到原轨道。依照以上步骤，这类改变卫星轨道高度的机动所需的速度增量 Δv 相对较小，这个过程所需的总的速度增量要小于直接在圆轨道内改变轨道面。不过，这种三步变轨方法，比起直接改变轨道倾角的方法需要更长的时间，因为卫星需要很长的时间转到更高轨道和从高轨道返回。

假定一颗卫星运行在 500 km 的圆轨道上，当轨道倾角变化率 $\Delta\theta$ 小于 40° 时，采用三步变轨方法改变轨道面将比在圆轨道面内直接作变轨机动所需的速度增量 Δv 大。但是，要转过更大的角度时，先变更轨道高度的方法可以节约变轨所需能量。例如，如果 $\Delta\theta$ 为 90°，在 10 000km 高度完成轨道面的旋转所需总的速度增量为 8.2km/s，是在 500km 高度直接完成变轨所需速度增量 10.8km/s 的 76%。在这种情况下，变轨所需总的时间，就是从轨道最高点来回所用时间，大约为 3.5 小时。如果选择在 100 000 km 的高度改变轨道倾角，则所需总的速度增量减少接近 40%，只需 6.6 km/s，不过花费的总时间增加到 37 小时。继续增加轨道高度来完成轨道变轨，则所需的总的速度增量会继续降低，但是却会增加很长的变轨时间。

10.4.8 匀速旋转轨道面

另一种需要较大速度增量的变轨机动，是使轨道面绕着地球自转轴匀速转动，同时保持轨道倾角不变。这类太空机动一般是为了只用一枚运载火箭将数颗卫星送入轨道，然后再把它们送入不同轨道面内（每个轨道面有相同的倾角）以增加该星座的地面覆盖区（这种机动可以想象为，轨道面与赤道面的交线绕着地轴转动一个角度，同时保持轨道的上升角不变）。例如，一个由三颗卫星组成的星座，可以作机动后部署在三个彼此夹角均为 120° 的轨道面，在部署星座时，这种机动所需的能量是相当大的。

这种类型机动的速度增量 Δv，取决于轨道平面绕地球自转轴转过的角度 $\Delta \Omega$、倾角 θ 以及在原轨道中作机动时卫星的高度（相应的轨道速度）。

表 10.4 中列出的数据为，对于高度为 500km 的圆形轨道的两个倾角 θ，不同的旋转角度 $\Delta \Omega$ 所对应的变轨速度增量 Δv。在实际应用中，所需的转动角度可能很大，因而也就需要巨大的速度增量 Δv。如上所述，速度增量 Δv 随着轨道高度的增加缓慢减少；对于轨道高度为 1000 km 的卫星，比轨道高度为 500 km 的速度增量，仅仅减小约 3%。

表 10.4 对于高度位 500km 的圆形轨道的旋转角度 $\Delta \Omega$ 与变轨速度增量 Δv 的关系

旋转角度 $\Delta \Omega /(°)$	倾角 $\theta = 45°$ $\Delta v / \mathrm{km \cdot s^{-1}}$	倾角 $\theta = 90°$ $\Delta v / \mathrm{km \cdot s^{-1}}$
45	4.1	5.8
90	7.6	10.8
120	9.3	13.2

10.4.9 卫星脱离轨道的机动

对于某些任务，轨道飞行器将会使用推进器加速脱离轨道，从而返回地面。例如，航天飞机就必须作这类机动以回到地面；同样地，一个天基对地的轨道武器，想要攻击地面目标时就必须携带必要的推进剂用于自身脱离轨道。这种类型的机动所需的 Δv，取决于其返回到地面的快慢。太空飞行器脱离轨道的这种机动中的动力学关系是非常复杂的，因为它一旦降低到一定高度，密度逐渐增大的大气就会影响它的轨道（这些力的影响包括：减慢物体运动速度的阻力，使飞行器偏离轨道的侧向升力，在飞行器速度很大时，这两种力会非常大）。

图 10.13 给出了三个不同速度增量 Δv 的脱轨过程。这个例子给出了一个 3000km 高度的圆形轨道来更清楚地显示脱轨轨迹。在这种高度，卫星的轨道速度为 6.5 km/s。图 10.13 中，卫星运行到 P 点时向其速度的反方向作一个瞬时推进，使其自身速度减少 Δv。这个 Δv 使得该卫星的轨道变为近地点低于原轨道的椭圆。如果该近地点足够低，则椭圆轨道将会与地表相切。

要想使该卫星在地心引力作用下垂直地落向地面，必须将其轨道速度降低为零——

这需要 6.5 km/s 的 Δv。在这种情况下，卫星将会花费 19 分钟才能落到地面上，图 10.13 中的 O 点即卫星降落的点，它在速度改变 P 点的正下方（当然，由于地球的旋转，速度改变的那一时刻的星下点，在卫星下落的这段时间内一直在移动；该星下点移动的距离，

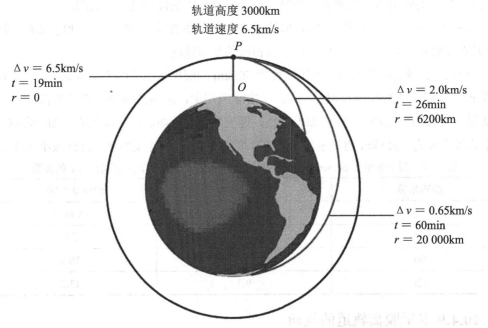

图 10.13 卫星的初始轨道高度为 3000 km，三条轨迹为卫星在 P 点作相应脱轨机动后落向地面所经过的路径。给该卫星一个速度变量 Δv = 6.5km/s，则它将在 19 分钟后垂直地落到地面上的 O 点。对于较小的 Δv 值，该卫星脱离轨道落地的时间 t 较长。在每种情况下，给出的距离 r 是从卫星落地点到 O 点之间的地球表面距离

在地球两极为 0，到赤道处增加为 500 km）。

图 10.13 中显示了卫星轨道速度减少 2 km/s 时，卫星将会花 26 分钟才能落到地面，并且它的落点距离变轨时的星下 O 点的地面距离为 6200 km。如果轨道速度只减少 0.65 km/s，则卫星脱离轨道落到地面所花的时间为 60 分钟，而其落点位置恰好在地球的另一面，距离 O 点的地面距离大约为半个地球周长，即 20 000 km。

如果卫星轨道速度减少的量 Δv 小于 0.65 km/s，则它将进入一个新的椭圆轨道，经过最低高度然后再次返回原来的 P 点。然而，这种情况下，当该卫星经过椭圆轨道的较低的地方时会受到大气阻力的作用，这种阻力的累积作用使卫星速度有所降低，所以当它再次回到 P 点时，它的轨道高度将会低于 3000 km。就这样该卫星每个周期都比以前

轨道低一些，经过这种螺旋下降最终会落到地面（脱轨过程也可能利用侧向升力来辅助完成，因而空间飞行器的脱轨轨迹不必完全决定于其自身速度矢量）。

较大速度变量 Δv 造成的卫星脱离轨道时间较短，但同时卫星也必须消耗大量推进剂来产生较大的 Δv。目前，已经有科学家在讨论采用大的 Δv 天基动能对地攻击武器，动能武器是一种必须以很高速度撞击目标的新型武器。一个 4km/s 的 Δv，可以使 500km 高度的圆形轨道卫星在 2～3 分钟内脱离轨道，或者使 1000 km 高度的圆形轨道卫星在 4～5 分钟内脱离轨道，或者使 3000 km 高度的圆形轨道卫星在 14～15 分钟内脱离轨道。若使 Δv 增大，则能够使卫星在更短的时间内脱离轨道。

10.4.10 再入加热效应

卫星离轨机动中还有一个重要的问题，就是当卫星进入大气层后会产生大量的热能。这是卫星的动能转化为空气中热能的结果，这些热能大部分是由卫星头部的空气压缩而产生的。要使离轨的空间飞行器在再入过程中不被烧掉，则它必须要有热防护层来抵挡这种强烈的高温。再入加热效应的加热速度，会随着离轨的空间飞行器速度的提高以及空气密度的增大而加快。如果离轨速度过快，卫星就会以很大的速度进入稠密大气层，这将使卫星产生极高的温度。

对于动能武器，不管是太空轨道飞行器还是凭借弹道导弹作为运载器，这种大气加热效应都是十分重要的。研制这类动能武器的初衷，是利用它们超高速度的动能来摧毁目标，而不是利用爆炸产生破坏效果。为了使动能武器的攻击更加有效，它们必须以非常高的速度撞击地面目标。例如，一个动能武器的速度必须达到大约 3km/s 的速度，它的动能才与同质量高爆武器的爆炸能量相当（TNT 释放能量的效率大约等于 4.2×10^6 J/kg。对于 1kg 质量的物体，其速度为 3km/s 时的动能等于：$v^2/2=4.5\times10^6$ J/kg）。当物体以 3km/s 或更高速度在地面附近飞行时，它的气动加热效应将非常强。

大气对于再入飞行器不仅产生阻力及加热作用，还能产生强烈的侧向力，它会改变飞行器弹道。再入飞行器可以设计为由高速度产生大的气动升力，借此作垂直于弹道的机动。

10.4.11 轨道保持

卫星受到许多力的作用，使它的轨道随着时间不断改变。这些力包括：地球因并非绝对球体所引起的引力场轻微不对称、来自太阳和月亮的引力、太阳的辐射压力，对于低地球轨道卫星，还会受到大气的阻力。

由于这些力的作用，卫星必须定期地作机动以保持它的轨道不变。因此，卫星上必须携带足够用来保持轨道的推进剂。过去卫星的使用年限一般是由其携带的电子设备的寿命来决定的，但随着电子器件工艺的进步，现在卫星的寿命已经逐渐取决于卫星上能够携带多少推进剂了。

卫星上需要携带多少推进剂，取决于几个因素。第一，卫星轨道的全部或部分的高度较低（几百千米），它们需要对空气阻力进行的补偿就比那些高轨道卫星多。在太阳的活跃期这种现象更加明显，因为这时地球大气层外部的扩展会使某一高度的大气阻力增加。第二，某些卫星必须非常严格地保持其轨道，不仅是完成其特定任务的需要，也是因为必须遵守国际协议的管理。例如，国际协议规定对地球赤道同步轨道卫星的位置必须严格控制，以免卫星与相邻卫星发生干扰。第三，卫星携带推进剂的量取决于推进器的类型以及推进器的效率。目前，我们仍然在用传统的化学推进器进行轨道保持。但是一些可以增加推进器效率的新技术已经出现了，例如，可以长时间提供低推力的离子推进器。

为了使我们对于地球赤道同步轨道卫星用于轨道保持的推进剂有一个大致了解，下面以国际通信卫星为例简要做个说明。每一年一颗卫星消耗的推进剂的量，大约等于其初始（刚刚进入轨道时）质量的 2% ~ 2.5%。因此，对于一颗寿命为十年的该类卫星，需要携带的用于轨道保持的推进剂质量约为其初始质量的 20% ~ 25%，相当于该卫星在 10 年内作了 0.5 ~ 1.0 km/s 的机动。

10.5 太空机动技术细节

10.5.1 改变轨道形状的机动

一颗轨道高度为 h 的圆轨道卫星的轨道速度为 $v_h^c = \sqrt{GM_e/(R_e+h)}$，其中 G 为引力常数，M_e 为地球质量（$GM_e = 3.99 \times 10^{14} m^3/s^2$），$R_e$ 为地球平均半径（6370km）。如果圆形轨道卫星的速度在某时刻突然增加 Δv（不改变速度方向），则轨道变为椭圆轨道。新的椭圆轨道的近地点仍然为 h，远地点的高度取决于速度增量 Δv 的大小。对于 Δv 较小（即 $\Delta v/v \ll 1$）的情况，远地点高度增加的值可用下式近似计算。

$$\Delta h \approx 4(R_e + h)\frac{\Delta v}{v}$$

(10-10)

如果用 r 来表示卫星距离地心距离，$r \equiv R_e + h$，则

$$\frac{\Delta r}{r} \approx 4 \frac{\Delta v}{v} \tag{10-11}$$

上式表明，轨道远地点距离地心高度 r 增加的比例大约为速度增加比例的 4 倍。

与此类似，当圆形轨道卫星在某时刻速度突然降低时，此时它的位置即新形成的椭圆轨道的远地点，并且近地点的高度低于原来圆轨道的高度，见式（10-10）和式（10-11）。

式（10-10）说明了为什么改变轨道高度的机动仅仅需要相对较小的速度增量 Δv：因为速度的改变要乘以地球半径，所以即使相对小的速度改变也将使轨道高度 h 产生显著变化。这种现象在低轨道卫星变轨机动时更为明显。

如果初始轨道不是圆形，而是偏心率为 e 的椭圆，由近地点处速度改变量 Δv_p 造成的轨道远地点高度的改变量 Δh_a，以及由远地点处速度改变量 Δv_a 造成的近地点高度的改变量 Δh_p，二者的近似公式分别为

$$\Delta h_a \approx \frac{4a^2}{GM_e} v_p \Delta v_p = 4 \frac{R_e + h_a}{1-e} \frac{\Delta v_p}{v_p} \quad \text{或者} \quad \frac{\Delta r_a}{r_a} \approx \frac{4}{1-e} \frac{\Delta v_p}{v_p} \tag{10-12}$$

以及

$$\Delta h_p \approx \frac{4a^2}{GM_e} v_a \Delta v_a = 4 \frac{R_e + h_p}{1+e} \frac{\Delta v_a}{v_a} \quad \text{或者} \quad \frac{\Delta r_p}{r_p} \approx \frac{4}{1+e} \frac{\Delta v_a}{v_a} \tag{10-13}$$

需要注意的是，这些公式仅仅当 $\Delta v/v \ll 1$ 时才能成立。

10.5.2 圆形轨道之间的机动

这里，我们要计算高度分别为 h_1 和 h_2 的两个圆形轨道之间进行变换机动所需的最小速度变化 Δv 的值，这种变轨机动通过 Hohmann 转换轨道，经过两个步骤完成。这个转换中间轨道为一个椭圆，近地点高度为 h_1，远地点高度为 h_2，偏心率为 $e = (r_2 - r_1)/(r_2 + r_1)$，其中 $r_i = R_e + h_i$。

变轨的第一步是，将轨道从初始圆形轨道转换成过渡椭圆轨道，这需要将原轨道速度 $v_1^c = \sqrt{GM_e/r_1}$ 变为 $v_p = v_1^c \sqrt{1+e}$，其中 e 为过渡椭圆轨道的偏心率。由此得到

$$\Delta v_p \equiv v_p - v_1^c = v_1^c(\sqrt{1+e} - 1) \tag{10-14}$$

过渡椭圆轨道的远地点速度为 $v_a = v_1^c \sqrt{1+e}$，其中 $v_2^c = \sqrt{GM_e/r_2}$ 为高度 h_2 的圆形轨道速度。第二步是，在过渡椭圆轨道的远地点处突然增加卫星的速度使之达到 v_2^c。由此得到

$$\Delta v_a \equiv v_2^c - v_a = v_2^c(1 - \sqrt{1-e}) \tag{10-15}$$

总的速度增量 Δv 就是两步变轨的速度增量之和，即

$$\Delta v_{tot} = \Delta v_p + \Delta v_a \tag{10-16}$$

对于相对小的高度变化，即 $e \ll 1$ 时，如上公式变为

$$\Delta v_{tot} \approx e \frac{(v_1^c + v_2^c)}{2} \tag{10-17}$$

式（10-17）显示，将圆形轨道高度从 400km 变轨为 1000km 所需的总的机动需求为 $\Delta v_{tot} = 0.32$ km/s（这种情况下，过渡椭圆轨道的偏心率 $e = 0.041$）。而将圆形轨道从 400km 变轨为地球同步高度 36 000km，过渡椭圆轨道的偏心率 $e = 0.71$，所以式（10-17）在此情况下就不再适用；由公式（10-16）得出，$\Delta v_{tot} = 3.9$ km/s。

还有两个近似公式，用于计算一个半径为 r 的圆形轨道经过小的机动后的近地点和远地点处的速度，其中变轨后的轨道半径为 r，半主轴长度为 $r + \Delta r$，即

$$v_p \approx v^c(1 + \frac{1}{4} \times \frac{\Delta r}{r}), \quad v_a \approx v^c(1 - \frac{3}{4} \times \frac{\Delta r}{r}) \tag{10-18}$$

式中 v^c 为初始圆形轨道的轨道速度。

10.5.3　改变卫星的轨道周期

由式（9-13）可知，一个主轴为 a 的椭圆轨道的周期为

$$\frac{\partial P}{\partial a} = \frac{3}{2} \times \frac{P}{a} \tag{10-19}$$

由式（9-12）可知，一个椭圆轨道的速度可表示为

$$\frac{\partial \alpha}{\partial v} = \frac{2a^2 v}{GM_e} \tag{10-20}$$

将前面两式合并起来，当偏心率很小时，轨道周期的改变量 ΔP 可近似表示为

$$\frac{\Delta P}{P} \approx 3 \frac{\Delta v}{v} \tag{10-21}$$

对于 $\Delta v/v \ll 1$。

10.5.4 改变轨道倾角

将轨道倾角改变 $\Delta \theta$，需要将卫星轨道速度矢量的方向也相应改变 $\Delta \theta$。由矢量相加原理可得，所需的变轨速度 Δv 的大小为

$$\Delta v = 2v \sin \frac{\Delta \theta}{2} \tag{10-22}$$

式中 v 为发生机动瞬间卫星的速度。

对于圆形轨道，所需的机动量 Δv 随着轨道高度的增加而减小，因为轨道速度随着高度的增加而减小；在这种情况下，Δv 与 $1/\sqrt{R_e + h} = 1/\sqrt{r}$ 成正比。

10.5.5 保持轨道倾角转动轨道面

对于圆形轨道，要保持轨道倾角 θ 不变而将轨道面绕着地轴转动 $\Delta \Omega$，所需的机动量 Δv 为

$$\Delta v = 2v \sin \theta \sin \frac{\Delta \Omega}{2} \tag{10-23}$$

式中 v 为机动瞬间卫星的速度。与前面介绍的机动类似，机动需求量 Δv 随着轨道高度的增加而减小。

10.5.6 基本的旋转

对于圆形轨道，倾角改变 $\Delta \theta$ 而且轨道面又绕地轴转动 $\Delta \Omega$，则所需的机动量 Δv

由下式给出。

$$\Delta v = 2v\sqrt{\sin^2\frac{\Delta\theta}{2} + \sin\theta_1\sin\theta_2\sin^2\frac{\Delta\Omega}{2}} \qquad (10\text{-}24)$$

式中，v 为机动瞬间卫星的速度，θ_1 和 θ_2 分别为轨道初始倾角和转动后的倾角，$\Delta\theta = \theta_1 - \theta_2$。注意，当 $\Delta\Omega = 0$ 或 $\Delta\theta = 0$ 时，式（10-24）可相应地简化为式（10-22）和式（10-23）。与前面介绍的机动类似，机动需求量 Δv 随着轨道高度的增加而减小。

10.5.7 脱轨机动

地球是一个被大气层包裹的球体，卫星的脱轨时间和脱轨轨迹可以通过计算机程序求解卫星运动学积分方程得到。我们假定该脱轨卫星的初始轨道为高 h 的圆形轨道，速度增量为 Δv，将其与卫星初始速度矢量相加，速度的变化方向与速度矢量方向相反且垂直于卫星与地心连线。在假设没有侧向升力的情况下，计算出物体大气阻力系数。含有大气阻力系数的公式 $mg/(C_dA)$ 称之为弹道系数。其中 m 为脱轨飞行器的质量，C_d 为大气阻力系数，A 为该脱轨飞行器垂直于其速度方向的最大截面面积。

10.5.8 轨道保持

国际通信卫星的数据向我们显示了地球同步轨道卫星在用传统推进器保持轨道高度时所需机动量 Δv 的大小。第五代国际通信卫星刚刚进入轨道的时候，总质量为 1005kg，其中包括 175kg 的推进剂，占卫星初始总质量的 17.4%，预期寿命为 7 年。假定所有的推进剂均用于轨道保持，则每年用于轨道保持的推进剂占初始质量的 2.5%。第七代国际通信卫星的初始质量为 2100kg，包括 650kg 推进剂，占卫星初始总质量的 31%，其预期寿命达 17 年。这表明该卫星每年用于轨道保持而消耗的推进剂质量大约占其初始质量的 2%～2.5%。对于具有 10 年使用寿命的同步轨道卫星，需要用于轨道保持的推进剂占起始质量的 20%～25%。

1. 卫星轨道有哪些几何学上的限制？
2. 什么是卫星的星下点轨迹？赤道轨道卫星和地球静止轨道卫星的星下点轨迹分别

是什么样的？

3. 什么是卫星的仰角？决定卫星仰角的参数有哪些？
4. 哪两种轨道类型的卫星的星下点轨迹在不同轨道周期可以重合？试解释该现象。
5. 拉格朗日点是什么？共有几个？
6. 试解释轨道高度与卫星覆盖区域面积大小之间的关系。
7. 试计算地球同步卫星的覆盖区域面积。
8. 改变卫星轨道的机动方法有哪些？
9. 简述改变圆形轨道高度的过程。
10. 简述在同一轨道内改变卫星相对位置的过程。
11. 简述卫星的脱轨过程。

第 11 章　空间望远镜

11.1　望远镜的故事

望远镜的问世，延长了人们的视线，开阔了眼界。随着科学技术的发展，特别是近年来望远镜与电子技术、X 射线技术、γ 射线技术、计算机技术的紧密结合，使望远镜的聚光能力、分辨率、观测距离、放大能力增大，极大地提高了望远镜的观测水准。根据不同的需要，出现了大地望远镜、测量望远镜、军事望远镜、观赏望远镜、天文望远镜等。望远镜已成为人们从事科学研究和经济建设的有力助手，广泛应用于天文、导航、科学考察等领域，成为一项高科技产品，尤其天文望远镜已是反映一个国家经济实力和高科技水平的重要指标。

11.1.1　谁发明了世界上第一台望远镜

关于世界上第一台天文望远镜是谁发明的问题，科技史所描述的是意大利的科学家伽利略（见图 11.1）。但伽利略却否认这一点，他说是荷兰人首先发明的。这是怎么回事呢？

1608 年，荷兰有一位眼镜制造商，名叫 Hans Lippershey。他的两个孩子很调皮，偶然一个机会，他们从店铺里拿来两片透镜，一前一后列队排放着，用眼睛张望后，发现远处教堂上的物体又大又近。Hans Lippershey 得知后，非常高兴，他随后用一个简易的筒，把两块透镜装好，就制造成了世界上第一台望远镜。

1609 年，伽利略自制的透镜式望远镜仅仅能产生一个使物体放大三倍的效果，之后他又改进和提高放大倍数。他利用改进的望远镜观察太空后，发现月球山、

图 11.1　第一个用望远镜观测太空的伽利略

太阳黑子和无数肉眼不可见的星星。所以伽利略不是第一个发明望远镜的人，但却是世界上第一个用望远镜观测太空的人。

11.1.2　古代人制作的望远镜筒为什么那么长

在 17 世纪中期，折射望远镜的物镜由透镜或透镜组组成，人们发现提升望远镜放大倍数的方法之一就是利用一组尺寸和间距更大的组合透镜理念，这种理念导致当时望远镜筒的长度越来越长。1673 年，J.Hevelius 制造了一架巨型长度的望远镜，这种望远镜的透镜组被悬挂在长达 45m 的开放式框架上，整个镜筒被吊装在一根 31m 高的桅杆上，如图 11.2 所示。使用时，需要多人用绳子拉着转动升降。

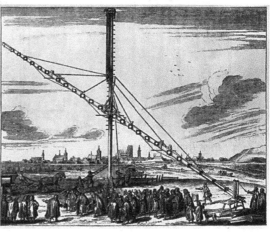

图 11.2　J.Hevelius 于 1673 年制造了一架巨型长度的望远镜

另外，折射式望远镜焦距越大色差越小，所以当时惠更斯干脆将物镜和目镜分开，将物镜吊在百尺高杆上。直到 19 世纪末，人们发现由两块折射率不同的玻璃分别制成凸透镜和凹透镜，再组合起来可以消色，这才结束了望远镜变得越来越长的时代。

11.1.3　谁发明了反射望远镜

1668 年，牛顿发明了反射望远镜（见图 11.3）。在这种望远镜中，牛顿使用曲面反射镜将光线聚集并反射到焦点上，曲面反射镜越大，收集到的光也越多。这种望远镜的放大倍率达到了数百万倍，超过了折射望远镜所能达到的极限。另外，用曲面反射镜，不仅可以消除色差对影像造成的影响，还使得望远镜的结构更加紧凑。

1781 年，英国天文学家赫歇尔发明了用于制作反射望远镜镜面的金属材料，这使他可以制造出看得更远的望远镜，他因此也获得了包括天王星在内的一些太空新发现。

随着时代发展，牛顿曾经使用的 6 英寸直径小铜镜，逐渐被更大口径的折射镜所取代。1845 年，威廉·帕森思（William Parsons）在爱尔兰制造了一架口径为 183cm 的反射望远镜，并装有直径 1.8m 的镜片。但是，它需要一面墙体支撑，所以这台望远镜只能在有限的方向范围内观察，如图 11.4 所示。

图 11.3　牛顿发明的反射望远镜　　　　图 11.4　19 世纪最大的望远镜

11.1.4　胡克望远镜及其贡献

1917 年，胡克望远镜在美国加利福尼亚的威尔逊山天文台建成，其口径为 2.5m，是世界第一台能同时具备大尺寸与机动性的望远镜，而且直到 1949 年为止，一直是世界上最大的望远镜，如图 11.5 所示。

胡克既是生物学家，同时又是天文学家。他在关心植物结构的同时，还试图测量恒星到地球的距离。胡克望远镜是由胡克出资赞助并建造的。埃德温·哈勃借助胡克望远镜，完成了他的关键计算，确定了许多银河系外的星系、认识到星系的红移、发现了宇宙在膨胀的现象。

图 11.5　建立在美国加利福尼亚的威尔逊山天文台的胡克望远镜

11.1.5　射电天文学与射电望远镜

1933 年，美国物理学家卡尔·詹斯基当时是一个负责搜索和鉴别电话干扰信号的工程师，他建造了一座大约 30 m 长、6.5 m 高的无线电天线（见图 11.6），用来监测短波无线电信号，但却意外地发现了与银河系产生和灭亡信息有关的来自宇宙的射电波，这个发现也标志着射电天文学的诞生。

30年后，美国贝尔实验室无线电工程师阿诺·彭齐亚斯和罗伯特·威尔逊调查这种太空射电波，竟然发现它是大爆炸的最后遗留物，并因此而荣获1978年的诺贝尔物理学奖。

如今科学家们也将这种宇宙射电波称为宇宙微波背景辐射。射电波是长波无线电信号，所以要求接收面积非常大的天线。射电望远镜就是用来观测和研究宇宙射电波的设备，可以测量宇宙射电信号的强度、频率和偏振等。射电望远镜的组成部分包括收集射电波的定向天线、放大射电波的高灵敏度接收机以及射电信息处理和显示装置。

图 11.6　卡尔·詹斯基建造的无线电天线

11.1.6　山顶望远镜与甚大望远镜

天文学家很早就知道，在高海拔处观测星空有助于削弱大气湍流对星光的影响。但直到20世纪后半期，遥远的山顶天文台才变成现实。凯克望远镜是位于太平洋夏威夷岛上的一座天文望远镜，坐落在海拔4200多米的人迹罕至的莫纳克亚山上。

甚大望远镜是欧洲南方天文台部署在海拔高度为2632m处的大型光学望远镜，由四台相同的8.2m口径望远镜组成，组合的等效口径可达16m，如图11.7所示。四台望远镜可以同时观测多个光源，组成高分辨率光学干涉仪。

图 11.7　山顶望远镜（左）；四台甚大望远镜（右）

11.1.7　世界最大的望远镜

2014 年欧洲南方天文台宣布一个被称为极大望远镜的天文望远镜将在 2024 年投入运作。这个极大望远镜的主镜口径为 42m，其中包含 798 个分镜，如图 11.8 所示。相比之下，甚大望远镜主镜直径仅仅为 8.5m，所以极大望远镜是世界最大的望远镜。本来科学家们想建造直径为 100 米的超大望远镜，但后来证明这个想法耗资太大，所以退而求其次，决定建造极大望远镜。

极大望远镜建造在高度为 3060m 的智利塞鲁阿玛逊斯山顶，占地面积相当于一个体育馆大小。极大望远镜对可见光和红外光线非常敏感，可帮助天文学家探测 140 亿年前最早诞生的宇宙星系的状况。

500 米口径球面射电望远镜"中国天眼"，由我国天文学家于 1994 年提出构想，从预研到建成历时 22 年，于 2016 年 9 月 25 日落成启用，是世界最大单口径、最灵敏的射电望远镜，如图 11.8 所示。

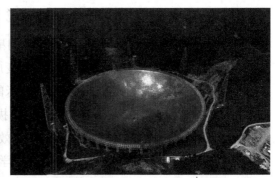

图 11.8　极大望远镜（左）；"中国天眼"（右）

11.1.8　空间天文学的诞生

由于地面天文观测受到地球大气的各种效应和复杂的地球运动等因素的严重影响，因此，天文观测精度和观测对象受到了许多限制，远远不能满足现代天文研究的需要。

为了从根本上克服上述不利因素的影响，天文学的一门新的分支学科——空间天文学，伴随着航天技术的发展而迅速发展起来。1949 年，美国天文学家用缴获的德国 V2 火箭搭载一种空间探测器飞出地球大气层外（见图 11.9），做了一次短暂的太空探索，这也是人类第一次开展太空环境研究。搭载的探测器不仅观测到了来自太阳的紫外线，还观测到了被大气层阻挡的来自遥远宇宙的射电波，如宇宙 X 射线。这是人类有史以来第一次开展空间天文观测实验，它开启了太空探索科学新的一页，也是空间天文学诞生的标志。

11.2 哈勃空间望远镜

1990年4月,一架主镜2.4m的光学望远镜用航天飞机送入了太空。此镜以美国天文学家哈勃(Edwin P.Hubble,1889—1953)的姓氏命名,称为哈勃空间望远镜。25年来,"哈勃"的观测对天文学做出了莫大的贡献。

1923年,德国火箭专家奥伯特曾在一篇文章中提及将望远镜置于地球轨道上的想法。1946年,天文学家斯皮策写出专门报告,论述将望远镜置于太空中的优越性。1962年,美国国家科学院推荐"大型空间望远镜"作为国家级的优先项目。1976年美国航空航天局(NASA)和欧洲空间局(ESA)共同提案,1977年美国国会批准"大型空间望远镜计划"拨款。1978年,美国开始为执行空间望远镜任务训练宇航员。1979年,空间望远镜口径2.4m的主镜(见图11.10)着手研制。

图11.9 V2火箭应用于太空环境研究

1981年,美国的空间望远镜研究所正式成立,研究所位于巴尔的摩市的约翰斯·霍普金斯大学内。1983年,大型空间望远镜更名为哈勃空间望远镜。1984年,欧洲的空间望远镜合作机构在德国开始工作。1985年,望远镜的研制大功告成。"哈勃"上天,可谓万事俱备。

然而天有不测风云,1986年挑战者号航天飞机失事,所有航天飞机的

图11.10 研制中的哈勃主镜

任务全部搁浅,"哈勃"甚至濒临取消发射的绝境。好在结局顺利,1990年4月24日,发现号航天飞机携带"哈勃"升空(见图11.11)。4月25日,航天飞机机组将"哈勃"释放到轨道上。"哈勃"的设计工作寿命是15年,每3年维修一次,同时更换一些辅助设施。

在地球上,天文学家急切地等待着"哈勃"的首次观测结果。但是,1990年6月传回的首批"哈勃"图像相当模糊。结果查明,"哈勃"的主镜存在球差。这件事情非常棘手,当时考虑了三种补救办法。第一种方案是用航天飞机把"哈勃"拉回地面,重新换一个主镜,但这样做时间太长,要到1996年才能重返太空。第二种方案是让宇航员上天,在望远镜的光路中插入一个改正镜,就像给"哈勃"戴上一副眼镜以纠正它的视力,但是"哈勃"的设计并未预留"戴眼镜"的空间。真正实施的是下述的第三种方案。

问题的根子在于哈勃制造过程中,测试阶段的光学系统装配有误。而幸运的是,整套测试系统在实验室中一直保持原状,技术人员能够据此重现如何出错的细节,这正是"哈勃"最终能够臻于完美的关键。在接下来的两年里,科学家和工程师们协力研制了一套光学改正系统,名叫矫正光学空间望远镜中轴置换(简称COSTAR,见图11.12),这是由5对光学反射镜组成的复杂部件,可以纠正"哈勃"主镜的球差。

1993年12月2日,奋进号航天飞机载着7名宇航员和8吨器材,进入太空抓住"哈勃",对它进行首次维修。

图 11.11 携带"哈勃"的发现号航天飞机发射

图 11.12 陈列在美国国家航空航天博物馆的 COSTAR

其中的关键是拆除原有的高速光度计,换上能够矫正"哈勃"视力的COSTAR。同时,自带光学改正部件的广角行星照相机2(WFPC2)取代了广角行星照相机1(WFPC1)。12月9日,宇航员轻按按钮,将"哈勃"重新释放到它的运行轨道上。修复后的"哈勃"不负众望,源源不断地向地面送回极佳的图像数据。此事显示了美国宇航员在太空中从事高难度操作的能力，为日后兴建空间站积累了宝贵的经验。

"哈勃"的研制耗资逾 20 亿美元，先后有上万人参与。维修后，它不但消除了像差，分辨率也比原先设计的更高，达到了 0.1″。后来，"哈勃"又于 1997 年 2 月（第 2 次）、1999 年 12 月（第 3A 次）、2002 年 3 月（第 3B 次）成功地进行太空维修。2009 年 5 月"哈勃"最后一次维修，并服役至今。

11.3 哈勃空间望远镜的组成

哈勃空间望远镜（Hubble Space Telescope，HSP）是美国航空航天局研制的最昂贵和技术最复杂的一颗科学卫星。这颗卫星由马歇尔中心、洛克希德公司和帕金·埃尔曼公司组成的承包小组负责研制。欧空局和几家欧洲公司也参与了研制工作，并负担 15% 费用，研制太阳电池翼和暗弱天体照相机两个部件。作为交换，美国航空航天局保证欧洲科学家获得 15% 的观测资料。

哈勃空间望远镜运行的轨道为高度约 543km 的圆形轨道，轨道周期为 96 分钟，轨道倾角为 28.5°。

哈勃空间望远镜由三大部分组成：光学部件、科学仪器、保障系统。哈勃空间望远镜重 2.5 吨，主结构尺寸为 13.2m×4.2m，太阳电池翼全部展开后，宽度可增加到 13.7m（见图 11.13）。

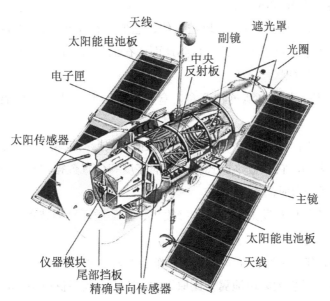

图 11.13 哈勃空间望远镜结构示意图

11.3.1 光学部件

光学部件指的是卡塞格伦式光学望远镜，它由埃尔曼公司制造。入射光由舱门（宽约 3m）进入，射到主镜（直径 2.4m），再反射到在它前方 4.88m 处的副镜（直径 0.3m），副镜将光线聚焦后，重新返回到主镜，从主镜中央小孔穿过到达焦平面。

为了减轻镜子重量，美国柯宁玻璃厂采用超低膨胀系数的玻璃制造镜坯。镜坯是由两个 2.5cm 厚的玻璃片、中间夹有 30.5cm 的玻璃蜂窝制成，这样主镜重量只有 816kg。镜子的聚焦误差不超过氦激光波长的 1/20。镜子表面镀覆约 0.6nm（$1nm=1\times10^{-9}m$）厚的铝，铝膜表面再镀覆约 0.6nm 厚的氟化镁。

两面镜子用 140 根杆组成的桁架支撑。支撑杆由波音公司制造，采用环氧石墨材料。为了托住这两面镜子，并使它们在一条直线上，既要修正地面安装时重力的影响，又要经受住发射时的力学环境和轨道 300℃ 的温度变化，在主镜背后装有 24 个作动器，在副镜背后装有 6 个作动器。一旦镜子变形，由作动器调节，使聚焦光线能到达焦平面。

11.3.2 保障系统

哈勃空间望远镜上的姿态控制系统由洛克希德公司负责研制，设计中要求它的指向精度为 $1.9\times10^{-6}(°)$，而且能保持 10 小时以上。整个姿态控制系统包括太阳敏感器、固定式恒星跟踪器、磁敏感器、6 个姿态陀螺仪、4 个反作用飞轮和 3 个精确制导敏感器。飞轮直径约 0.6m，转速约 3000r/min。

望远镜筒体上对称地装有两副高增益天线，它们装在 4.8m 长可伸展的杆上。探测数据以 1Mb/s 的速率通过数据中继卫星传到地面。在伯尔第莫的空间望远镜研究所里有 380 人接收和处理这些数据。

望远镜筒体两侧是太阳电池翼收藏盒，盒长 4.8m。每个太阳电池翼全部展开后为 12m。

望远镜上的计算机内储存了一个有 1500 万颗恒星数据的星表。该星表是天文学家花了 5 年时间建立起来的，它以数字形式将恒星的亮度和位置数据储存在计算机内，将作为姿控系统瞄准某颗恒星时的参考。

望远镜上的其他部件有发射机、指令接收机、自动循环检测装置、和轨道器连接的供电电缆，在窄筒段有 2 个机械臂抓捕装置。

在推迟发射的几年中，哈勃空间望远镜又作了下列改进：
① 采用不易老化的新太阳电池翼，比原来的太阳电池翼多供电 40%。
② 用长寿命的镍氢蓄电池代替镍镉蓄电池。

③ 改进安全系统，保障望远镜的自身生存能力。

④ 由于推迟发射，许多电子部件已装在卫星上有 7～10 年时间，为了保证可靠性和长寿命，更换了一些电子部件。

⑤ 增加了轨道替换单元，将来可由航天飞机宇航员在轨道上更换这些部件。

11.3.3 科学仪器

哈勃空间望远镜上有 5 个科学仪器，分别提供可见光、红外线和紫外线波段的数据。

① 广角/行星照相机（WF/PC）。其由喷气推进实验室制造，重约 270kg。它的广角镜可拍摄几十个到上百个星系的照片，其清晰度是地基望远镜的 10 倍；行星部分用窄角镜头拍摄，可提供火星、木星、土星、天王星和海王星的气象资料。和其他仪器不同之处是，它在望远镜的焦平面上聚焦，有 4 个棱镜将光线集中到焦平面的 CCD 阵上。

② 暗弱天体照相机（FOC）。其由欧洲道尼尔、马特拉和英国航宇三家公司制造，重约 320kg。它有三级电子星象增强器，能将目标天体亮度放大 10 万倍，可观测到比地基望远镜观测远 5～7 倍距离的天体。它有极高灵敏度，甚至能探测到单个光子。

③ 暗弱天体摄谱仪（FOS）。其由马丽埃塔公司制造，重约 310kg。它能拍摄到暗弱天体，特别是星系喷发；测量深空天体的化学组分；研究类星体的特征。它的掩星装置能帮助 FOC 研究明亮天体附近的暗弱天体，如红巨星——比太阳大许多倍的非常古老的恒星。

④ 戈达德高分辨摄谱仪（GHRS）。其由 Ball 航宇系统部制造，重约 320kg。它是卫星的主要紫外仪器，提供恒星天体的组分、温度和密度数据，也能研究银河系冕和其他星系冕。

⑤ 高速光度计（HSP）。其由威斯康星州的大学设计，重约 270kg。它测量天体目标从紫外线到可见光的亮度及随时间的变化；观测爆发变星、快速脉冲星和双星。它有 5 个电子敏感光源探测器。

卫星上还装有精确制导敏感器，它可测出卫星到目标天体的距离。测量精度是地基望远镜的 10 倍。

11.4 哈勃空间望远镜的成就

从哈勃空间望远镜升空至 2015 年 4 月，"哈勃"在地球轨道上运行了接近 13.7 万圈，累计 54 亿千米，执行了 120 多万次观测任务，观察了超过 3.8 万个天体。平均每个月，"哈勃"都会产生892GB的观测数据，累计已超过100T。

原计划"哈勃"要解决三个主要问题：测量宇宙膨胀的速度；弄清楚星系是如何演化的；探测星系间弥漫气体云的结构（星际介质）。然而，它已成功地在这些方面展现出了意想不到的洞察力。

从暗能量到外星系行星再到黑洞，哈勃空间望远镜正在帮助天文学家解开宇宙中最大的奥秘。"哈勃"的图像和数据对于天文学，甚至全人类来说都是一个无与伦比的宝库。这里所介绍的内容仅仅是"哈勃"成就的冰山一角，一如管中窥豹。

我们首先先来一起了解一下哈勃空间望远镜最杰出的五大科学成就。

11.4.1 黑洞的存在

当"哈勃"发射时，天文学家们只在双星系统中证实了黑洞的存在。在这一系统中一颗恒星爆炸，其核心会坍缩成具有几个太阳质量的黑洞。但是，天文学家怀疑，质量远大得多的黑洞必定是更强大的"引力引擎"，驱动着由近及远的一系列超高能现象，例如赛弗特星系、耀变体和类星体。

但是，为了"称量"黑洞，探测隐藏着的或"不发光"的物质是不是超出了恒星所能达到的极限，就需要精密的分光观测。当空间望远镜成像光谱仪（STIS）在1997年投入运转时，天文学家迅速将其对准了最近的迷你类星体——室女座巨型椭圆星系M87（见图11.14）明亮的核心。和更遥远的类星体一样，M87也有一条从它的核心高速射出的喷流，而喷流通常都与黑洞有关。

"哈勃"测得M87核心的质量高达30亿个太阳质量。这一结果完全得益于

图11.14　M87星云

STIS对M87核心周围作轨道运动的高温气体的测量。这些气体的速度表明核心处的质量要远高于仅有恒星聚集所能达到的程度，证实了黑洞的存在。

1997年对27个近距星系的研究发现，在它们的中心都存在超大质量的黑洞。这使得天文学家得出结论，超大质量黑洞极为普遍，每个大型星系中都有一个。

更深刻的是，"哈勃"发现中央黑洞的质量和星系中心由恒星所构成的核球的质量直

接相关：核球的质量越大，黑洞的质量就越大。这说明有某种未知的反馈机制将星系的演化和黑洞的生长联系了起来。目前，有6种理论试图来解释这一现象。但这同时也意味着，没有人确切知道星系和黑洞的纽带究竟是什么样的。

11.4.2 星系的演化

1990年，天文学家只能探测到红移最高为0.7的正常星系，这个数值在宇宙中所对应的距离相当于70亿光年，而宇宙是它的两倍大。多年来天文学家一直猜想，如果宇宙是从大爆炸的火球冷却而来的，那么星系必定是演化而来的。地面观测无法确定哪几个相互竞争的理论能最好地描述星系在早期宇宙中的形成和演化。

1985年，一个由顶级天文学家所组成的委员会得出结论，如果"哈勃"花200个轨道周期的时间来对宇宙进行"深度曝光"，那将会是徒劳的。他们假定，从当时已知的宇宙外推，远距离宇宙的空间几何会打散正常星系所发出的光，使它们过于弥散而无法被"哈勃"观测到。

幸运的是，大自然非常地配合。即便在1993年光学系统修复之前，"哈勃"的早期观测就发现了打破当时纪录的红移为1.5的星系，它所对应的距离超过了90亿光年。这些星系看上去似乎较现在的更紧凑，因此所发出的光都集中到一个较小的领域中——得以让"哈勃"能够探测到它们。天文学家注意到了许多形状怪异的"病态"星系。而正常星系中由恒星形成产生的亮点则清晰可见。

这些发现鼓舞了当时空间望远镜研究所的所长罗伯特·威廉姆斯（Robert Williams），他花了大量观测时间进行了一次长达数百万秒的最深曝光。它的极限星等达到了前所未有的28等——比肉眼所能看到的最暗弱天体还要暗上10亿倍。

2002年随着"哈勃"的高新巡天相机安装到位，空间望远镜研究所的下一任所长史蒂夫·贝克威思（Steve Beckwith）又把它向前推进了一步，拍摄了哈勃超深空区（HUDF）照片。这确认了天文学家并非是因为偶然才只看到了紧密天体而错失了更大的星系。HUDF达到了29等的极限星等，但仍然只发现了发育中的不完整星系。

2009年5月安装到"哈勃"上的大广角照相机3最近在近红外波段上再一次推进了这一深度观测。由此也发现了红移高达9的天体，它们所对应的时间相当于宇宙诞生之后仅6亿年。

就像一帧一帧地来观看一部电影，哈勃深空巡天揭示出了婴儿期宇宙中结构的出现和随后星系演化的动态阶段。在"哈勃"之前，近距离上的星系碰撞只是有趣的个别现象。但是，这些深空图像却显示（见图11.15），在早期宇宙中星系的碰撞并合是家常便饭的事情。这为宇宙随着时间在不断发生变化提供了令人信服且直观的证据。

11.4.3 暗能量的存在

"哈勃"曾经的一个重点项目是确定宇宙正在以多快的速度减速。因为在大爆炸之后引力必然会对空间膨胀施加阻力,这就像在斜面上自下而上运动的一个小球,它的速度最终会减小。

持续了几十年的一个问题是,宇宙是否拥有足够的引力来完全阻止其自身的膨胀。"哈勃"可以看到遥远的 Ia 型超新星并准确测量它们的亮度,这使得天文学家可以回溯宇宙更久远的过去,进而测量它的膨胀速率。

图 11.15 "哈勃"超深空区的照片展现了星系碰撞的细节

1998 年,美国约翰·霍普金斯大学、美国空间望远镜研究所的天文学家亚当·里斯(Adam Riess)利用他的团队所收集的超新星巡天数据,写了一个计算机程序来计算宇宙的减速率。奇怪的是,这个程序不断给出一个具有负质量的宇宙。起先里斯认为这只是一个程序中的错误。但后来他意识到,计算机程序其实是想给出一个"荒谬"的结论:真空会产生排斥能!

在美国加州,另一个由美国劳伦斯伯克利国家实验室的索尔·珀尔马特(Saul Perlmutter)领导的小组也独立地发现了类似的宇宙加速膨胀。他的研究小组发现,遥远的超新星比预期的要更为暗弱。这意味着,和宇宙正在减速或者甚至"滑行"相比,在我们和超新星之间有着更多的空间(距离更大)。因此,宇宙现在必定正在以比早先更快的速度膨胀。

这两个组偶然间发现了爱因斯坦所预言的一个幽灵般的能令宇宙保持静止的制衡力,被称为宇宙学常数。由于天体物理学家还不清楚它的行为是否严格地如宇宙学常数所述,因此这一现象现在只是被称为暗能量。

"哈勃"后来又观测到了一颗 100 亿年前的超新星,进一步支持了宇宙中有暗能量存在的事实。这颗超新星异常明亮,说明在很久以前宇宙确实是在减速,但此后宇宙的膨胀便开始了加速并一直持续到现在。这一转变大约发生在 70 亿年前。

从那以后，天文学家们进行了更多的观测期望能更好地确定暗能量的特性，并确认它的行为是否真的像爱因斯坦的宇宙学常数那样。天文学家们就此为下一代望远镜提出了一些新的研究方法，其中包括了观测更多的超新星以及测量天空中由宇宙大爆炸原始等离子体中的作用力所引发的重子声学振荡。

11.4.4 精确测定宇宙的膨胀速度

由于地质学证据以及达尔文的进化论，19 世纪后期的科学家都认为地球极为古老。即使是伟大的爱因斯坦也认为，宇宙必须是静态的，也许因此也是永恒的。然而，按照他的广义相对论，宇宙却要么会膨胀，要么会坍缩。

1929 年，埃德温·哈勃（Edwin Hubble）为宇宙有着一个有限的年龄提供了第一个观测上的证据。他发现，距离越远的星系，它离开我们的速度越快，其比值由哈勃常数给出。这意味着空间在往各个方向膨胀。事实上，这里经常所提到的观测到的光线红移并不是星系退行的速度所造成的，即并非是多普勒效应，而是空间本身的膨胀拉伸光的波长的结果。

通过精确地测定宇宙膨胀的速度，科学家就可以倒转宇宙时钟，计算出宇宙的年龄。但是，由此估计出的宇宙年龄的精度会受制于精度较低的距离测量结果。而哈勃常数的精确值则是校准其他宇宙参数的关键。

由于空间望远镜可以比地面上的望远镜分辨出更多、更远的造父变星——一类可用作近距宇宙中距离标尺的恒星，因此精确测定哈勃常数成为了"哈勃"早期的重点项目。

在"哈勃"发射时，宇宙膨胀的速度存在着巨大的不确定性。哈勃常数的预估范围的差距非常大。这意味着，宇宙的年龄可以年轻到只有 80 亿年或者老到 160 亿年。

1994 年，"哈勃"河外距离尺度重点项目的温迪·弗里德曼（Wendy Freedman）宣布，他们测得的哈勃常数值为 80 千米 / 秒 / 百万秒差距，这意味着一个相对较年轻的宇宙。但令人费解的是，由此得出的宇宙年龄在 80 亿年至 120 亿年间，比最古老的恒星年龄还要小。这看起来似乎是恒星演化模型还存在问题。

到 20 世纪 90 年代后期，哈勃常数的值已经精确到了只有大约 10% 的误差。2009 年，亚当·里斯及其合作者使用了遥远星系中的造父变星来细化和完善了宇宙的"距离阶梯"。这使得天文学家能够精确把宇宙膨胀的速度定在 74.3 千米 / 秒 / 百万秒差距，其不确定性不超过 5%。

回想起来，这几乎是预料之中的，天文学家最终确定的值恰好在先前 50 千米 / 秒 / 百万秒差距和 100 千米 / 秒 / 百万秒差距的正中间。考虑到暗能量的作用，由此得出的宇宙年龄为 137 亿年——足以能容纳宇宙中测量到的最古老的恒星。"哈勃"拍摄的包含 Ia 型超新星和造父变星的旋涡星系 NGC 3021 如图 11.16 所示。

11.4.5 采样太阳系外行星

直到"哈勃"发射升空 5 年之后，天文学家才在另一颗普通恒星的周围发现了第一颗太阳系外行星。对于当时的地面望远镜而言，外星行星过于暗弱无法被直接观测到，但它们会造成其宿主恒星规律地摆动，由此泄露了天机。这一现象唯一能提供的信息就是外星行星的轨道周期以及它的粗略质量。

然而，到了 20 世纪 90 年代后期，天文学家已经可以观测到太阳系外行星的凌星（从其宿主恒星前方通过）。由于可以在其宿主恒星的映衬下来观测外星行星，这为探测它们的特性提供了可能。天文学家很快就把"哈勃"的独特能力用到了它们身上。

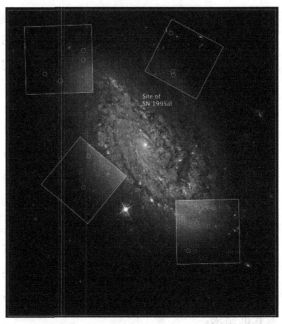

图 11.16 "哈勃"拍摄的包含 Ia 型超新星和造父变星的旋涡星系 NGC 3021

"哈勃"对太阳系外行星的大气进行了首次测量。在这一具有里程碑意义的观测中，美国哈佛大学的戴维·夏博诺（David Charbonneau）对穿过外星行星大气的宿主恒星星光进行了分光观测，发现外星行星 HD 209458b 的大气中存在钠。

在后续的观测中，"哈勃"还发现了凌星行星大气中的二氧化碳、氧和水蒸气。热类木星无疑是没有生命的，但"哈勃"能对其大气进行分析证明了将这一方法用于外星类地行星大气来寻找生命示踪物质的可行性。

尽管取得了这些进展，但对外星行星直接成像仍十分困难，甚至对于"哈勃"也是如此。直到 2008 年，"哈勃"才第一次在可见光波段下拍摄到了围绕北落师门（见图 11.17）的一颗年轻气态巨行星。

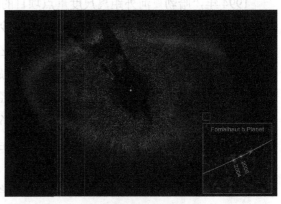

图 11.17 "哈勃"拍摄到的北落师门及其尘埃云

11.4.6 其他各项成就

经过了5次进化的哈勃空间望远镜的功能不断强大。如今的"哈勃"和1990年发射时相比强大了100倍。一些重点项目仍能从"哈勃"身上获得最大的科学回报。

1. 哈勃深空视场

建造"哈勃"的主要科学目标之一，是测量宇宙的大小和年龄，以及检验宇宙起源的理论。哈勃深场使天文学家首次得以清晰地回望星系形成时期。

2012年—2014年，"哈勃"获得了两个新的深场，即哈勃极深场（XDF）和哈勃超深场（HUDF）。哈勃极深场拍摄的是迄今最深的宇宙图像，累积观测时间长达100万秒。2014年公布的紫外波段最新哈勃超深场，可供天文学家研究距离我们5～10光年远的恒星形成。

2. 恒星的一生

恒星也有生长老死。将研究大量单个恒星的诞生、成长，直至死亡与恒星演化理论相结合，"哈勃"的作为远较其他任何天文设备更为出色。特别是，"哈勃"能够探测河外星系中的恒星，这有助于科学家研究不同环境对于恒星一生的影响。

"哈勃"的红外设备能够看透环绕在新生恒星周围的尘埃云。窥透围绕在银河系中心四周的尘埃云，使天文学家发现，早先认为毫无生气的这个区域，其实有着许许多多聚集在星团中的大质量新生恒星。

恒星一生的最后阶段，也比原先想象的更加复杂。太阳型恒星临终时抛出的行星状星云，可谓千姿百态，美不胜收。

3. 太阳系天体

"哈勃"拍摄的高分辨率太阳系天体图像，只有飞临这些天体的探测器实地拍摄的照片方能更胜一筹。例如，它发现了冥王星的几个新卫星，发现了比冥王星更遥远的矮行星阋神星以及其他重要的柯伊伯带天体。"哈勃"还观测到一颗彗星进入内太阳系时的分裂，观测到小行星的碰撞，并观测到一颗神秘解体的小行星。

4. 尘埃云中的恒星形成

15幅"哈勃"图像拼接后清晰显示了猎户座大星云（见图11.18）的中部。这是有史以来一个恒星形成区的最为详尽的图像。大广角照相机3在可见光波段拍摄的船底座星云（见图11.19）图像，显示出稠密的尘埃-气体云。但在红外波段拍摄的同一区域的图像上，尘埃褪去，云内正在形成的年轻恒星赫然现身。

图 11.18 "哈勃"拍摄的猎户座星云

图 11.19 "哈勃"拍摄的船底座星云

5. 引力透镜

爱因斯坦的广义相对论预言，在引力场的作用下光线行进方向会发生偏折。引力透镜现象即由光线的引力偏折所致：如果从观测者到遥远光源的视线方上，中途有一个大质量的居间天体——例如有一个黑洞，那么这个居间天体的引力场造成的遥远光源的光线偏折，效果就会与透镜使光线聚焦相类似。不过，倘若居间天体的物质分布延展得很广，那么成像就会相当复杂。如果居间天体又非严格处在从观测者到被成像天体的连线方向上，而是多少有些偏离，那么成像情况就会更加复杂。例如，同一个遥远天体有可能形成两个甚至多个像，或者所成的像具有很奇特的形状。"哈勃"得天独厚的高灵敏度和高分辨率，使它在引力透镜观测方面硕果累累。

6. 宇宙的组成成分

宇宙中存在着大量不可见的暗物质。哈勃在试图确定暗物质的位置和数量方面，扮演了重要的角色。它对引力透镜的敏锐观测，为在此领域的进步研究铺设了宝贵的阶石。"哈勃"在此领域的重大突破之一，是发现当星系团互相碰撞时暗物质会有何种行为。研究表明，暗物质的分布并不与热气体的分布相吻合。星系团碰撞时，热气体互相撞击，且因压力变大而减速。暗物质则不然，它们不经历这种摩擦，而是在碰撞中安然通过。2015年3月27日美国《科学》杂志发表了基于"哈勃"和钱德拉X射线天文台的一项研究结果，表明暗物质自身的相互作用甚至比先前想象的更加微弱。

11.5　哈勃空间望远镜的五次太空维修

由于哈勃空间望远镜是第一台发射到太空工作的大型探测器，不仅在设计制造上存在一些缺陷,而且在太空环境下工作也会出现一些故障,计划在它运行期间航天飞机定期上天进行修理和改进,使它能真正成为洞察宇宙深处的"千里眼",不断传回过去人们难以发现的天文现象和宇宙奇迹。

哈勃空间望远镜自升空 25 年来已经有 5 次专门派航天员乘航天飞机上天进行维修,排除故障,更新设备使它保持了观测能力,提高了观测效果。到目前为止,哈勃空间望远镜在地球轨道上运行了接近 13.7 万圈,累计 54 亿千米,执行了 120 多万次观测任务,观察了超过 3.8 万个天体,获得了包括证实黑洞存在等重大成就。

11.5.1 第一次维修:矫正近视

"哈勃"升空入轨后不久就拍摄到首张星团照片,但却发现它的一个镜片存在球差,聚焦不准,不能正常工作。原来设计的镜测精度为 0.1 角秒,是地基望远镜的 10 倍,而现在"哈勃"的精度仅为 0.7 角秒。问题出在设计制造之前,一个透镜参照系统的参数算错,制造出来后只注意检查了镜片的光洁度,而没有想到检查它的形状,而形状上的误差是其光洁度误差的 250 倍,从而造成了严重的质量问题。"哈勃"主镜仅有头发丝 1/50 的误差,致使它的探测蒙上了阴影。这个缺陷只能待航天员上天去安装一个校正透镜系统来弥补。

1993 年 12 月 2 日美国发射奋进号航天飞机,专门派 7 名航天员到太空进行修复工作。第三天,当奋进号航天飞机在轨道上与"哈勃"会合后,机上航天员又发现一块太阳能电池板严重变形,边缘部分弯曲达 90°,支撑结构也变成了弓形,这同样需要维修才行。航天员用机械臂把"哈勃"抓回,固定在航天飞机敞开的货舱上,先后进行 5 次太空行走,由 4 名航天员分两组轮流开展修复工作。

12 月 5 日,先由航天员马斯格雷夫和霍夫曼实施太空行走,爬上由瑞士航天员尼科拉尔操纵的长 15m 机械臂的顶端,在"哈勃"的侧面更换了一个陀螺仪。陀螺仪安装完毕后,"哈勃"的侧壁舱门无法关闭,这一意外情况使航天员在舱外多停留了 1 小时 54 分钟,最后解决了舱门关闭的问题。随后,航天员又安装了陀螺仪电工控制装置和 8 个保险丝,并拆除了已经变形的太阳能电池板。12 月 6 日,由艾克斯和女航天员桑顿实施 6 个半小时的太空行走,成功地更换了两块太阳能电池板。12 月 7 日,马斯格雷夫和霍夫曼在敞开的货舱中进行 6 小时 40 分钟的第三次太空行走,一人用系绳与航天飞机连接,一人被固定在机械臂的顶端,相互配合,成功地用自带光学改正部件的广角行星照相机 2 取代了广角行星照相机 1(见图 11.20),完成了为"哈勃"矫正"近视"的重要步骤。12 月 8 日,艾克斯和桑顿带上矫正透镜的最后一个器件,先从"哈勃"镜中拆除一台 220kg 的高速光度计,然后安装了一个只有分币大小的光学矫正替换箱,箱中除矫正透镜及其驱动装置外，还包含一台拍摄类星体和其他遥远天体的暗弱天体照相机、一台暗弱天体紫外波段摄谱仪、一台探测爆炸星系的摄谱仪，从而使"哈勃"的探测范围从 40 亿光年扩展到 140 亿光年。12 月 9 日，马斯格雷夫与霍夫曼进行最后一次太空行走，他们一起站在长 15m 机械臂的顶端，把新安装的太阳能电池板展开，然后更换了驱动太阳能电池板的电子装置，先为紫外线波段摄谱仪安装了

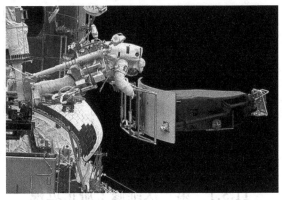

图 11.20　航天员为"哈勃"更换广角行星照相机

新的供电线路，接着又为两台磁强计盖上了防护罩。这次修复哈勃空间望远镜，两组航天员太空行走累计时间达 35 小时 28 分钟，完美地完成了一次艰巨的太空任务。

12 月 10 日航天员把焕然一新的哈勃空间望远镜重新放回到轨道。一个月后，哈勃望远镜就传回了清晰的图像，分辨率提高了 50%，所看到的亮度极弱的恒星相当于从华盛顿看到东京一只萤火虫的光影。

11.5.2　第二次维修：更新设备

到 1997 年哈勃空间望远镜在太空飞行近 16 亿千米，进行了 11 万次观测，取得了在宇宙星系中可能存在黑洞等重大成就。但它在太空的寿命已近半老，其表面的绝缘层已留下许多裂缝，太阳能电池板上被微流星体撞出许多空洞，许多设备老化，因此按计划要开始第二次维修工作。

1997 年 2 月 11 日，美国发现号航天飞机搭载 7 名航天员升空。2 月 13 日，当发现号航天飞机在轨道上与"哈勃"会合后，航天员操纵机上的机械臂把"哈勃"抓住放置到机上货舱的平台上，航天员分两组通过 5 次太空行走为"哈勃"安装两台新仪器，更换 8 个组件。

2 月 13 日深夜航天员史密斯和马克·李穿上充气宇航服飘出密封舱（见图 11.21），史密斯站到机械臂顶端，先小心地从"哈勃"上把戈达德高分辨率光谱仪取下（见图 11.22），然后在马克·李的引导下，将一台重 315kg 的图像光谱仪安装到"哈勃"上。更换第二台设备时，右边的太阳能电池板突然大幅度摆动起来，这是由减压舱排出的气流造成的，在减压舱中等候的两名航天员通知航天飞机上的航天员缓缓降低减压舱中的压力，使之不再排出气流，"哈勃"的太阳能电池板很快恢复了稳定。这样，史密斯

和马克·李在减压舱内待了两小时后再次出舱,将"哈勃"上的暗物体分光仪取下,换上重 343kg 的近红外照相机和多目标分光仪,使之在红外范围内视力更好,看得更深更远。

图 11.21　航天员史密斯和马克·李维修任务中的太空照

图 11.22　航天员移除高分辨率光谱仪

2月15日航天员进行第二次太空行走,哈博和坦纳两人提前 1 小时飘进敞开的货舱中,坦纳站到机械臂顶端,在飘浮于附近的哈博的引导下,靠着头盔上的灯光照明,慢慢地把旧的导向传感器取下,把一个新传感器换到"哈勃"上。随后两人又将一套新的传感器电子线路和一个新的数据记录器安装到"哈勃"上。这次太空行走用了 3 小时。

2月16日,发现号航天飞机携带"哈勃"把轨道提高 4km,否则会迎面撞上一块 20cm 大的美国飞马座火箭碎片,后果不堪设想。航天飞机轨道提升数小时后,机上航天员史密斯和马克·李又飘进货舱,为"哈勃"安装了一个新的计算机指令传输设备、一个数字记录器和一个帮助"哈勃"机动的反应轮。

2月17日哈博和坦纳进行第 4 次太空行走,更换一个控制太阳能电池板的电子线路箱和磁力传感器的外罩,并对"哈勃"表面上一层断裂和剥离的绝缘层进行初步修补,缝上了一层特弗隆材料。

2月18日,再由史密斯和马克·李作第 5 次太空行走完成对绝缘层破损表面的修复工作。2月19日更新设备后的哈勃空间望远镜被重新释放到 616km 高的轨道上,去继续执行探测宇宙的任务。

在这次为"哈勃"更换设备的维修中,4 名航天员连续 5 次太空行走时间共 33 小时 11 分钟。重返太空的"哈勃"大大提高了探测能力,拍摄到的天文照片揭示了恒星形成和衰亡的细节。

11.5.3 第三次维修：休眠复苏

1999年2月，哈勃空间望远镜上的6台陀螺仪有3台损坏，到11月又一台出现故障，于是这个大型空间望远镜自动进入"休眠"状态，中断了观测活动。

同年12月16日，发现号航天飞机再度启程，航天员到太空进行4次太空行走，三次执行对"哈勃"的修复任务。12月18日，由两名航天员实施第一次太空行走，更换了6个导致"哈勃"失灵的陀螺仪，为防止镜上6个电池过热受损安装了电压调谐器。这次太空行走长达8小时15分钟。

12月21日，两名航天员进行第二次太空行走。他们拆除了一台旧计算机，更换了一台速度提高20倍、存储空间增加6倍的新计算机。12月24日，两名航天员在第三次太空行走中，为"哈勃"安装了新的无线电收发机、一个数据记录器、一个大型钢质护罩。经过修复的哈勃空间望远镜于12月25日放入太空，从"休眠"中复苏的"哈勃"又恢复了它的"千里眼"功能。

11.5.4 第四次维修：心脏手术

哈勃空间望远镜的电力控制装置工作12年之后，已无法提供足够能量给将要更换的先进测绘照相机等设备工作。美国航空航天局决定为"哈勃"做"心脏移植手术"，即更换一台供应望远镜全部能源的电力控制装置，这被认为是最冒险、最具挑战性的太空维修工作。

2002年3月2日，哥伦比亚号航天飞机升空飞行。3月4日，曾于1999年参加过"哈勃"维修的航天员格伦斯菲尔德和第一次参加太空飞行的利纳汉负责这次"心脏手术"。但在两名航天员开始太空行走前25分钟，格伦斯菲尔德的宇航服制冷系统突然漏水，在无重力的太空中液体随意流动，清理起来十分麻烦，最后只好另换了一套宇航服，任务因此推迟了两小时。如图11.23所示为"哈勃"被固定到哥伦比亚号航天飞机的平台上。

图11.23 "哈勃"被固定到哥伦比亚号航天飞机的平台上

由于手术活动空间狭小、行动不便而且电缆如麻，仅接头就有36个之多，使更换工作复杂程度不亚于做一次心脏手术。为了防止航天员被电击，在整个"手术"期间"哈勃"

全部断电，如果不在 10 小时内重新恢复电力供应，一些设备将被冻坏，很像人的心脏暂时停止跳动的情况一样。利纳汉首先切断连接"哈勃"各个系统的 30 多条线路，他戴着手套，用一柄长抹刀和一把特别设计的扳钳工作，实际操作起来很困难。格伦斯菲尔德则安装新系统，并连接上线路。他们两人一组和纽曼、马西米诺一组轮流进行 4 次太空行走，使"哈勃"恢复了"心跳"，新安装设备一切正常。利纳汉后来说："虽然这只是光辉事业中微不足道的一小部分，但我却能在年华老去时骄傲地说，是的，我到过哈勃空间望远镜，我就是那个为哈勃空间望远镜更换电力系统的人。虽然我只是做了些木匠活一样简单的工作，但能够与哈勃空间望远镜一起载入科学史册，仍然令我感到无比光荣。"

随后，航天员又进行了最后一次太空行走，为"哈勃"装上一个新的高新巡天相机（见图 11.24），更换了一台冷却系统，使一台已经三年没有工作的红外摄像机重新服役。在这次维修中，4 名航天员 5 次太空行走共用 35 小时 55 分钟，创造了航天飞机一次飞行太空行走总时间最长的新纪录。

第四次修复后，哈勃空间望远镜的动力供应更加稳定和高效，使它的观测

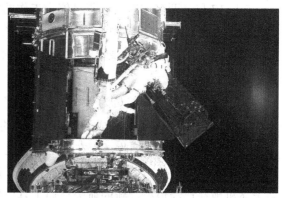

图 11.24　航天员为"哈勃"更换高新巡天相机

能力提高了 10 倍，可发回更多、更清晰的照片，焕发出新的光彩。

11.5.5　第五次维修：最后一次

2009 年 5 月 11 日，亚特兰蒂斯号航天飞机载着 7 名机组成员升空。他们通过 5 次太空行走，完成了对"哈勃"的最后一次维修，于美国东部时间 19 日 8 时 57 分（北京时间 20 时 57 分）将"哈勃"重新送入轨道。5 次太空行走的概况如下。

5 月 14 日，两名宇航员进行了第一次太空行走，为"哈勃"安装了价值 1.32 亿美元的广角照相机 3。不料固定旧相机的一颗螺钉卡在了望远镜上，地面控制中心要求宇航员使出最大力气将其取出。倘若螺钉断裂，旧相机就将固定在望远镜上，新相机也将无法安装。所幸最后还是成功了，但原定 6 个半小时的太空行走延长到了 7 小时 20 分钟。天文学家希望利用这架相机观测宇宙诞生后 5 亿年至 6 亿年时的情景。随后，宇航员们为"哈勃"更换了数据处理装置，并安装了一个对接环。日后"哈勃"退役返回地球时，NASA 的飞船可以借助对接环将"哈勃"引导至太平洋上空。

5月15日，两名宇航员通过第二次太空行走，为"哈勃"安装了6个新的陀螺仪，这是此次维修的首要任务。由于第三对新陀螺仪安装不上，宇航员只好将亚特兰蒂斯号航天飞机上的一对备用陀螺仪转用于"哈勃"。原定6个多小时的太空行走进行了约8个小时。

5月16日，两名宇航员为"哈勃"安装宇宙起源光谱仪（见图11.25）。这是此行难度最大的任务，但进展非常顺利，6个半小时即宣告结束。宇宙起源光谱仪是迄今太空中灵敏度最高的光谱仪，它使"哈勃"得以向地面科学家提供宇宙中遥远天体的温度、密度及速度等精确数据。

5月17日，两名宇航员修复已停止工作的空间望远镜成像光谱仪，为它更换了低压电源板，使其成功恢复正常功能。工作持续了8个多小时。空间望远镜成像光谱仪是重要的成像设备，曾帮助"哈勃"证实星系中心普遍存在黑洞，但2004年电力故障之后一直处于休眠模式。

5月18日，两名宇航员为"哈勃"更换了3块电池、一个恒星追踪传感器和热屏蔽罩，共耗时7小时2分钟，完成了对"哈勃"的大修。最大的意外是更换绝缘材料时（见图11.26），旧材料未能回收，而在太空中飘走了。好在这些材料不会对航天飞机造成太大危害。精确导向传感器可以提供定点信息，还能探测恒星的相对位置及移动。美国的航天飞机现在已经退役，新的航天交通工具比较小，而且没有捕获"哈勃"的机械臂，不能再执行维修"哈勃"的任务。

图11.25　实验室中的宇宙起源光谱仪

图11.26　宇航员为"哈勃"更换绝缘材料

此次大修总耗资约 10 亿美元。大修后"哈勃"的能力比它刚上天时强大了上百倍，它从头到脚的器官几乎已经换遍。NASA 的一位"哈勃"项目主管说，"哈勃"身上还有一些最初上天时的部件，但"从很多方面来说，它已经是一台新的观测设备"。

哈勃空间望远镜原设计寿命 15 年，经过 5 次大的维修之后，使其一直服役至今，已超过 25 年。

"哈勃"在 25 年的历程中，以其一系列的突破性发现，使人们对宇宙的认识有了深刻的变化。如今，它的接班人已经确定：美国、加拿大已与欧洲空间局共同计划于 2018 年（因为韦伯望远镜是一个复杂的系统，其不可预见的问题一再出现，导致发射计划一拖再拖）发射一架新一代的空间望远镜，即詹姆斯·韦伯空间望远镜（James Webb Space Telescope，JWST，见图 11.27）。"韦伯"比"哈勃"更先进而且廉价，其灵敏度将为"哈勃"的 7 倍，主要在红外波段工作，因而通常被认为是一架空间红外望远镜。

图 11.27　詹姆斯·韦伯空间望远镜模型

11.6　韦伯望远镜

11.6.1　韦伯望远镜的命名

美国航空航天局设计了哈勃空间望远镜的接班人——詹姆斯·韦伯空间望远镜，简称韦伯望远镜。韦伯望远镜最初曾被称命名为新一代空间望远镜，其英文缩写是 NGST（Next Generation Space Telescope）。直到 2002 年 9 月，NASA 才采用第二任美国航空航天局局长的名字"詹姆斯·韦伯"，更名它为韦伯望远镜，如图 11.28 所示。

为什么更名呢？这是因为韦伯担任美国航空航天局领导人时，曾掀开了美国航天事业的新篇章，其中包括"探测月球计划"和"阿波罗登月计划"等。所以，詹姆斯·韦伯望远镜寄托着人们的厚望。

图 11.28　韦伯望远镜（左）；美国航空航天局的第二任局长詹姆斯·韦伯（右）

11.6.2　韦伯望远镜与哈勃望远镜比较

哈勃望远镜是光学望远镜，它与韦伯望远镜的一个重要不同点在于韦伯望远镜是一个大型的红外线望远镜，韦伯望远镜的主要任务是调查宇宙大爆炸的残余红外线证据。

韦伯望远镜与哈勃望远镜有一个最大的差异，韦伯望远镜的奇特主镜，可以让观测精度高于哈勃望远镜的很多倍，进而可以为人类提供更翔实的遥远宇宙细节。

另外，韦伯望远镜将被部署在比哈勃望远镜位置更远的 L_2 点上，以至于它的镜面可以收集到更多的光，并且可以观测时光倒流，如图 11.29 所示。因此，韦伯望远镜也是

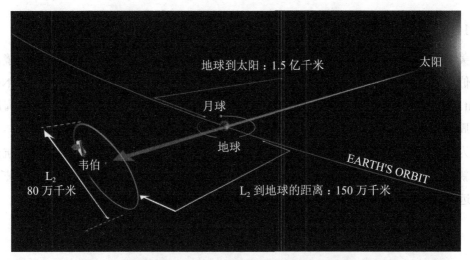

图 11.29　从图中可以清楚地看出，韦伯望远镜跟随地球绕太阳转，同时每 198 天绕 L_2 点转一圈；另外韦伯的镜子总是位于遮光板的阴影中

一部强大的时间机器,可观测到宇宙诞生之后的第一批星系。科学家认为如果哈勃望远镜的观测成果修改了所有教科书,那么韦伯望远镜将再次改写所有课本。

前面提到了韦伯望远镜部署在 L_2 点上,那么,什么是 L_2 点呢?

法国数学家拉格朗日(Lagrangian points)于 1772 年证明了在两个大物体的引力作用下,存在能够使一个小物体稳定的点。在太空里,目前这样的点一共发现了 5 个,被称为拉格朗日点,L_2 点是 5 个拉格朗日点之一。L_2 点位于太阳和地球的连线上,地球外侧约 150 万千米处。在 L_2 点上,韦伯望远镜长期驻留只需消耗很少的燃料,如图 11.30 所示。

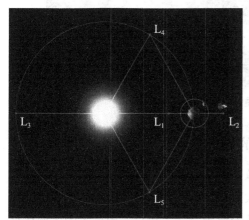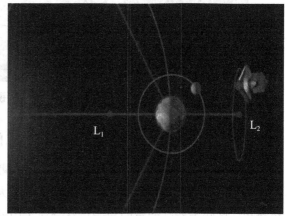

图 11.30　太空中的 5 个拉格朗日点(左);位于 L_2 点韦伯望远镜(右)

11.6.3　韦伯望远镜的结构

韦伯望远镜是一台大型太空红外线望远镜,其质量为 6.2 吨。它的镜面系统分为主镜、次镜和三镜,其质量约为哈勃望远镜质量的一半。主镜由铍制成,口径达到 6.5m,面积为哈勃太空望远镜的 5 倍以上。镜面系统被分割成 18 块六角形的镜片,可以被精心折叠和展开,看上去像一朵金色的莲花,科幻色彩浓厚。

韦伯望远镜还有一个 5 层网球场大小的太阳遮光板,可以将太阳光削弱数百万倍。它的四个光学镜头和分光仪都配备了特别灵敏的检测器,可以捕捉到非常微弱的光信号。其中一个光学镜头装有微型快门,能够同时观测 100 个物体。

韦伯望远镜中的制冷器用来冷却中红外线检测器及其他仪器,使其降温至 7K 并维持工作状态。为了将韦伯望远镜制作成这样的形状,科学家借鉴了地球上最大的光学望远镜——凯克望远镜,并让韦伯望远镜的镜面得以扩展,强度得以增加,如图 11.31 所示。

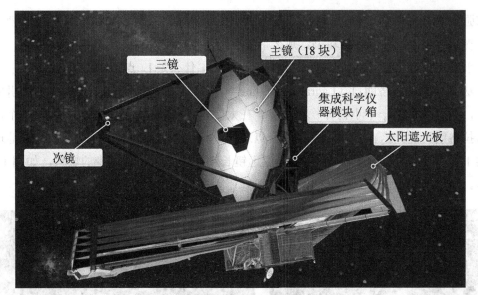

图 11.31 韦伯望远镜的系统组成

11.6.4 韦伯望远镜将证实宇宙形成的历史

宇宙在大爆炸中诞生，那时的宇宙缺少离散的光源，到处弥漫着冰冷朦胧的氢气和氦气薄雾。在最初几十万年里，宇宙是一个巨大而灼热的原子团。随着宇宙后来的扩张和冷却，这些带着高能量的粒子最终合成了中性的原子。许多年后，密度大的区域在重力的作用下分崩离析，宇宙的中性氢凝结成块。最后这些区域的密度越来越大，核反应堆就形成了。当第一批星球诞生后，它们的光线和辐射与氢气发生了剧烈的摩擦和碰撞，中性的原子破碎，一个个质子和电子散播开来。起初，这些区域就像细小的水泡或是高能源电离气体的集合。然而，中性原子仍然是宇宙中最主要的部分，其作用是阻止光在太空中肆意穿梭。

韦伯望远镜将帮助人类观测到宇宙初期的星云和星球，以及星球形成时的尘云以及行星气流。它的观测结果将有助于人类研究宇宙的历史，从宇宙大爆炸时的耀眼光芒到太阳系的形成和发展，这些谜底将被逐一揭开（见图 11.32）。

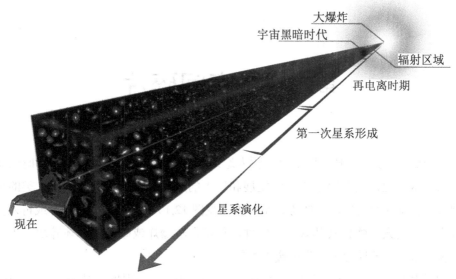

图 11.32　韦伯望远镜的深层观测

思考题

1. 望远镜的发展经历了哪几个阶段？
2. 开普勒在伽利略的基础上，对折射式望远镜进行了哪些改进？有什么优点？
3. 试解释牛顿反射式望远镜的工作原理。
4. 空间望远镜对比传统望远镜，有哪些主要的优势？
5. 哈勃空间望远镜由哪几部分组成？简述各部分的功能。
6. 简述哈勃空间望远镜的主要贡献。
7. 哈勃空间望远镜共进行了几次维修？分别是在哪一年？
8. 用来接替哈勃的下一代空间望远镜是什么？
9. 有兴趣的读者，可以模仿"舞蹈韦伯望远镜"作品，展示一下自己的创意，然后贴到"航天、人文与艺术"MOOC 讨论平台里，让大家欣赏。

第 12 章　空间碎片

自从 1957 年苏联发射世界上第一颗人造地球卫星以来，已有近 60 年的时间了，人类的空间技术在此期间取得了飞速的发展和巨大的成就。但是与此同时，人类的空间活动也制造了大量的空间碎片，俗称太空垃圾（见图 12.1）。它是指在轨运行或再入大气的已经失去功能的人造物体及其残块和组件，包括在轨爆炸或碰撞的解体碎块、火箭发动机排放物、航天任务过程中产生的废弃物等。

空间碎片的数量对空间安全的危害已经发展到严峻的程度，特别是在近地轨道，若数量达到饱和状态，则意味着碎片与卫星相撞概率增大，甚至有可能由于碰撞而发生连锁反应，使得轨道资源成为废墟。为此，当今世界应同心协力采取有效措施来解决这一问题。

图 12.1　空间碎片示意图

12.1 空间碎片的来源

目前空间碎片总数已超过数千万，1cm 碎片超过 20 万个，大于 10cm 的碎片超过 1.7 万个。其中解体碎片数量最多，占比超过 43%。

空间碎片数量逐年增加。如图 12.2 所示，截至 2014 年 3 月，美国公布的直径大于 10cm 在轨空间物体数量已达到 16 898 个，而在 2007 年该数目只有 1 万。数量的剧增源于空间物体之间的相互碰撞解体，这也是在轨碎片的最大来源。

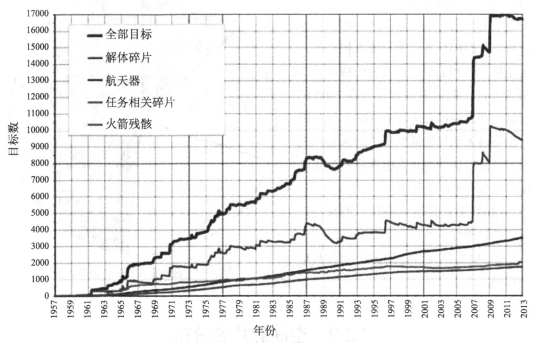

图 12.2　直径大于 10cm 在轨空间碎片的增长趋势

具体分析产生空间碎片的来源，大致可以概括如下。

（1）在轨发生碰撞所产生的碎片。这是目前占空间碎片比例最大部分。例如，2009 年美国铱星 33 号与俄罗斯失控卫星宇宙 2251 号相撞，产生 2100 多个碎片，其中铱星碎片 900 多个，宇宙 2251 号碎片 1200 多个。

（2）入轨后火箭剩余燃料、卫星高压气瓶剩余气体、未用完的电池等，都可能因偶然因素爆炸，产生难以估量的碎片。

（3）固体火箭燃料中添加铝粉，燃烧产生的氧化铝向空间喷射，形成空间"沙尘暴"。

（4）飞船和空间站的航天员产生的生活垃圾（如和平号空间站曾经向太空抛出大小垃圾 200 多包）。

（5）受到空间碎片的影响，航天器表面的漆块和防护层加速剥落成新的空间碎片。

（6）航天员在空间行走时遗弃的东西（如扳手、各种工具、手套、摄像机灯器等物品也会成为空间碎片）。

（7）寿命终止后的卫星或者发生故障的卫星均会成为大型空间碎片。

（8）携带卫星入轨后的末级火箭，留在太空中成为空间碎片。

（9）核动力卫星及其产生的放射性碎片。空间碎片来源中最使人担心的，就是俄罗斯和美国先后发射的核动力卫星及其产生的放射性碎片。在 2000 年统计表明这种碎片大约有 3 吨。这些碎片如果落入大气层或者最终坠入地球表面，其放射性物质对人类健康及生存环境都会是一个巨大危害。

（10）还有其他一些碎片的来源，目前暂时没有分类。

如图 12.3 所示为在轨空间物体数量的比例。

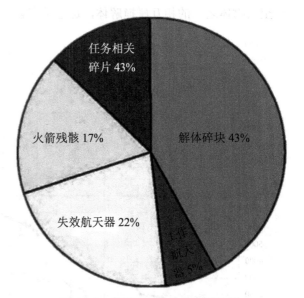

图 12.3　在轨空间物体数量的比例

12.2　空间碎片的分布

空间碎片是航天活动的产物，分布在航天器所及的各个区域（见图 12.4）。在可由观测设备跟踪编目的空间物体中，工作的航天器数量仅占 5%，其余都是碎片。空间碎片的密集分布区域有三个：2000km 以下的低地球轨道（LEO）区域、36 000km 的地球同步轨道区域和 20 000km 的中轨道区域。由于太阳同步轨道是通信、测绘、气象、侦察等各类应用卫星集中的一类轨道，卫星之间的碰撞解体也多发生在此类轨道区域，因此 800～1000km 是空间碎片最密集的区域。

如图 12.5 所示，直径大于 10cm 的空间碎片在轨道的分布如下。

（1）近地轨道（轨道高度低于 2000km）

空间碎片约 13 500 个，占总数的 80%；工作航天器约 600 个；非工作航天器（废弃或故障）约 2500 个；与任务有关碎片约 1500 个；火箭残骸约 1500 个；分裂碎片约 8000 个。

（2）地球中高轨道（轨道高度 2000～10 000km）

空间碎片约 2200 个，占总数的 13%。

（3）地球同步轨道（轨道高度 36 000km）

空间碎片约 1200 个，占总数的 7%。

图 12.4 空间碎片分布直观图

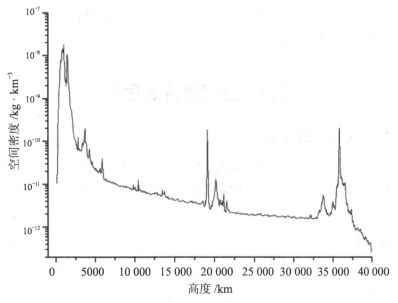

图 12.5 空间碎片密度曲线图

从空间碎片质量的分布来看,直径大于 10cm 的空间碎片质量约占全部碎片的 99% 以上,约 3000 吨。人类在 50 多年内发射入轨航天器 6000 多吨,而目前留在轨道上的碎片质量接近其一半。其中绝对多数空间碎片处于高度低于 2000km 的近地轨道,约有 2500 吨,它们绕地球旋转的速度通常为 7~8km/s,一旦与在轨任务航天器发生碰撞,则会对航天器产生巨大破坏。在地球同步轨道分布的空间碎片近十几年来一直在增加。虽然有的空间碎片会离开轨道,但是每年进入该轨道的空间碎片比离开的多大约 1 倍。

空间碎片数量在近几年相比之前的增长速度更为迅速。其主要原因是空间碰撞产生数量巨大的碎片;次要原因是近几年卫星发射数量和空间碎片累计数量增加,导致一般性碰撞或载荷老化产生碎片的概率也增加;此外还要考虑近十几年来,小卫星、微小卫星、纳卫星、立方体星等发射数量增加的影响。

空间碎片的在轨寿命与其轨道高度有直接的关系:
(1)轨道高度 >2000km,需要几百到上千年才会降落到大气层烧毁;
(2)轨道高度 2000~1000km,碎片会停留在轨道 100 年或者更长时间;
(3)轨道高度 1000~800km,碎片在轨寿命会有数十年;
(4)轨道高度 800~600km,碎片在轨寿命为十几年。

由于空间碎片数量随时间推移一直在增加,若不及时采取措施,对人类的空间探索和利用会造成难以接受的不利影响。

12.3 空间碎片的危害

12.3.1 空间碎片的分类

要想研究空间碎片的危害,首先我们需要将空间碎片按照尺寸进行一个分类。空间碎片的尺寸大小差别极大,小的只有微米量级,大的可达数十米。按其尺寸大小大致可以分为以下三类。

1. 大空间碎片

直径大于 10cm 的空间碎片,目前地基监测网可以测量其轨道的碎片,航天器一旦被它撞击将彻底损坏,只有躲开它的撞击才能保证航天器的安全。

2. 小空间碎片

直径小于 1mm 的空间碎片,通过天基直接探测,或者分析回收物的表面获得它的信息，数量巨大，需要通过采取适当的防护措施来提高航天器的抗御能力。

3. 危险碎片

介乎大、小空间碎片之间的碎片，目前尚无有效的探测方法，对航天器的损坏能力比小空间碎片大，防护困难；数量比大空间碎片多，航天器躲避困难，是十分危险的碎片。

12.3.2 空间碎片对航天器的危害

空间碎片对航天器造成的危害，概括起来主要有以下几个方面。

1. 改变航天器表面性质

微小空间碎片（直径为微米量级、质量为微克量级），由于其数量众多，空间密度大，与航天器撞击的频率非常高，能严重改变航天器的性能，称为"沙蚀"。光学镜头表面会被微小空间碎片"磨沙"而无法成像。对热控表面的撞击会改变其辐射、吸收特性，导致航天器热控失衡，造成航天器温度的改变。

2. 在航天器表面造成撞击坑

稍大的空间碎片会损坏航天器表面材料，对表面器件造成损伤，太阳能电池供电线路断路。二次撞击和深入航天器内部的撞击作用，会造成航天器的内损伤。

3. 等离子体云效应

在太空环境，超高速撞击的空间碎片本身及被撞击的航天器表面材料会发生汽化，形成等离子体云，在失重的条件下等离子体云将依附在航天器表面四处游荡，并可能进入航天器的内部，造成供电失常，形成航天器故障。

4. 动量传递

大的空间碎片与航天器高速撞击，将巨大的动能传递给航天器，使航天器的姿态改变，甚至可能改变航天器的轨道。

5. 表面穿孔

空间碎片的能量足够大时，将穿透航天器表面，打坏置于航天器内部的控制系统或有效载荷；击穿盛有气体或液体的容器舱壁时，气体或液体将发生泄漏。

6. 容器爆炸、破裂

空间碎片撞击可以使航天器表面强度降低，甚至出现裂纹，若舱壁有应力集中的现象，或高压容器的舱壁受损，可能会发生爆炸。

7. 结构碎裂

大的空间碎片撞击航天器桁架结构时，可能将整个结构打散。

另外，空间碎片再入大气层时，会对地面的生命财产安全构成严重的威胁，以核能为动力的航天器陨落时，由于放射性物质的大面积扩散，对环境的化学和放射性污染后果特别严重，尤其受到关注。

航天飞机表面受到空间碎片撞击产生损坏如图 12.6 所示。

图 12.6　航天飞机表面受到空间碎片撞击产生损坏

12.4　空间碎片的观测

全世界有许多对空间碎片监视和观测的系统，下面仅列出典型的几种。

1. 美国 SSN

美国空间监视网（SSN）。SSN 从 20 世纪 60 年代初开始组建，是最早且最大的观测系统。可以观测到近地轨道上直径大于 10cm 和地球同步轨道上直径大于 1m 的空间碎片。

为了达到连续跟踪空间碎片运行轨迹，SSN 在全世界分别组建了 25 个观测站，可以连续跟踪观测轨道高度 600km 以上的空间碎片。

SSN 观测设备采用陆基跟踪无线电雷达。雷达可观测的碎片直径大小与采用的无线电频率有关。频率越高，可观测的碎片直径越小（分辨率越高）。

2. 德国 TIRA

德国的跟踪和成像雷达系统（Tracking and Imaging Rader，TIRA）现已开始工作，可观测直径大于 2cm 的碎片，为区域性观测。

3. 法国 GRAVES

法国国防部格雷夫斯（GRAVES）双基地雷达 2009 年投入工作，可观测直径大于 1m 的空间碎片，为区域性观测。

12.5 空间碎片的清理

清理空间碎片的原则和要求可分为两个阶段：第一阶段是对现有空间碎片进行清理；第二阶段则对以后要发射入轨的新卫星提出要求。同时在这两个阶段期间还需要设置一段过渡时期（例如，设过渡时期为几年，最终规定发射要求何时开始执行）。

12.5.1 清理现有空间碎片的原则和要求

1. 根据空间碎片现状分别采用不同的原则和要求

（1）尽快清理近地轨道碎片。这些碎片直径大于 10cm，数量众多，且拥挤在某些轨道段上，对空间安全的影响最为严重。

（2）在一定时间内清理地球同步轨道碎片。在这一区域，碎片与航天器碰撞仅有一定的概率，清理时间可适当放宽。

（3）中轨道（轨道高度 2000～25 000km）区域碎片暂可不清理。因为工作卫星与碎片的总和数量到目前为止还处在安全状态。

2. 近地轨道碎片的清理要求及方法

（1）碎片直径大于 1m，质量约在几百千克到 1 吨之间的碎片，在近地轨道估计占该区域碎片总数量 10% 以上，这个数值是变化的，当发生卫星碰撞时，其比例会增加，必须尽快采用主动清理碎片的方法。

（2）碎片直径在 0.1～1m 之间，可以被实时观测，数量约为 10 000～12 000 个，目前处于比较危险的程度。应在规定时间内采用主、被动清理方法。紧急情况下，可以暂时采用规避轨道机动方法，但是需要耗费航天器的燃料。

（3）碎片直径在 1～10cm 之间，这是目前最难处理的碎片，质量一般小于几千克，有的仅有几十克。由于无法跟踪观测，数量又很大（约十几万个），其危害程度不尽相同。可分别采用可展开/贮存金属网捕获碎片方法或被动清理碎片的方法；对直径在 10cm 左右的碎片，采用喷射方法清理也是一个较好的措施。

（4）碎片直径小于 1cm，质量低于十几克，其数量极大，但相对危害性较小，一般可以忽略。在必要时，对卫星关键部位和易损表面加装防撞设备。也可以在必要时，喷射出一些物质附着在碎片上面，使其变成较大球状，以加大气动阻力，使碎片提早离轨。

3. 地球同步轨道碎片的清理原则和要求

目在该区域碎片估计在几百个以上，但直径较大，地面上能观测到，目前发生碰撞概率较小。但是地球同步轨道，倾角为零，在这条狭带内，一旦发生碰撞，经济损失会很大，同时对全球军用和民用通信影响更为严重。为此应该在规定时间内逐步清理。清理碎片采用主动方式比较合适，特别是采用自主式有控推力的方法。若不能采用自主式时，可用机器人抓捕，然后把碎片推至弃置轨道。在轨航天器可采用规避轨道机动方法。

12.5.2 对将来发射卫星的碎片清理原理和要求

在条件成熟时，应规定所有发射入轨的卫星必须具备清理自身碎片的能力，或者由他人帮助清理（如轨道服务公司），清理费用由卫星所有者支付。轨道服务公司必须要有严格的组织和完善的国际监督，如在联合国有关组织管理监督下经营。根据卫星大小和轨道高低，对其自备清理碎片能力分别有如下要求。

1. 近地轨道

（1）大、中型卫星（>1000kg），要有自备离轨（进入大气层）能力，采用推力主动离轨方法，最理想的是具备固体小火箭，其次为预留液体燃料。

（2）小卫星（1000kg），采用被动系留离轨、机器抓捕等主动清理方法。

（3）微卫星和纳卫星（<100kg），卫星应装有微型/轻型离轨终端器或充气设备（加大气动阻力等），采用被动离轨方法。

2. 地球同步轨道

由于这里大部分都是大、中型卫星，可采用自备推力离轨方法，把碎片推至弃置轨道；还可采用机器人抓捕，集中一定碎片数量后，送入弃置轨道。废弃卫星和故障卫星在规定时间内不能离轨时，可由轨道服务公司清理。

3. 其他地球轨道

均应具备碎片轨道清理服务功能，清理发生故障或碰撞所产生有危害的碎片。

采取以上清理措施之后，现有空间碎片数量经过若干年，会逐渐减少，最后处在一个安全水平。同时新发射卫星又有自备清理碎片能力。这样，在达到上述两项要求以后，就可保持一个安全清洁的空间环境，宝贵的空间资源可以长久被使用。

12.5.3 清理空间碎片的方法

清理空间碎片方法比较多，下面讨论的各种空间碎片清理方法都是针对上述情况的，根据轨道高低、碎片大小和数量等不同的因素，分别采用不同方法。清理空间碎片的方法可分为三种：（1）被动清理方法。不消耗能源，仅依靠外界自然因素来清理碎片，使碎片提早离轨。(2)主动清理方法。需要消耗能源。(3)混合清理方法。主、被动两者相结合。这些清理方法，有一部分还处在研究设计阶段，离实际应用有一定距离，随着技术发展，今后将有较大应用价值。

每种清理方法还包括自主和非自主方式。自主方式是指依靠碎片对象本身具备的能力来清理，非自主方式是通过外力施加碎片对象，达到清理目的。主动或被动清理方法都有自主和非自主方式。

1. 被动清理空间碎片的方法

(1) 电动系绳离轨终端器

空间系绳早在1970年由意大利人发明。美国的TUI系绳公司经过十几年研制，最后提出了称为电动系绳的离轨终端器，其结构原理如图12.7所示。图中下端有一个小盒，存放导电带，长度根据需求来决定，一般几十米到几千米。卫星工作时导电带储存在小盒里，卫星寿命终止后，小盒自动（或地面站指令）打开，伸出的导电带有电流产生，与地磁力相互作用产生电动阻力，导电带与卫星形成重力梯度稳定姿态结构，同时也产生气动阻力，迫使卫星提早离轨，最终进入大气层烧毁。该公司根据卫星质量大小和轨道高低（一般都在近地轨道）可生产多种电动系绳离轨终端器。

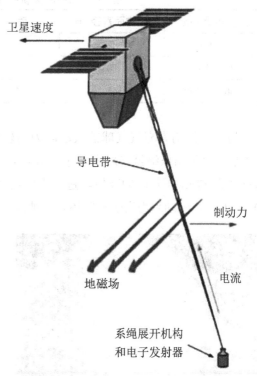

图12.7 电动系绳离轨终端器结构原理

(2) 气动阻力离轨装置

使用充气装置形成气球或抛物面形状，提高气动阻力，迫使卫星提早离轨。图12.8为美国贝尔公司在2004年研制的充气加固拖曳结构（Towed Rigidizable Inflatable Structure，TRIS）。

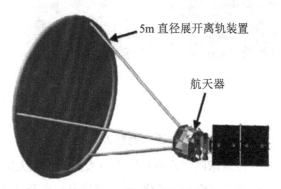

图12.8 充气加固拖曳结构

图中有三条支架（由系绳构成）连接一个大面积的抛物面天线，平时收缩在小盒里。当卫星工作寿命终止后，打开伸展支架，充气成为抛物面。近地轨道质量在 500～1000kg 的卫星，所需 TRIS 离轨装置的质量、体积和成本如表 12.1 所示。离轨装置一般约占卫星总质量的 1%～1.5%。对 500～600km 圆轨道卫星来说，其离轨时间为 0.5～1 年。

表 12.1 TRIS 离轨装置的质量、体积和成本

卫星质量 /kg	抛物面直径 /m	质量 /kg	储存体积 /m³	成本 / 万美元
<500	5	5.33	0.0026	7.2
500～1000	10	13.35	0.011	8
1000～1500	15	23.99	0.024	10.5

另一种结构为充气气球的气动阻力离轨装置，如图 12.9（a）所示。卫星工作寿命终止后，释放出压缩氢气形成气球。如卫星质量 1200kg、轨道高度为 830km，充气成气球直径为 37m，1 年时间离轨，进入大气层烧毁。若没有此装置，卫星将在轨道上停留 30～40 年。气动阻力离轨装置还有一种四方形结构，如图 12.9（b）所示。

 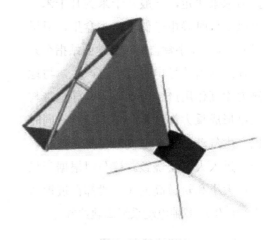

（a）气球结构　　　　　　　　　（b）四方形结构

图 12.9　气动阻力离轨装置示意图

（3）太阳辐射压力离轨方法

在地球同步轨道利用大型太阳帆指向太阳，产生辐射压力，经过连续不断工作，卫星轨道高度将产生变化，最终迫使卫星离开地球同步轨道。这种操作一般都由地面站执行，

产生足够辐射压力需要较长操作时间。由于在地球同步轨道上太阳辐射压力是卫星的最主要摄动力,因此该方法适用于地球同步轨道,特别是当卫星推力器发生故障时,使用这方法作备份,非常有效。

(4)制动帆离轨方法

在卫星上通过支架伸展薄膜形成各种形状的帆,从而产生制动阻力,迫使

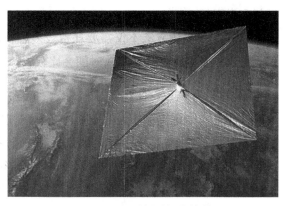

图12.10 轻型制动帆离轨装置

卫星提早离轨。可为各种卫星研制大小不同的制动帆,一般帆面积为几平方米到几十平方米,如图12.10所示。这种装置质量轻、结构简单、成本低,特别适用于近地轨道的微小卫星。

2. 主动清理空间碎片的方法

(1)推力离轨方法

采用各种推力器,迫使卫星离轨,这种方法特点是作用效果明显、离轨时间短、燃耗较大、成本高。2002年欧空局研究对比了不同种类卫星采用的推力离轨方法,表12.2列出比较结果,表中使用阿拉伯数字1~6分别表示其效果从最佳到最差的6个等级(指表12.2中具体轨道比较结果,若改变轨道,比较结果可作参考,可能会有一些变化)。

表12.2 各种推力器对不同卫星离轨比较结果

卫星类型	质量/kg	轨道/km	冷气	固体推进	单组元	双组元	电弧推进	离子推进
小纳卫星	<5	大椭圆轨道	3	1	2	4	不适用	不适用
纳卫星	5~20	≤700/1000	3	1	2	4	不适用	不适用
微卫星	20~100	≤830/850	4	1	2	3	不适用	不适用
微小卫星	100~500	≤600	6	1	2	3	4	5
中卫星	500~1500	≤800(倾角98°)	6	1	1	3	4	5
大卫星	1500~2500	≤600	6	1	2	2	4	5

由表12.2可知,固体推进器适用于各种卫星,其次广泛适用的是单组元推力器,电弧推力器对微卫星和纳卫星均不适用,冷气推力器对一般卫星不太适合,可考虑用于纳

卫星和微卫星。

采用推力离轨方法不仅需要耗费较多燃料，而且控制精度的要求较高，若只有推力但无精确控制的能力，则离轨时间会比较长。

（2）空间机器人方法

采用具有轨道机动能力的空间机器人，对选定的空间碎片进行抓捕，并集中起来处理。采用和发展这种方法往往与军事用途有关。该技术有两个难点，一是如何把抓捕到的碎片集中起来；二是如何清理这些碎片，又不影响到空间环境。还有一种方法是在具有机动能力的微小卫星上安装机械臂，作用效果和空间机器人类似。图12.11表示这两种空间机器人抓捕碎片的外观图。

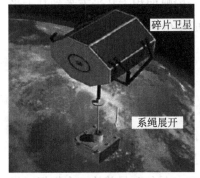 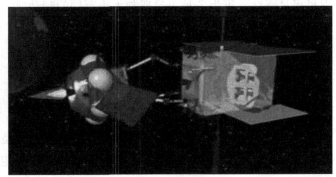

(a) 具有轨道机动能力的空间机器人　　　　(b) 安装机械臂的微小卫星

图 12.11　空间机器人抓捕碎片

（3）膨胀泡沫方法

利用卫星向空间碎片喷射泡沫，从而增加碎片的面积质量比，提高其气动阻力，最终导致碎片提早离轨，坠入大气层烧毁。这种方法比较适用于近地轨道的各种碎片。碎片经过泡沫包装后，质量密度一般为 $0.5 \sim 1 kg/m^3$。

碎片离轨时间和泡沫直径大小有关，可根据所选定空间碎片的大小和质量，确定应该喷射泡沫的直径。

喷射泡沫装置可安装在近地轨道的卫星或飞船上，喷射泡沫机构由泡沫储存箱、可控机械手和喷管等组成；地面的空间碎片观测系统选定具体碎片目标，设定喷射条件，针对性强，不会产生其他副作用。

3. 混合清理空间碎片方法

该方法同时具有主动和被动相结合的清理碎片功能。

（1）制动帆和电动系绳混合方法

立方体卫星由欧洲宇航局出资组织，英国萨瑞卫星技术公司承担研制。2011年上半年已经完成初步研制工作。立方体卫星帆的储存和展开结构图如图 12.12 所示。

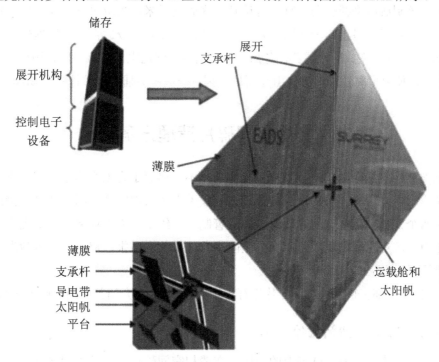

图 12.12　立方体卫星帆储存和展开结构图

柔性制动帆储存在双立方体单元上端部件中，下端部件为控制电子设备。当需要时展开成正方形帆，一般面积为 $4 \sim 25m^2$，展开的帆和一定长度系绳连接在一起，成为一套完整的混合清理碎片装置，最后通过空间对接，把混合装置固连在碎片卫星上。其结构图如图 12.13 所示。

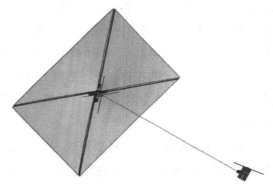

图 12.13　制动帆和电动系绳混合系统展开结构图

这种混合清理碎片装置同时具有制动帆和电动系绳两种作用的离轨功能，离轨时间更短。此方法特别适用于不具备离轨功能的卫星。目前的技术难点，是如何把混合装置可靠地与碎片卫星对接与固连，虽然空间交会对接技术目前发展比较成熟，但是对非合作目标（如空间碎片）的对接，仍然存在一定的技术难度。

（2）可展开/储存金属网捕获碎片方法

用金属丝制成巨型捕获网，直径可达几百米到几千米，当卫星飞行任务完成后，根据地面站指令打开卫星上的金属网，开始捕获碎片。该方法较适合捕获近地轨道上直径小于10cm 的碎片。完成碎片捕获任务后，卫星向金属网通电，从而与地磁场相互作用，产生制动力，使卫星离轨。该方法由地面站控制，一般不会捕获不该捕获的物体。

12.6 各国空间碎片清理方案实例

认识到空间碎片问题，国际上航天发达国家不仅热衷于为太空建章立制，借以提高外空活动的门槛，同时各国都积极从管理上和技术上多层次实施空间碎片减缓措施。突出表现在四个方面：制定空间碎片政策和监管制度，约束航天工业界活动；提高空间态势感知能力，应对空间碎片威胁；加强空间碎片碰撞信息通报，避免太空事故发生；加强国际合作，提高空间碎片的应对能力。

同时，各国也都积极地对空间碎片进行清理工作，下面将介绍其中的一些方案和试验。

12.6.1 瑞士：清洁太空一号

瑞士，这个人口只有 800 多万的小国，在清扫空间碎片的行动中却名列前茅。瑞士空间中心在发射航天器时，遵守的原则是"谁污染，谁清理"。他们认为，"如果每个人都能把自家门口打扫干净，太空也就会很干净了。"2009 年，瑞士空间中心的第一颗卫星瑞士立方体进入太空，任务是观察一种"大气辉光"。如今，任务已经完成，该卫星就需要被清理掉了。2012 年，瑞士空间中心启动了一项"清洁太空一号"的项目，这颗预计造价 1100 万美元的打扫卫星（见图 12.14），目前还未见报道发射，但它有可能成为世界上第一颗空间碎片扫除卫星。它的第一个任务是回收两枚分别于 2009 年及 2010 年发射的瑞士卫星。

研制清洁太空一号卫星要解决三个关键的技术问题：（1）研制小型发动机，将清理卫星准确地送到垃圾运行的轨道上；（2）研制抓紧及稳定高速转动空间碎片的装置；

(3) 找出把废物引导至地球大气层焚烧的方法。

现在的卫星都是使用笨重而昂贵的发动机进行机动,发射成本很高。微型卫星的成本远低于大体积卫星,又具有大型卫星所不具备的功能,是现在各国卫星研发的重点。但是,目前缺少用于这种卫星的高效推进系统。瑞士科学家正在研制一种微型卫星推进器,在设计

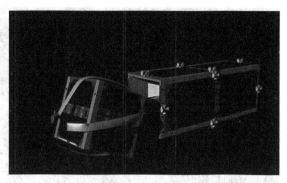

图 12.14 清洁太空一号捕捉到废弃卫星

上,这种微型发动机并非用于将卫星送入轨道,而是帮助卫星在太空中机动。这种迷你发动机只有几百克重,使用离子化合物作为燃料,利用电喷射离子产生推进力,使卫星在以 10km/s 绕轨道飞行时改变方向。根据计算,一颗采用这种发动机的 1kg 纳卫星进入月球轨道需要大约 6 个月,仅消耗 100mg 燃料。按照计划,这种发动机将安装在清洁太空一号卫星上,它可以随时改变卫星的轨道和前进方向,使它追上自己的"猎物"。

清洁太空一号卫星的第二个技术难点是要在卫星追上自己的"猎物"后,需要一种可以将"猎物"紧紧抓住的装置。科学家们从章鱼捕食过程中受到启发。于是,科学家们在清洁太空一号卫星的"肚子"里,安装了有 4 个爪子的装置,当遇到空间碎片时,它们伸出爪子,将"猎物"紧紧地抱住,送到自己的"肚子"里。

至于第三个技术难关——销毁空间碎片的方法,瑞士太空中心发言人格罗斯表示,目前正考虑两个方案。其一是用打扫装置收集空间碎片,然后整个装置连同吸入的残骸在地球大气层中自行烧毁。第二个方案是把装置保留在地球轨道上,而把吸入的碎片排放到地球大气层中。

清洁太空一号卫星捕捉空间碎片示意图如图 12.15 所示。

12.6.2　日本：太空渔网

日本是航天大国之一,良好的太空环境对其十分重要,所以,它也是清除空间碎片的积极分子。目前,日本宇宙探索局和一家名为日东制网的公司共同合作,计划两年内织就一张直径达数千米的巨大的太空渔网,用于打捞飘浮在地球轨道中的空间碎片。研究人员的设想是首先由火箭将装有太空渔网的卫星发射到一定轨道上。进入太空后,当卫星达到指定位置后,卫星的机器臂把这种长数千米的金属网展开,然后松开太空渔网的收集长绳。太空渔网沿地球轨道运行,一路上清扫所遇到的空间碎片。由于空间碎片外面的金属

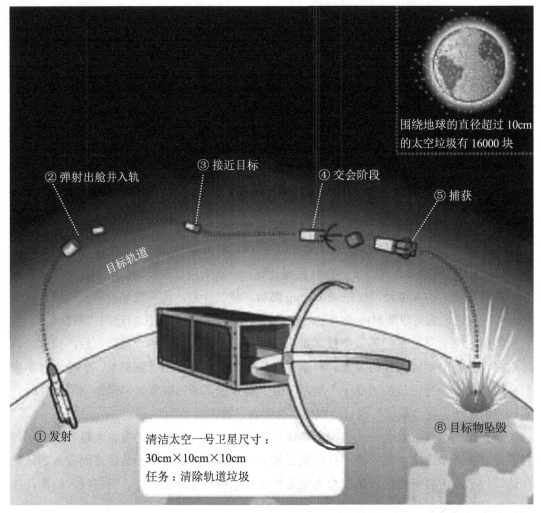

图12.15 清洁太空一号卫星捕捉空间碎片示意图

网状器材在绕地球运行的过程中会被逐渐充电，在地球磁场的影响下，被网住的空间碎片就会缓缓降低轨道，最终金属网和它收集的空间碎片都将在坠入地球高层大气时被焚毁。这种系统由于在网住空间碎片后可以利用磁力让其自然坠入大气层，具有操作简便、费用相对低廉等优点。研究人员也希望用这种方法能够将空间碎片"一网打尽"。

这种空间碎片清除系统的材料主要是铝线和不锈钢纤维，研究人员将这两种材料相互缠绕成直径约1mm的银色细丝，其不但导电性能良好，而且十分轻巧柔软。整个系统是由3根这样的细丝编制而成的网状结构，这样在具体操作过程中即使有一根断掉，也不影响整个系统的结构强度。

研究人员计划最近进行这种设想的第一次太空试验，届时，一枚火箭将运载一颗由日本香川大学研发的人造卫星飞向天空。这次试验达到的目标有两个：第一是把一根300m长的绳索带到轨道上；第二是观察其中电流的传导。真正要把轨道垃圾卷绕出去，则是未来实验的目标。

太空渔网的设想很好，但是能否达到预期的效果却令人怀疑。首先，太空十分广阔，空间碎片的分布还是相对稀疏的，尽管网伸展开直径可达数千米，但转一圈能兜住多少垃圾还是个未知数，只有不断地变轨来打扫多条轨道，才能罩住更多碎片，这个方案实施起来并不容易。此外，在网住空间碎片时，有可能使得空间碎片与网之间的超高速碰撞，撞击出更多碎片，这也是必须面对和解决的问题。总的来说，因为太空碎片是高速运动着的，很难精确测定其轨道，所以用这种方法清理空间碎片难度依然很高。

此外，日本还计划2019年前后发射清扫卫星，该卫星将利用摄像机寻找并接近空间碎片，然后使用机器臂安装金属绳。安装有数条金属绳、能捕捉多个空间碎片的专用卫星将于2023年前后发射。

12.6.3 美国：五花八门的手段

在近地轨道的空间碎片中，美国制造的空间碎片位居第二。美国航空航天局对清除空间碎片的研究十分重视，甚至向社会招标征求清理空间碎片的方法。他们曾考虑过多种选项，提出的方案可谓五花八门，下面是几种认为有可能实现的方法。

1. 电动系绳

这是一种采用"自杀"方式来处理空间碎片的方法。电动系绳是一条藏在卫星内部长达5000m的细导线，在卫星正常运行期间，这根导线被绕成一个线圈放置在卫星内部。当卫星完成使命时，地面指挥中心下达"卫星报废"指令，电动系绳便会自动打开。在电离层和地球磁场的共同作用下，这条绵延达5000m的导线上可产生持续的电流，形成电离层。这样，电离层与地球磁场相互作用，形成面向地球的拉力，牵动卫星慢慢下落。经过几个星期或几个月，这种拉力会使卫星处于更低的轨道平面，直到它在大气中自行燃烧。

这种方法不仅简便、非常廉价，而且可以大大加快卫星从轨道上脱离的速度。例如，它可以将原来大约需要100年时间才会坠入大气层的卫星垃圾，在18天内就使它"命丧黄泉"，故此计划得到了美国航空航天局和五角大楼的多笔资金支持，目前已成功进行了数次失重条件下的试验，预计这项技术在今后几年内可以投入使用。

2. 激光扫帚

美国航空航天局设想从地面发出一束中等能级的光束,击中空间碎片并借助激光光子施加的微弱推力让空间碎片逐渐减速坠落。其原理是：激光照射所产生的热量将蒸发掉这些空间碎片表面的小部分外壳物质,这些被蒸发的物质将在这些空间碎片后部产生微弱的等离子喷流,从而减缓这些太空碎片的运行速度,最终导致它们脱轨,坠入地球大气层焚毁。

这种激光扫帚只能扫除太空中的小垃圾,对那些危险性大的较大垃圾则无能为力。其研究者设想如果采用更加高能的激光器,比如 150 千瓦级,将能对任何尺寸的空间碎片有效。使用地面激光器如果能解决问题,那就省去了向太空发射清理卫星的必要,可以节省大量经费。因为要发射卫星,将耗费数亿美元,而采用激光扫帚,每一片小型垃圾的销毁费用约为数百美元,大型的垃圾销毁费用大约为 100 万美元。这个办法曾计划在 2003 年进行试验,后因哥伦比亚号航天飞机失事而推迟。

但是,使用这种技术时,需要非常谨慎,如果不小心,照射到卫星的错误部位,会让报废卫星受热过度,引发爆炸。科研人员认为解决这个问题比较简单,只需一台专门设计的 10 米口径望远镜,便能担负起追踪这些空间碎片、精确确定照射位置和照射方案。目前,建造这样一台大型望远镜的技术已成熟。对于这一方案的最大批评意见是来自国际社会,因为他们担心这样威力强悍的激光武器有可能用于战争中去摧毁敌方的卫星。

3. 气流脉冲扫帚

用气流脉冲将空间碎片"冲"下来,是美国清除空间碎片许多新奇方案之一。其原理是：采用一些方法将空气喷射到地球轨道上,然后引发空气爆炸,空间碎片在进入这个爆炸区时,飞行阻力增加,飞行轨道降低,迫使它们早日进入自己的"墓穴"。

这项方案实施起来比较容易,一个火箭发射平台或者一架高空飞机就能够胜任这项工作。气流脉冲可以改变大块碎片,也可以改变小块碎片的飞行轨道。它的另一个优点是：大气脉冲本身将回到大气当中,不会在轨道中留下痕迹来影响近地轨道卫星,也不会因为故障形成新的垃圾。

4. 空间碎片收集箱

发射一颗由 12 只空间垃圾箱组成的航天器,它将在地球同步轨道上运行。当太空中的废弃卫星或碎片飞过时,通过电脑控制,航天器的机械臂会伸出来,轻而易举地抓住目标,并放进垃圾箱,然后将其分割切碎,使其坠入地球大气层里燃烧自毁。目前,此方法还处于开发阶段,其各种功能还处于实验室测试阶段。面临的最大挑战就是在进行操作或垃圾切割的过程中，要精确地控制住垃圾碎片。

1. 什么是空间碎片？
2. 空间碎片主要有哪些来源？
3. 空间碎片主要分布在哪些区域？
4. 空间碎片在轨寿命和轨道高度有什么关系？
5. 空间碎片根据尺寸可分为哪几类？
6. 空间碎片具有哪些危害？
7. 清理现有空间碎片有哪些原则？
8. 对将来发射的卫星的碎片清理有哪些要求？
9. 清理空间碎片常用的方法有哪些？
10. 你对空间碎片的清理有没有什么好的建议？

第 13 章 新概念航天器

13.1 机器航天员

13.1.1 简介

北京时间 2011 年 2 月 25 日,发现号航天飞机开启该系统的谢幕之旅,受到举世瞩目。这次飞行还有一个值得人们关注和期待的亮点,那就是它把人类载人航天史上首位机器航天员(Robonaut2,简称 R2)送入国际空间站,与航天员一起职守空间站,为人类探索太空活动做贡献,如图 13.1 所示。另外,R2 走进国际空间站,还标志着机器航天员时代到来了。

图 13.1 机器航天员与航天员

R2 是由美国航空航天局和通用公司联合研制,主要用于维护空间站,并完成一系列空间站的测试工作,同时也是为将来的机器航天员承担更为繁重的任务而铺路。

R2 由铝和镀镍碳纤维材料制成,躯干呈白色,头戴金色头盔。从腰部到头的高度为 1m,肩宽为 0.82m,整体重量为 150kg,行动速度大于 2.1m/s,其组成如图 13.2 所示。

R2 还有一个双肩背包,这是它的电源系统;电源系统上面的接口与空间站电源接口连接,就可以充电;如果它在小行星或火星上执行任务时,这个背包内将装载尽可能多的电池。

R2 的前辈是 R1(Robonaut1,简称 R1),它们都是通过可视软件来实现控制的,但与 R1 不同,R2 的结构更紧凑,行动更敏捷,能够操作各种各样的工具(除能够使用与宇航员相同的工具,还能使用只适用于机器人的特殊工具),运行速度是 R1 的 4 倍,并且具有更深更广的感知能力。

另外，R2 与其他机器人的不同点，在于它的使用群体不仅仅是机器人研究者，还包括训练有素的宇航员。再者，即使 R2 没有完整的躯干和双脚，也能凭借仅有的一条腿，让自己固定和移动到不同的位置。在工作期间，R2 内部的计算机系统还会产生和记录有关它与航天员共事的性能数据。

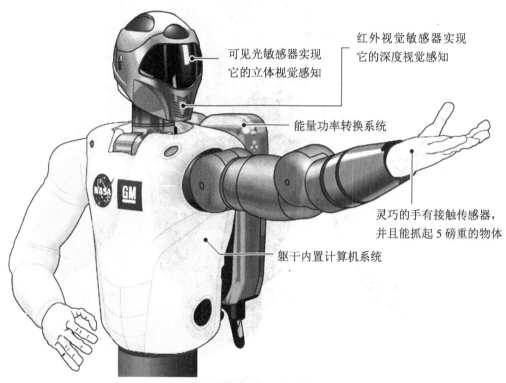

图 13.2　R2 的组成

13.1.2　机器航天员的先进性

R2 系统是一个先进技术的集合体，具体包括：双臂的最佳交叠方式实现其灵巧的工作模式、系列弹性关节技术的应用、手指与拇指的配合运动以及小型化的 6 轴负载单元等。

1. R2 的自由度分布

为了达到类似于人的工作能力，R2 除了全身配有超过 350 个传感器、38 个控制器和 54 个伺服电动机外，还包括两只 7 自由度的手臂（共 14 个自由度）、两只 12 自由度的手（共 24 个自由度）、3 自由度的脖颈和 1 自由度的腰。显然 R2 之所以被称为世界上第一台机器人航天员,是因为它有 42 个自由度关节在发挥作用,其自由度分布如图 13.3 所示。

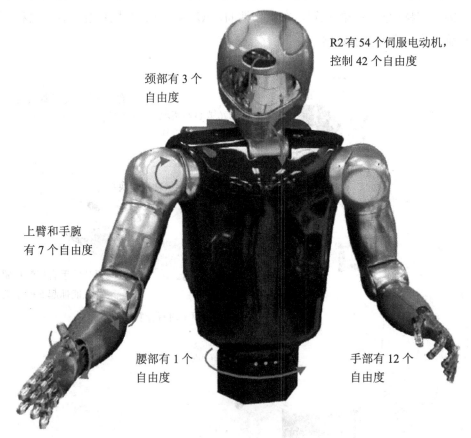

图 13.3　R2 的自由度分布

2. R2 的灵巧手臂和触摸传感器的配置

R2 的手与臂尺寸几乎和人类的一样,并与航天员的臂力和手所能触及的范围相匹配。但 R2 的手臂不同于航天员的手臂,它具有极强的耐热能力,可以完成长达八小时的舱外活动。此外,R2 的手臂还拥有良好的动作协调性、高带宽的动态响应、冗余度、安全性,并能够代替航天员,去完成一系列航天员所不能够完成的运动。

从手臂的结构上看,R2 类似于它的前辈 R1,使用了无刷直流电动机、谐波齿轮传动减速器和电磁制动机。但不同于 R1,R2 使用了系列弹性执行器,有效地改善了冲击耐力,提高了储能容量,同时也是精确和稳定地控制手臂的一种方法。在结构上,R2 手的设计使其能够灵活地使用工具。

R2 的手臂提供了感知反馈的多束源。系列弹性执行器通过其扭曲程度可以估算节点力的大小,每只手臂上装有两个 6 轴压力传感器,其中一个在肩膀上,一个在上臂上。这些设置使对力与力矩的测量达到一个相当精确的水平,使 R2 能安全工作。

R2 的每只手都有 12 个自由度,其中 4 个自由度在拇指上,食指与中指各有 3 个自由度,而无名指与小指各有一个自由度。每一根手指都有 5 磅(1 磅力 ≈4.5 牛顿)的抓力。手指的功能主要有两方面作用,一方面是实现牢固的抓取功能,这一功能的实现是由 3 自由度手指和 2 自由度拇指相互配合来完成的动作;另一方面是正反向的灵活运动功能,这一功能由 1 自由度的手掌配合 2 个手指来完成,如图 13.4 所示。5 个手指通过一种特殊的结构和机构设计,精巧地安装在手掌上。另外,R2 的手利用了触觉识别的技术,其触觉传感器和手指定位传感器采用传统的 C/C++ 代码来实现触摸物体的识别与深度测量。除了具有柔软的皮肤外(填充了非金属材料),R2 的"手"还具有非敌意性,可以安全地与人接触。

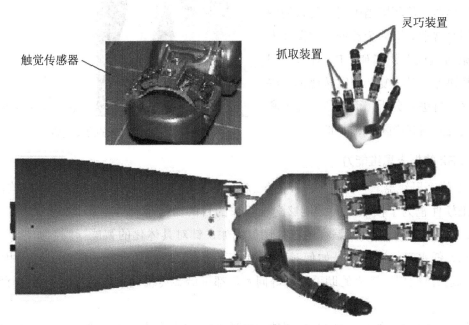

图 13.4　R2 的手指手掌的连接和手指的功能

3. R2 的灵活颈部和立体视觉

R2 的颈部有 3 个自由度,另外,受人体的启发,它的设计采用双关节结构,以便增强观察能力。R2 的颈部类似于人类的脖子,不仅可以前、后、左、右旋转运动,而且可以沿着各个角度进行上下和俯仰运动(见图 13.5)。所以,R2 的颈部和视觉组合系统称得上是臂力感知、超高速接合控制、极限的脖颈运动能力、高分辨率的摄像机和红外辐射系统。

另外，R2 的头部是一个由 5 台摄像机组成的视觉装置。R2 通过这个特殊视觉装置来观察世界。R2 的眼睛由 4 台可见光摄像机组成，其中两台用于立体识别，另外两台用于备份，藏于金色头盔中。它的嘴里装有一台红外摄像机，用于辨别物体的温度差异，如图 13.6 所示。

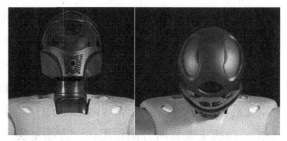

图 13.5　R2 进行上下俯仰的演示

强大的物体识别功能需要使用多种类的传感器，从环境当中测量复杂的图案。因此常常会因为全部场景的图案太过复杂而造成算法障碍。R2 对这一问题的解决方法是将复杂图案转化为一些小块区域再进行分析，而颜色、亮度和纹理就是分割这些区域的标准。

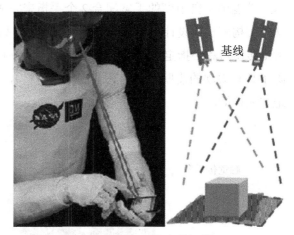

图 13.6　R2 的立体视觉

4. R2 的拟人思维能力

R2 的"思维器官"不在头部，而在腹部（见图 13.2）。不仅 R2 的机械结构，R2 的思维软件也为了按照与人类能够配合工作的目的而进行设计。从 R2 自身的控制策略看，基本可以猜测出其编程的流程图。例如，针对具体化的智能行为，如机器人如何运动？低水平控制系统是如何对环境中的力作出反应并且进行运用？如何利用算法使 R2 成为既实用又可靠的助手？等等问题，都可借鉴传统机器人的思维模式进行编程设计。

另外，R2 独特的半结构方式，在软件编程时，既要考虑系统的具体化，又要兼顾其应用的可塑性，允许增加适当的设备去提高性能和增强功效。

13.1.3 机器航天员的初期实验

美国航空航天局和通用公司联手研制出的第二代机器航天员（R2），R2 以其双手灵巧和臂力惊人而闻名世界。自 2011 年 2 月，R2 进入国际空间站以后，已经进行了几个方面的性能测试和演示实验，下面给予概括性地介绍。

2011 年 8 月，地面测控人员第一次将电能传送给 R2，首次实现激活状态。随后，为了提醒宇航员勿将它的手臂作为操作柄，它手腕上被系上了红色标志带（见图 13.7）。

图 13.7　摄于国际空间站的命运实验室

2011 年 10 月，在失重环境下，R2 成功地执行了手臂的移动动作指令。其手臂的运动是在地面测控人员、试验队长 Mike Fossum 和 R2 交互作用下实现的。2011 年 12 月，R2 再次投入测试，工程人员在失重环境下，测试了它在一个固定支架上身体运行情况。R2 的运行情况由安装在国际空间站上的广角电子摄像机实时监视，并通过遥测链路发射到地面测控站。

2012 年 2 月，地面控制人员激活了 R2 的内置计算机程序，使其能够伸展开右臂，并能转动手指。随后国际空间站指令长 Daniel Burbank 与 R2 第一次在太空相互握手（见图 13.8）。

图 13.8　Daniel Burbank 与 R2 第一次在太空相互握手

2012 年 3 月，R2 演示了它的语言能力。在测试中，它采用美式手语表达方式，传递了一个传统问候语："世界，您好！"（见图 13.9）。此前，它曾经用"吱吱"的声音通过微博账户 @AstroRobonaut 发出过"世界，您好！"的问候。

图 13.9　R2 正在表达"世界，您好！"

数日之后，为更好地实现散热，在国际空间站的命运实验室里，工程师更换了 R2 的手指散热片（见图 13.10），进而可以延长它的工作时间。

在空间站里，R2 的手套，或称为抓握辅助装置（见图 13.11），也已经完成了测试工作。该手套自重 2 磅，采用阵列传感器、执行器和模拟筋骨材料制成。该手套可以增强 R2 的抓握能力。例如，航天员可能需要 15～20 磅的力量去操纵一个特定的工具，然而，使用机器人手套就仅仅需要 5～10 磅的力量。另外，这种手套不仅可以使机器人更好地完成工作，而且还能减少重复性接触磨损和冲击性损伤的危害。

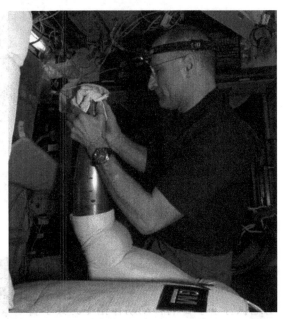

图 13.10　航天员 DON PETTIT 正在更换 R2 的手指散热片

NASA 专家认为，目前进行的测试与试验，对于机器人制造来说，虽然只迈出了一小步，但在国际空间站上，对于建设机器航天员的探索工作，却是一个巨大的飞跃。

13.1.4　R2 的应用模式与未来

目前，R2 机器人仅有上半身；至于下半身，航天员会根据任务需要予以添加，如双轮车型、四轮车型、双腿型和机器手型等，如图 13.12 所示。在空间站里，R2 的组装式身体部件能够根据任务需要进行拆卸，航天员可以不费力地按照不同任务，像搭积木一样，将不同应用模式的 R2 组装出来。

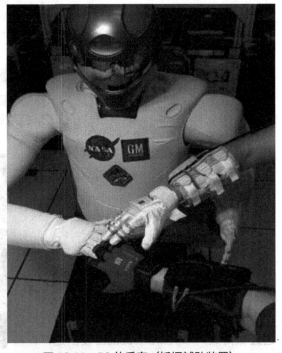

图 13.11　R2 的手套（抓握辅助装置）

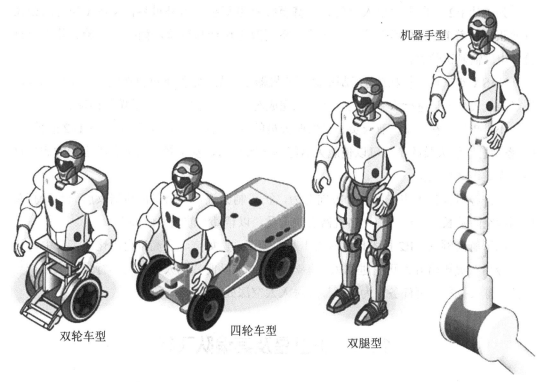

图 13.12　R2 的组合应用场景

未来，人类利用太空的前景是无限美好的，但恶劣的空间环境给人类航天活动带来了巨大的威胁。要使人类在太空中工作，需要有庞大而复杂的环控生保系统、物质补给系统、救生系统等，这些系统的耗资十分巨大。在未来的空间活动中，将有大量的空间加工、空间生产、空间装配、空间科学实验和空间维修等工作要做，这样大量的工作是不可能仅仅只靠航天员去完成的，还必须充分利用空间机器人。NASA 正在计划改进 R2 机器人，以使它更加适应空间环境，并能有效地配合航天员执行更多、更艰巨的太空任务。但就目前 R2 来看，机器航天员仍有许多挑战性的难题需要解决。

（1）虽然 R2 已经上天，但 R2 的活动仍将被限制在空间站的命运实验室。不过，在未来的技术增强和改进下，有可能使 R2 获得出站行动的许可。

（2）设计 R2 时，还要考虑空间站内的辐射和电磁干扰的环境。

（3）R2 的振动、真空以及辐射测试、程序测试仍在考核过程中。

R2 是实现自主机器人与人类共同和谐工作的一个阶梯，通过这个阶梯实现美好未来。目前，由于受恶劣的空间环境限制，R2 仅仅能在空间站内部运行。

为了让 R2 更自由地出入空间站，甚至接触更复杂的舱外世界，NASA 和通用公司目前正围绕着 R2 的原形系统，进行着一系列改进设计与试验，如振动试验、热真空试验和电磁辐射试验等。

NASA 专家称，未来还将研制更高端的机器航天员，它们不仅可在空间站里自由走动，还能跟航天员一道进行太空行走，并独立完成对人类来说非常危险的舱外活动。

不难想象，在未来，航天员和机器航天员的合作所产生的效益可实现 1+1>2 的效能。R2 系列机器航天员的参与可以使航天器能够飞得更远，甚至超越航天科学家们的想象极限，人类将拭目以待。

另外，目前日本也在朝这个方向努力，正研制会说话和值班的机器女航天员，打算向国际空间站长期"派驻"一名机器女航天员，以帮助宇航员"解闷"。

除了航天领域，R2 技术也可应用于其他领域，例如汽车和高度自动化的工厂中。

今后，美国将开发更先进的太空机器航天员，以便替代人类前往小行星、火星或更远的星球去执行探测任务，为人类最终进入太空深处探路。

13.2　小卫星及其编队飞行

随着科学技术的发展，现代小卫星的优势越来越明显。一方面，以美国、欧盟为首的航天大国已经将现代小卫星技术列为航天技术发展中的重点领域之一；另一方面，随着军事航天的发展，航天装备正在加速转型，即由原来的空间支援与力量增强，转为空间控制与力量运用。所以，现代小卫星已经成为军事强国发展的战略重点。

13.2.1　现代小卫星的分类及发展模式

从 1957 年开始升空的世界上第一批人造卫星均属于小卫星。70 年代以后，随着卫星应用需求的扩大，大型卫星成为航天领域发展的主流。但由于大型卫星技术复杂、研制周期长、成本高和风险大等弱点，同时随着微电子、微机电、计算机和新材料等技术的飞速发展，导致航天领域在研制大卫星的同时，又开始了重视卫星的小型化工作。90 年代以后，出现了大、小卫星并举的局面。

但是，目前新一代的小卫星并不是早期小卫星的简单回归，而是一个质的飞跃。新一代小卫星亦称现代小卫星，它是按照 NASA 提出的"更好、更省、更快"的原则发展起来的，是在新技术基础和新生产力水平上涌现出来的产物，其技术密集程度和功能密度都大大提高，并正在促使航天领域发生深刻的变革。

现代小卫星包括小卫星、微小卫星、纳卫星、皮卫星和飞星,其划分标志是它们的湿质量,即自身质量+燃料质量。按照它的湿质量分类,现代小卫星可划分成 4 类,如表 13.1 所示。另外,纵观现代小卫星技术的过去、现在和未来,可概括为两种发展模式和三个发展阶段,具体内容分别如表 13.2 和表 13.3 所示。

表 13.1　卫星的分类

卫　星	湿质量	造　价
传统大卫星	>1000kg	>5000 万美元
传统小卫星	500～1000kg	2000 万～5000 万美元
小卫星	100～500kg	400 万～2000 万美元
微小卫星	10～100kg	100 万～400 万美元
纳卫星	1～10kg	<100 万美元
皮卫星	0.1～1kg	<20 万美元
飞星	<0.1kg	<2 万美元

表 13.2　现代小卫星的两种发展模式

发展模式	内　容
以美国为代表的模式	(1) 军方与商业公司之间相互配合、彼此牵动、共同发展; (2) 强调具有创新技术的试验型卫星,以期跳跃式地提高小卫星的智能化和功能密度; (3) 商业公司瞄准星座的开发应用
以欧空局、日本、英国等为代表的模式	(1) 充分利用成熟的先进技术; (2) 利用自身微型系统技术方面的能力; (3) 采用商品化部件

表 13.3　现代小卫星的三个发展阶段

阶段	年代	表现形式
第一阶段 探索研究阶段	1985 年—1990 年	采用微电子学、高速计算机等方面的经验,扩大了现代小卫星的应用范围
第二阶段 初步形成规模阶段	1990 年—2000 年	采用高新技术成果,成为名副其实的性能高、成本低、研制周期短的现代小卫星
第三阶段 发展应用阶段	2000 年至今	采用最新科技成果、全新设计概念和先进的管理方式,实现现代小卫星的快速发展,科学高效的管理机制,包括矩阵式管理模式

13.2.2 现代小卫星发展的若干问题分析

1. 现代小卫星发展的原因

现代科技是现代小卫星发展的技术前提，社会需求是现代小卫星发展的动力。从目前发展趋势看，支持现代小卫星发展的具体原因可归结为5个方面。

① 先进的微电子技术、数据处理与存储技术、遥感技术和智能计算等技术的发展。

② 小型火箭、改进的洲际导弹和其他的中程导弹进入发射市场，以及一箭多星发射技术。

③ 现代小卫星发展最有诱惑力的地方是成本减少，但性能不降低。

④ 很多没有航天基础设施的国家，如测控网和大型发射场，不必借用其他航天大国的支撑，利用小卫星独立进入空间，实现对地观测、导航和通信能力等。

⑤ 对发展反卫星武器、防御及抗毁性，具有极大的潜力，特别是星群配合外来信息化战争的联合作战能力。

2. 现代小卫星与传统的大卫星的关系

现代小卫星不仅具有体积小、质量轻、技术含量高和研制周期短等一系列优点，而且还可以采用标准化星体及模块化设计技术，能够在流水线上批量生产并储存，便于机动发射。例如，现代小卫星，从立项研制到发射一般仅需要1年，而通常传统大卫星从研制到发射至少需要5～8年，经常出现卫星采用的技术落后于当前流行的技术，大卫星发射一般要3个月的准备工作。

另外，由于现代小卫星相对于传统的大卫星，有着诸多的技术和成本等优势，因此，现代小卫星对传统大卫星所产生的冲击是不可避免的。在现代小卫星出现的早期，有些专家就预言，"伴随着小卫星设计与制造技术的发展成熟，小卫星最终将有可能完全取代大卫星，并成为空间任务的具体承担者。"但纵观航天领域的过去和现在，现代小卫星和传统大卫星之间的关系应该是相互补充，而不是竞争。

尽管现代小卫星具有的优点是传统大卫星无可比拟的，但也存在一些固有的问题，如表13.4所示。针对具体航天任务，将现代小卫星作为传统大卫星的补充，二者并行发展，才能充分利用大、小卫星技术的优势，合理组合，不仅有利于降低成本，而且又不至于使应用与管理过于复杂。

表 13.4 现代小卫星的优缺点

优　点	缺　点
研制或制造成本低	寿命短
发射成本低	轨道衰减快
容易批量生产	输出功率低
研制或制造时间短	承载能力小
采用先进技术	资源有限
失败时损失小	产生空间碎片

3. 现代小卫星改变了卫星制造的格局

随着卫星的应用前景越来越好，特别是移动卫星通信和卫星广播电视的巨大应用价值，很多国家看好这个领域；但由于财政经济压力，同时又面临着国防发展和民用市场需求，所以很多国家开始形成了一个联盟，积极参与现代小卫星的开发、研究、制造和发射过程。

另外，在过去，卫星技术是极为特殊的领域，卫星制造基本由一些技术实力强的国家和比较大的宇航公司承担，但近些年来，很多大学和发展中国家也开始研制卫星。目前，微小卫星、纳卫星和皮卫星等航天器大部分采用民用器件，研制过程中所获得知识和经验也被直接转化到其他应用领域。所以，现代小卫星不仅带动了其他学科领域的发展，同时也为验证新技术在航天系统中的应用发挥了相当大的作用。

再有，在深空探测、太阳系外飞行和星群编队领域，很多大学正在积极探索。美国、加拿大、欧洲、中国和韩国等许多国家和地区，正在通过大学的小卫星演示项目，获取航天工程经验。

最后，航天子系统的故障模式还没有有效的地面验证手段，首次飞行试验就算是最好的验证方式，从这一点看，现代小卫星将承担这个重任。

4. 现代小卫星面临的技术挑战

从卫星研制和组成来看，它的分系统质量占整个卫星质量比例的依次顺序为电源分系统、结构分系统和姿态轨道控制分系统，但从制造成本看，其顺序正好相反（见图 13.5）。由此可见，质量大和投资多的分系统是现代小卫星研制过程中必须解决的问题。从降低质量和提高功能密度来说，姿态轨道控制分系统、结构分系统和电源分系统可挖的潜力很大。

表 13.5　一般卫星分系统的质量和成本

分系统名称	质量（占总质量百分比）	成本（占总成本百分比）
电源分系统	37%	10%
结构分系统	26%	13%
姿态轨道控制分系统	21%	15%

人们一直有一种倾向，认为现代小卫星是实现廉价空间任务的最好途径。实际上，空间任务成本与任务需求有直接关系，但大部分国际空间组织，没有为了减少装备成本而降低性能，由此给现代小卫星带来很大的挑战。

首先，现代小卫星由于质量要求，进而限制了太阳能电池阵列的大小，因此提供的能量也有限。另外，能源的可用性，又限制了微处理器运算能力和天线通信能力。例如，对于 RF 的功率，微小卫星为 12W，纳卫星为 0.5W。此外，现代小卫星使用的各种通信系统，包括 VHF、VHU 和微波测距从 30 波特到 1M 波特，所以，纳卫星不得不采用没有增益的全向天线（这些天线不需要跟踪）。

其次，现代小卫星与地面站的联系，完全依赖于轨道模型预报，有时一周通信一次，通信机会、带宽、监测能力等有限，所以要求现代小卫星具有自主能力，而自主能力又很难在有限的资源下完成。另外，冗余设计也必须有选择性，因为资源的限制，因此现代小卫星不得不按照最小的冗余备份设计。

最后，小卫星高的成本效益必须有新技术的支持，因此小卫星领域关键的问题是风险管理。

13.2.3　星群飞行的技术特征与模式

编队飞行、自重构星座以及模块化卫星等，是现代小卫星应用的亮点，如 NASA 的 X-星座，欧航局的 Darwin 任务。它们编队飞行，就好像鸟群飞行一样，只不过现代小卫星是绕着地球轨道飞行。从工程定义的观点来看，不同的星群模式，具有不同的技术特征，如表 13.6 所示。

现代小卫星可根据需要，在单轨道或多轨道平面上构建起应急的星群体系，完成传统卫星不能完成的重任。星群对有些任务是有益的，如利用微型卫星和纳卫星的优化

表 13.6 星群飞行的典型模式

模 式	队形描述	应用实例
主从编队	(1) 多颗卫星在同一轨道上； (2) 卫星之间具有等级关系； (3) 卫星移动可以从不同的时间观测目标； (4) 相互协作完成任务； (5) 星上部分资源可以共享； (6) 相对距离和几何形状的需要控制	Landsat 7 EO-1 CALIPSO CloudSat Terra with Aqua 3
星族	(1) 在轨道上卫星是随机分布的； (2) 卫星之间的运行是协作和相互依赖的； (3) 卫星移动可以从不同的角度、时间和距离观测目标； (4) 不需要推进系统维持其相对位置； (5) 星上部分资源可以共享	TechSat-21 Constellation-X Darwin F6
星座	(1) 一组类似的卫星，同步运行； (2) 它们可以交叉覆盖和补充，而不会干涉其他卫星覆盖； (3) 相互协作地对地覆盖； (4) 星间的轨道位置需要保持	GPS Globalstar Iridium Glonass Orbcomm DMC RapidEye Galileo

重构星座获得全球覆盖能力。但是，不是在任何任务中小卫星系统都比大卫星系统成本低，有时也要集中载荷才能圆满完成任务，如大的光学侦察系统、大功率通信广播系统。表 13.7 结合星群飞行应用，给出了星群飞行的优缺点。

表 13.7　星群飞行的优缺点

优　点	缺　点
多任务具有在轨重构能力，在任务期间可以集成一些新技术和柔性设计	每个星族都有一个核心系统，所以维持它们的日常经费，要比一颗大卫星多
本身固有的自适应性，具有增加一些新的和更换一些老的小卫星	发射后，要考虑编队初始化和位置保持，特别是编队卫星被分散发射时，给问题带来复杂性
由于编队卫星可以批量生产，所以可以减少设计成本和研制时间	对地面测控增加了一些复杂性
由于编队协作运行，所以可以减少单颗卫星的体积和质量	如果不用于商业，小卫星的成本比大卫星要高，因为小卫星对载荷要求更苛刻
整个编队具有高冗余性，增强了容错能力，将故障减少到最小损失。更新和维护，单个卫星工作不影响整个编队系统	
由于可以从不同角度、不同时间观察目标，增大了测量视野，所以任务得到改善	对于某些卫星队列，由于卫星载荷不是在同一个平台上，如遥感相机等，可能会产生安装误差
由于质量和体积减小，所以可减小发射成本和增加发射的灵活性	在编队卫星寿命结束时，增加了轨道碎片，由此引出了一些贵重而复杂的定轨系统
分布式载荷，在不增加成本的基础上可完成复杂的任务，而且风险仅仅在一颗卫星上	

13.2.4　未来展望

综上所述，NASA 的关于现代小卫星的理念是"更快、更好、更省"，从国际上对现代小卫星的研究和应用状况看，未来的发展将从以下几个方面展开。

① 在性能不变的情况下，尽可能地降低空间任务的成本，即用低成本去完成传统的空间任务。

② 通过简单的设计获得高可靠性产品。

③ 引入人工智能等新技术成果，用智能星群完成更复杂的任务，甚至完成大卫星不能完成的任务。

13.3 捕获小行星的航天器

2013年年初，NASA向美国白宫提交了一份捕捉小行星的项目方案，随后得到了奥巴马的支持。该项目计划发射一艘特制的小行星捕获航天器。该航天器在接近目标小行星时释放一个直径为50英尺（1英尺≈0.3m）的袋子，用其套住小行星，随后该航天器启动推进系统，将小行星推离原固有的轨道，进入近月轨道，如图13.14所示。如果这个项目成功，将是人类第一次"移动"自然天体。就航天器设计而言，这标志着人类从研制人造航天器到迈向改变自然天体运动规律的重大变革。

图13.13 NASA捕获小行星的方案

13.3.1 项目背景概述

人类一直抱有探索自然天体的欲望，John Lewis撰写的 *Mining the Sky* 一书是近代科幻小说的鼻祖，揭示了人类对于太空的向往与幻想，后来其科幻场景不断地被演化。近100年来，随着人类科技水平的不断发展，人类探索宇宙、利用自然天体的步伐正在一步步地朝前迈进，现今科学技术的进步，可以在一定程度上满足人类探索太空的愿望。

2010年，NASA正式启动近地小行星捕获计划，该项目最初的任务是在2025年之前捕获一颗直径为2m左右、质量为10 000kg左右的小行星。

2011年，KISS实验室在NASA的支持下进行了更加深入的研究，经过详细分析与评估，最后确定将于2026年之前捕获返回一颗直径为7m左右、质量为500 000kg左右的小行星，这颗小行星是与国际空间站质量相当的自然天体，捕获之后，将小行星送到近月轨道。该方案具有两个优势：

① 对于推进系统而言，将行星轨道重置到近月轨道，比绕地球运行的轨道所消耗的能量少，因为不会受到地球大气和地球重力的影响。

② 目标小行星的直径和质量大，有利于搜索与观测，也有利于了解小行星的相关特性。

另外，选取近月轨道，还有如下四点原因：

① 一旦出现任何问题，小行星最悲观的情况就是撞击月球，对地球的安全不造成任何危险。

② 月球是地球最大的卫星，距离地球很近，后期人类对该目标天体的研究相对而言将会更加便捷。

③ 根据该目标小行星的大小与质量测算，即使进入地球空间，也会在大气层中被烧毁。

④ 该目标小行星是碳质小行星，这种材料很难抵抗地球大气层的作用，最终会被分解。

13.3.2 捕获小行星的任务规划

捕获航天器的飞行任务规划如图13.14所示。首先，航天器搭载美国的Atlas V551号火箭进入地球轨道。其次，航天器在40kW太阳能电推进器作用下，并借助月球引力，接近目标小行星。当航天器接近目标小行星之后，其任务分为两个阶段，第一阶段，航天器要近距离探测目标小行星，对目标小行星的大小、旋转、表面特性进行观测；第二阶段，航天器执行捕获目标任务，并对目标小行星进行减速或消旋。为了完成第二阶段任务，航天器需要测量目标小行星的姿态，并通过捕获机构将其捕获。捕获之后，航天

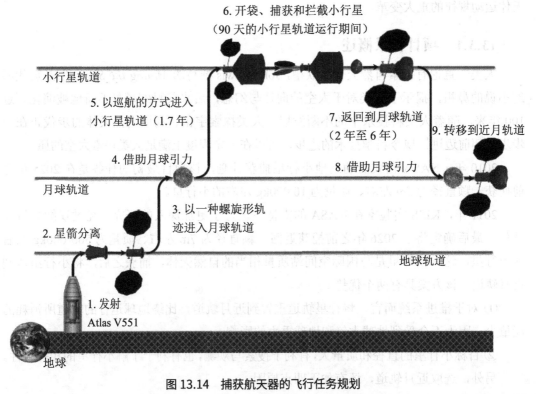

图13.14 捕获航天器的飞行任务规划

器启动推进分系统,携带着目标小行星离开原来轨道,再次借助月球的引力,进入近月轨道。到达近月轨道之后,航天器继续保持在这个轨道上,辅助后期的人类探索任务。

航天器净重 5.5 吨,可以携带高达 13 吨的推进剂,借助月球引力的辅助减少燃料的损耗,航天器脱离地月引力的过程大约需要 1.7 年,2 年之后可以接近目标小行星,然后在小行星轨道工作 90 天左右,最后返回近月轨道需要 2 年至 6 年时间。

13.3.3　目标小行星

对于这项捕获任务,首先是目标小行星的材质问题。最合适的材料是碳质 C 型小行星。这类小行星具有丰富组成成分,它们是由不稳定的复杂有机分子、岩石和金属等物质组合而成。这类小行星占已知各类小行星的 20%。不过,碳质小行星的材料很容易切割与破坏,它们的机械强度并不高,不稳定挥发物可达 40%,金属元素达 30%。

除了目标小行星的材质之外,这个项目要求目标小行星具有直径约 7m,能在 2020 年左右回归地球,与地球之间的距离尽可能小,而且回归周期在 10 年左右。由此可见,这项任务的前提是找到合适的目标小行星,并对目标小行星有较详细的了解。

为了能够顺利捕获目标,对备选小行星需要进行一个周期以上的监视与跟踪,以确定其准确的运行轨道、形状、大小、质量、旋转速度等,为航天器系统设计提供详细参数。

从目前的情况来看,国际天文学家们预估直径为 7m 的近地小行星大约有 100 万颗之多,但目前只有很少一部分是被人类所了解,在这当中,具有稳定运行轨道的小行星就更少了。因此,为了项目的开展,NASA 需要大量的时间去跟踪并确定一个候选目标小行星。

另外,在具有稳定运行轨道的小行星中,关键的问题就是找到一个大小恰当,既可以在地面准确观测,又便于航天器完成捕获的小行星。

目前,已经有一个备选的目标小行星,如 2008HU4,如图 13.15 所示。这颗小行星直径大约为 8m,于 2016 年访问近地空间,其运行周期为 10 年,也就是说下一次距离地球最近的时间是 2026 年。通过 2016 年的检测与分析,在 2026 年返回时进行捕获是完全可行的,符合项目要求。

图 13.15　目标小行星 2008HU4

13.3.4　航天器总体设计方案

航天器的系统结构如图 13.16 所示。它由两块可以产生大于 40kW 的太阳电池翼、推进系统和一个大的可展开式的捕获袋组成。每块太阳能板的面积为 $90m^2$，两块共同工作，40kW 用于推进系统，1200W 用于航天器的其他需求。从总体角度看，航天器由电推进分系统、反馈控制分系统、电源分系统和捕获机构等几大部分组成。

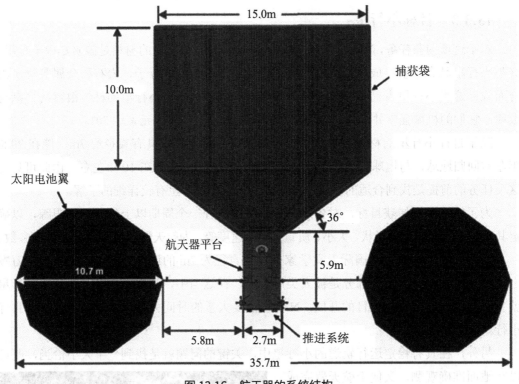

图 13.16　航天器的系统结构

推进分系统包括 5 个 10kW 的霍尔推进器和功率处理单元，每次工作可以同时触发 4 个推进器。每个霍尔推进器包括 Xe 推进剂存储罐、推进剂管理装置和平衡环，每个推进器的重量大约为 19kg。Xe 推进器的存储罐是无缝铝管的复合材料压力容器，这种设计可以提高燃料 5% 的使用效率。平衡环的功能是控制姿态，航天器具有俯仰、偏航、滚转任意方向的姿态调节能力。但是这只用于机动的情况下，在非机动情况下使用反馈控制系统进行姿态控制。

反馈控制分系统是一个独立的双组元推进器子系统，它使用单甲基肼与四氧化二氮这两种推进器。一共有 4 个这样的推进器，每个推进器可以提供 200N 的力，响应时间可以持续 287s。

电源分系统要求输出电压为 120V，输出功率为 41.2kW。在捕获过程中，太阳帆板可能无法垂直于太阳光线，但要保证至少提供 3.6kW 的电能。辅助电源是锂离子电池，可以提供峰值 1954W 的电能，常规情况下提供 392W 的电能。

捕获机构包括可充气展开臂、高强度捕获袋和电缆。充气夹紧时，多个臂由两个或更多个膨胀的圆周箍连接提供的压缩强度，保持袋子被打开状态。这种捕获机制可容纳不同形状和不确定性的小行星。捕获袋组件采用被动温度技术，以保证在不高于标称温度下捕获小行星。

13.3.5 小结

人类开发与利用小行星是人类 100 多年前的梦想，但直到今天，随着科学技术的进步，这一梦想才有可能成为现实。NASA 在近月轨道放置一颗近地小行星，只是大型项目的一部分，该项目是为人类开采小行星矿石和前往火星开辟途径和奠定基础。另外，通过捕获小行星项目的实施，能够为国际空间合作创造新的可能，特别是还将为人类的太空探索提供一种全新的独特体验。

13.4 模块化分离卫星

模块化分离卫星是军事航天和科学技术发展结合的产物。模块化分离卫星是指将卫星拆解成若干个不同功能的模块，将诸功能模块送入各自的空间轨道，构成星群，每个模块执行自己的功能，模块之间通过无线接口相互配合，共同完成整星的任务。模块化分离卫星的概念一经提出，就得到了美国军方的高度关注，DARPA（美国国防高级研究计划局）为了验证这种理念，于 2007 年推出 F6 计划，并将其作为作战快速响应计划的一个核心组成部分。

13.4.1 模块化分离卫星的产生和目的

1. 模块化分离卫星的概念

模块化分离卫星系统是将卫星分解成若干个不同功能的模块，将诸功能模块送入各自的空间轨道，构成星群，每个模块执行自己的功能，模块之间通过无线接口相互配合，实现信息共享和能量传输，各模块通过在轨编队飞行构成虚拟大卫星。

F6 是验证模块化分离卫星概念的重大项目，F6 英文全称为 "Future, Fast, Flexible,

Fractionated, Free-Flying Spacecraft united by information exchange",直译为"利用信息交换链接手段的未来、快速、机动灵活、分离模块、自由飞行卫星"。英文的6个单词开头字母都为F,简称为F6。

2. 模块化分离卫星的目的

模块化分离式卫星的构想是围绕任务使命,把一个卫星的任务载荷、能源、通信、导航、计算处理等功能单元优化分解为多个模块,而不是机械地拆分卫星的分系统。每个分离模块从本质上说仍然是一颗卫星,携带与航天任务相关的不同功能和资源,采用物理分离、星群自由飞行、无线信息交换和无线能量交换方式,功能协同,资源共享,构成一颗虚拟大卫星来完成特定的任务,如图13.17所示,甚至发展成为支持多样化空间任务的天基基础保障设施。

图13.17 模块化分离卫星形成一个虚拟大卫星

3. 模块化分离卫星概念的发展历程

1981年,法国和英国宇航公司的研究人员以静止轨道通信卫星为参照,比较了分离模块概念与传统概念的技术性能和成本优势。后来由于技术条件,没有得到广泛的重视。

2001年,美国国防部转型办公室提出空间飞行器的联合作战概念,后演变成快速响应空间(ORS)计划。与此同时,美国国家太空安全管理组织指出美国太空设施存在很大的脆弱性,极易遭受攻击,并且认为必须加快发展机动太空装备。

2005年9月MIT大学在美军快速响应思想的影响下,对模块化分离概念展开了研究,提出了模块化分离研究项目。随后,DARPA和空军实验室又分别开展了一系列相关概念的研究。

2006年,DARPA在加利福尼亚召开了分离模块卫星研讨会,针对概念和关键技术进行了广泛调研和深入研究。

2007年,DARPA将模块化分离概念遴选为正式研究项目,提出模块化分离卫星概念,命名为F6系统,予以投资发展。此举表明模块化分离卫星概念是可行的,同时也认识到模块化分离卫星对军事航天具有广泛的应用前景。

13.4.2 模块化分离卫星的研制计划和技术特征分析

1. 研制计划

模块化分离卫星的概念一经提出，就得到了美国军方的高度关注。DARPA 以关键技术的研制和飞行演示验证的试验为目标，对 F6 项目制定了跨度 4 年、分四个阶段的实施方案。第一、第二个阶段主要开展概念研究，进行设计评估和关键技术攻关，第三个阶段完成地面集成试验；第四个阶段发射分离模块化卫星，进行在轨演示验证。其中每个阶段的具体内容如下。

第一阶段（F6 概念和 F6 系统设计阶段，相当于方案论证阶段）：进行系统概念设计，完成轨道动力学研究，设计系统体系结构，进行相关软件仿真。

第二阶段（方案详细设计和部件试验阶段，相当于初样研制阶段）：进行系统详细设计，完成关键设计评审。

第三阶段（系统集成和地面测试阶段，相当于正样研制阶段）：进行分离模块卫星硬件制造、系统集成和地面试验。

第四阶段（发射试验阶段）：发射并在轨演示验证模块化分离卫星概念。

2. 关键技术

目前，以 F6 项目为代表的模块化分离卫星系统包括六大特征：自动发现、自动配置、故障自动愈合的自组织网络技术；安全、可靠、抗干扰的无线通信技术；开放、可扩充性、自适应性、容错的分布式计算技术；高效、可靠、无干扰的无线能量传输技术；自主、碰撞规避、星群分散重聚的星群导航控制技术；分布式有效载荷技术。

模块化分离卫星的研究面临着许多新技术的挑战，欲使其能付诸工程实施，必须研究开发如下一系列关键技术。

① 卫星功能模块的分解与无线接口技术，包括功能模块的自适应技术。

② 模块间无线传输技术，包括模块间电能传输技术和模块间信息传输技术。

③ 整星编队飞行控制技术，包括功能模块的位置与姿态的保持与控制。

④ 数据网络和信息处理技术，包括功能模块间统一的标准化数据 IP、软硬件接口标准和在轨数据处理技术。

⑤ 模块化分离式卫星的地面环境模拟试验与演示验证技术。

其中，无线传输技术的成熟度最低，它包括近场的电磁感应传输技术和远场传输的微波、激光和聚光传输技术。

3. 先进性分析

模块分离卫星是科学技术发展和空间安全需求的产物，其先进性和实用性主要体现如下。

① 有利于以较小的代价实现大型、巨型卫星的建造和运营。

② 模块卫星有利于推进卫星的设计标准化、技术通用化和产品现代化。

③ 模块卫星有利于卫星快速生产、快速发射和快速运营，以满足军事应用的作战快速响应要求。

④ 模块卫星有利于使用中、小型运载器发射模块，分散发射风险，降低发射成本。

⑤ 模块卫星有利于提高卫星生存能力，当卫星受到人为攻击或自然因素破坏时，一般只有个别模块受损，不会导致"全军覆没"，整星可靠性高。

⑥ 模块卫星有利于卫星受损或失效后快速重构，只需要发射失效模块的替代模块，不涉及其他功能模块。

⑦ 模块卫星有利于卫星改变用途或功能升级，只需用不同的有效载荷模块或先进的功能模块取代原来的有效载荷模块或相应功能的模块即可。

4. 系统的方案

模块化分离卫星系统方案之一：系统中每个模块是一颗典型的卫星，带有包括热控、姿控、推进、电源、测控和数管等分系统，这个方案不强调卫星平台分系统的拆分，而仅仅对有效载荷及其相关功能和资源进行分解。

模块化分离卫星系统方案之二：将传统大卫星拆解成若干个不同功能的模块（如有效载荷模块、电源模块、控制模块、推进模块、测控模块和数管模块等），将诸功能模块送入各自的空间轨道，构成编队或星座，每个模块执行自己的功能，模块之间通过无线接口相互配合，共同完成整星的任务。

5. 模块化分离卫星与过去编队卫星概念的区别

模块化分离卫星的概念与过去的分布式卫星的概念有共同之处，也有本质上的差别。共同之处是它们都以在轨"编队飞行"方式工作，它们都是星群组成的虚拟大卫星，如图13.18所示。

图 13.18　模块化分离卫星系统的"编队飞行"方式

分离式卫星与分布式卫星的本质区别有两点：一是星群中的成员不是完整的卫星，而是卫星的一部分，也即功能模块，它们只有特定的单项功能（如供电、控制、推进、数管或测控等），卫星的任务由所有的功能模块联合完成。二是功能模块都是标准化、通用化的产品，且易于扩展或升级。

另外，分离式卫星系统的每个模块卫星是自由飞行的，所以模块卫星的配置可以不同，模块卫星之间不必保持严格编队构型，模块卫星之间的测量精度要求不必很高，只要满足无线信息和能量传输就可以，以便实现模块卫星的资源共享。

13.5 未来 NASA 的群卫星系统分析与展望

群智能是一种新兴的演化计算技术，它与人工生命，特别是进化策略以及遗传算法有着极为特殊的联系，已成为越来越多应用领域的关注焦点。美国 NASA 正利用群智能的最新成果，研制未来的自主纳型航天器系统（Autonomous Nanotechnology Satellite，ANTS）。

13.5.1 群智能技术

群智能是一种仿生自然界动物昆虫觅食筑巢行为的新兴演化计算技术，是通过模拟自然界生物群体行为来实现人工智能的一种方法。群居性生物通过协作表现出的宏观智能行为特征被称为群智能，如蜜蜂筑巢和蚂蚁捕食等行为（见图 13.19）。一只蜜蜂或蚂蚁的行为能力非常有限，几乎很难独立存在于自然世界中；而多个蜜蜂或蚂蚁形成的群则具有非常强的生存能力，且这种能力不是多个个体之间的能力通过简单叠加所获得的。社会性动物群体所拥有的这种特性能帮助个体很好地适应环境，个体所能获得的信息远比通过它自身感觉器官所取得的多，其根本原因在于个体之间存在着信息交互能力。信息的交互过程不仅仅在群体内传播了信息，而且群内个体还能处理信息，并根据所获得的信息（包括环境信息和附近其他个体的信息）改变自身的一些行为模式和规范，这样就使得群体涌现出一些单个个体所不具备的能力和特性，尤其是对环境的适应能力。这种对环境变化所具有的适应能力可以被认为是一种智能，也就是说动物个体通过聚集成群而涌现出了智能。

图 13.19 蜜蜂筑巢和蚂蚁捕食的群智能行为

13.5.2 群卫星系统

美国NASA受昆虫社会行为的启发,计划于2020年—2030年启动群卫星系统探索小行星带,该计划暂命名为ANTS。实际上,群卫星系统比传统大卫星具有更强的适应性和较大的应用范围,但群卫星系统的任务规划确是一项非常困难的工作,而群智能技术将会给这项工作带来光明。

1. ANTS系统的空间环境

ANTS系统由1000颗皮卫星组成,其任务是利用群智能技术,探索和勘测小行星带的小行星。ANTS系统运行在小行星带内,在小行星带里,空间环境十分恶劣,传统的大卫星是不能生存的。小行星带(Asteroid belt)介于火星和木星轨道之间,在这里估计有50万颗小行星,具体位置如图13.20所示。

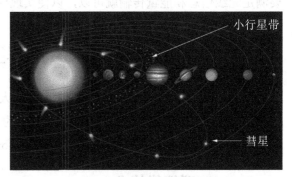

图13.20 小行星带的位置

2. 群卫星系统的组成

ANTS系统的主要任务就是利用价格低廉的皮卫星群完成小行星带的勘探。为了克服任务规划工作带来的挑战,NASA在系统设计时模仿昆虫的无智能或简单智能的主体通过任何形式的聚集协作而表现出智能行为的特性,ANTS系统按照不同等级进行管理,群卫星体系结构的等级划分包括队和群,群还包括子群等(见图13.21),不同卫星装载的仪器是不同的,所以需要协同工作和共享信息才能很好地完成任务。

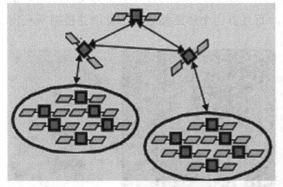 

图13.21 群卫星系统的等级划分

在这个群卫星系统里，有几种不同类型的卫星，一类称为 Worker，它们载有不同的载荷和仪器，如磁强计、X 射线仪、质谱仪和可见光和红外相机等，每个 Worker 只能获取一种特定的数据；另一类称为 Ruler，它们起统治作用，协调各个 Worker 工作，并确定勘测目标；还有一类称 Messenger，仅仅起通信作用，它们是地球、Worker 和 Ruler 之间的信使，如图 13.22 所示。每个 Worker 都会主动勘测所遇到的小行星，然后把信息发送给 Ruler，Ruler 评估这些数据，形成一个总勘测报告。

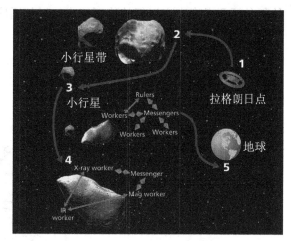

图 13.22　ANTS 任务的总体概念

3. 群卫星系统的工作过程

首先的 Ruler 制定一个任务模型，然后把这个任务模型通过 Messenger 发送给 Worker，Worker 用它们的仪器探测目标，直到探测到与 Ruler 发送的目标匹配。

然后 Worker 把探测到的目标数据通过 Messenger 发送给 Ruler；如果这些数据能够匹配目标小行星的轮廓，成像卫星群将被派出，确定小行星的准确位置，同时形成一个小行星的基本模型，以便其他的群围绕这个小行星机动旋转而勘测。

另外，ANTS 系统的皮卫星是依靠一艘飞船运载到小行星带附近的拉各朗日点，然后释放的。在 ANTS 系统中，80% 的皮卫星是 Worker，当 Worker 收集到数据时，它们首先把数据发给 Messenger，同时这些数据也可以判断 Worker 是否被毁坏，大约 70% 的 Worker 穿过小行星带时被毁坏。这就要求它们有足够的队伍重构能力，同时还要有很好的自恢复能力。

13.5.3　ANTS 系统的载荷配置及体系结构

ANTS 系统飞越小行星时，需要完成许多工作，如图 13.23 所示。它们首先要确定小行星的大小、旋转轴、小行星的卫星/月亮、轨道和盘旋点等。随着获取小行星数据量的增大，ANTS 还会派更多的子群，参与协作搜集更详细和更全面的小行星数据。

为了实现高度的自主性计划，基于社会结构的推理方法必须运用先进的人工智能技术，如神经网络、模糊逻辑和遗传算法等。为了辅助和维持高水平的自主性，更重要的任务还要考虑自主运行的修正能力，以便适应环境变化、远距离操控和低带宽通信等问题。

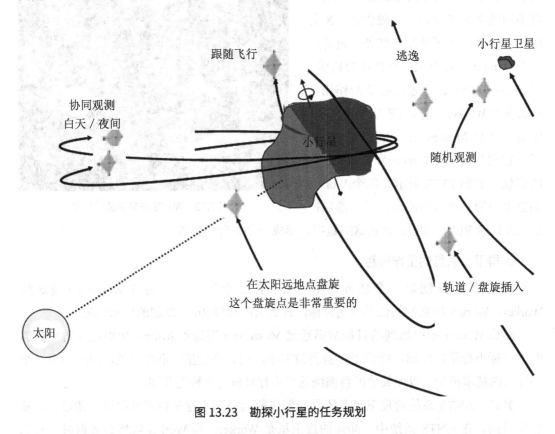

图 13.23　勘探小行星的任务规划

为了协同勘测目标小行星，各个群的功能和配置如下：

① 立体测绘群由载有成像光谱仪和增强无线电仪器等群卫星组成，主要任务是测量小行星的一些动态特性，如旋转、密度和质量分布等。

② 岩石群由载有 X 射线、γ 射线、红外成像仪和宽视场成像仪等群卫星组成，主要任务是测量元素、矿物质和岩石。

③ 摄影地质群由载有窄视场成像仪、宽视场成像仪和测高仪等群卫星组成，主要任务是测量小行星自然和地质分布，基于纹理、反射率、颜色和底层中的岩石组分。

④ 探勘群由载有高度计、磁强计、近红外仪和远红外仪、X 射线光谱仪等群卫星组成，主要测量小行星的资源分布。

上面这些群卫星，协同工作，信息共享，最后形成一个目标小行星模型。

13.5.4 小结

群卫星系统展示了一种大量皮卫星之间协同工作的新概念，这种新概念主要来源于对社会昆虫的观察。根据作者所知，群的概念早已引起国内外航天器设计和导弹应用领域的高度重视，如多弹拦截、智能灰尘和小卫星编队等，最近美国的模块化分离卫星系统（F6计划）也含有群智能技术的成分。迄今为止，在群智能理论探索方面，自组织聚集、自组织分散、连接运动、协同传输、模式构成和自组织建设仍然是热点问题。

13.6 基于纳卫星组成的天基镜群

地球是非常美丽的星球，它并非人类所有，但人类属于它。尽管2012年世界末日不是事实，霍金预言地球毁灭之日在200年内，虽然有些夸张，但他的预言并不类似于"2012"那种毫无根据的谎言，至少是对人类的警告。最近天文学家发现，在2029年将有一颗直径约300m的小行星与地球接近，预测2036年存在着与地球发生碰撞的可能性。

怎样在极端灾难时求生？如何防止小天体撞击地球？为了保护人类，世界上很多国家都积极探索研究预防措施，并逐步付诸实施。从目前发展看，预防小天体的方法有很多，但归纳起来基本分两大类：

① 通过推进控制技术和碰撞方法等，改变即将坠入地球的小天体的运行轨道；

② 通过爆破技术和撞击方法等，毁灭即将坠入地球的小天体。

随着科学技术与空间技术的结合，各种类型的新概念航天器不断出现，最近针对小天体的控制法，应用新概念航天器进行控制小天体轨道的方案又有了很大的进展，如利用航天器群，在太空形成反射太阳光线的一面大镜子，调节小天体吸收太阳的热量，进而改变小行星运行轨道。

13.6.1 基于航天器群建立的天基镜群

航天器群的概念起源于昆虫社会智能，是目前比较流行的研究热点问题。采用航天器群的方式执行太空任务，是未来航天领域的一个重要发展趋势。

英国拉斯哥大学 Massimiliano Vasile 教授在分析小天体变轨的几种流行技术方案的基础上，提出了一种基于航天器群建立"天基镜子"的方案。该方案的部署是通过火箭将航天器群从地球发射升空，进入预定轨道，之后航天器群再自主地逐渐徘徊于目标小天体附近，依靠协同控制技术，进行优化部署后，将太阳光能聚集到小行星表面的某一点上（见图13.24）。

从图 13.24 可以看出，天基镜群的工作原理是发射一个航天器群，群中航天器都是纳型重量级的，每颗纳型航天器携带一个小镜子，一颗纳型航天器，就一个镜子模块，然后通过统一的星务系统进行管理，建立一个天基镜群系统，这样就可以把反射太阳光聚焦于小天体表面的某一指定点，将小天体的表面加热到至少 2100℃，使得小天体汽化。汽化后小天体内部会喷射出气体，由牛顿定律可知，小天体将会产生一个与喷射方向相反的推力，进而改变小天体的轨道。

图 13.24 利用航天器群聚集太阳光线使得小天体汽化变轨

基于全球卫星定位系统对航天器群进行导航，结合目前的自主控制技术，采用数十颗小卫星组成群体，使直径为数百米的小天体变轨是完全可行的。若利用 10 颗纳型航天器族群，每颗航天器均承载一个 20m 宽的充气镜子，大约可以在六个月内使一个直径约为 150m 的小天体发生变轨；若增加到 100 颗纳型航天器，只需几天的时间就可以完成上述任务；假如要使直径为 20km 的小天体变轨，则需要集合 5000 颗纳型航天器，汇聚太阳光至该小行星表面长达

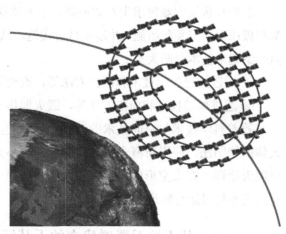

图 13.25 协同控制下的航天器群

3 年的时间就可以使其发生变轨。尽管目前控制 5000 颗航天器的技术有很多困难，但随着群智能理论及其应用技术的深入发展，对于数千颗航天器的协调控制，未来将不再是问题，如图 13.25 所示。所以航天器群的概念未来一定具有巨大的应用前景。

首次提出这种方法的不是 Massimiliano Vasile 教授，早在 1993 年，美国亚利桑那州立大学的 Jay Melosh 曾建议用一个非常大的镜子安放在一颗大卫星上，以此来达到上述目的。

13.6.2 天基镜群的性能分析

对于控制小天体变轨技术方案的评价准则一般有三个方面：
① 这种方法给小天体轨道带来的变化量；
② 所需的预留时间；
③ 执行任务所需航天器数量。

1. 天基镜群与天基拖拉机的比较

美国 NASA 曾提出在地球近地空间轨道部署一颗大型航天器，并利用其引力的作用，改变周围物体的运行轨道，如图 13.26 所示，就是所谓"引力拖拉机"方案。类似于航天器的编队飞行，天基拖拉机就是建立一个与小天体并肩运行的航天器，利用它们之间的引力，拖拽小天体，使其偏离原本致命于地球的轨道。

图 13.26 利用天基拖拉机拖拉小天体的概念

假如天基镜群与引力拖拉机在太空里控制相同质量的小天体变轨时，则引力拖拉机方案所需的时间较长。天基镜群方案的所能达到的效果与核爆炸方案的效果基本一致，但是很多文献指出，单纯把消耗的时间作为评价标准并不科学，还应该考虑其他因素，如核爆炸方案会形成空间碎片，污染太空环境。

2. 天基镜群的可控性和安全性

目前，国际上已经总结出九个控制小天体变轨的方案，如何确认哪种控制小天体变轨的方案是最佳的呢？这是近年来相关学者普遍关心和讨论的热点问题。一些学者的观点是，首先需要对小天体进行充分认识，然后在可操作性和安全性的基础上，再来考虑采用哪一种合适的方案进行应对。国际上很多国家反对首先利用航天器撞击小天体的方案，因为这种方式所带来的影响比天基镜群难以预测。由于天基镜群方案操作简便易于实现，因此撞击方案最好作为备选方案。

天基镜群方案具有较小的发射成本和较多的柔性结构等优点，并且可以根据需求随时调节，也有些学者认为最好的方式是先使用一个足够使小行星改变轨道的航天器撞击后，但撞击不至于小行星被击毁的程度，再用引力拖拉机对小天体的轨道进行微调节，这也是一种可控、安全和技术可行的手段。

13.6.3 应用价值分析

利用航天器群建立天基镜群驱动小天体变轨方案与其他控制小天体变轨方案效果比较，如核爆炸方法或引力拖拉机方法，天基镜群方法不仅可以避免利用核爆炸产生碎片，而且技术上比引力拖拉机方法更简单可行。针对撞击地球最多的是直径为50~100m的小天体，不需要很大的能源去控制它们变轨，而且近地空间物体的研究者可以在它们撞击地球数年之前发现它们，所以，利用航天器群建立的天基镜群方案，具有特别实用价值。

13.7　未来太空任务设想

经过多年的努力，欧空局的菲莱号彗星着陆器成功地登陆彗星（彗星飞行速度135 000km/h），由此翻开了人类在太空探索的新篇章。与此同时，科学家们也在思考另一些问题，如能否飘浮在金星的云层里、到木卫二上去航行、星际旅行以及未来太空移民方案（见图1.27），等等。

图 13.27　未来太空移民方案

13.7.1　生活在土卫六的海洋里

土卫六的云层是由甲烷构成的，但其天气情况与地球非常相像，也会下雨形成湖泊和海洋（见图13.28）。目前NASA和欧洲行星科学大会（EPSC）提出要在土卫六的海洋里投放船只。但他们面临着很多困难，一个困难是土卫六云层太厚，无法利用太阳能，只能使用核燃料推动航船；另一个是土卫六的海洋与地球的海洋不一样，那里的海水黏性很强，需要一种新型的创新推进系统，或许以螺旋转头形式划动"海水"会更有效。

图 13.28　科学家认为土卫六的海洋含有浮冰碳氢化合物（能否存在生命仍然是个谜）

13.7.2 行走在木卫二的冰层下

木星的自然卫星较多，因为其距离太阳较远，所以获得的太阳热量较少，有一些木星的卫星是冰球，如木卫二。但木卫二内部活动会产生大量的热，所以在冰层下面或许有流动着的暖流。NASA 目前设计了一种装备，称为瓦尔基里（Valkyrie），可以通过核燃料将水加热然后再把热水浇注在冰层上面。当冰层破口之后，接着用流出来的水再把水加热开拓前行的道路。瓦尔基里的样机已在阿拉斯进行试验和测试，

图 13.29　木卫二是一个冰冷的世界，并且略小于地球。它在太阳系中是独一无二的，科学家认为它是被海洋覆盖的岩石球。如果能证明木卫二存在海洋，则木卫二可能是一个寻找地外生命的最有前途的地方

结果发现它能在一年里穿过 8km 的冰层。木卫二冰层下面的水中可能有生命存在（见图 13.29），如果项目进展顺利的话，瓦尔基里可能会成为挖掘出外星球的第一个生命的装备。

13.7.3 星际穿越

无论是在木卫、其他遥远的行星上行走，或是在半人马座阿尔法星上旅行，今天的每一个人都有可能见证星际旅行这一人类航天事业的巨大进步。NASA 和美国国防部高级研究计划局 (DARPA) 共同策划了一个伟大事业：在百年内设计出能让人类在其他星球上旅行的百年宇宙飞船，如图 13.30 所示。他们把现在所有可行的机械装置都纳入了考虑范围，包括处于假想中的反物质推进器，以及如何应对星际旅行可能对人体产生的负面影响。在今天看来，百年宇宙飞船计划似乎可行，似乎克里斯托弗·诺兰（Christopher Nolan）的电影《星际穿越》并不是完全没可能实现（见图 13.31 左）。但是放在 150 年前，那个连飞机都没有的年代，凡尔纳首次提出登陆月球的想法却被认为天方夜谭（见图 13.31 右）。

图 13.30　一种百年宇宙飞船

图 13.31　克里斯托弗·诺兰导演的电影《星际穿越》（左）；凡尔纳的《从地球到月球》小说（右）

13.8　气体行星飘浮探测器

13.8.1　各种行星探测器

目前人类已经研制出很多行星探测器，其中不乏聪明的想法，如利用海浪推动的探测器、利用风滚草随风滚动的探测器。这些探测器或是穿越南极洲，或是探测火星。

13.8.2 飘浮机器人

最近 NASA 的推进系统实验室正在研制一种探测器——机器人,这种机器人能够飘浮在地球云层中,或者飘浮在像木星一样的巨型气体行星中。它是不依赖气动力飘浮的探测器,它可以飘浮在空中并获取能量。

13.8.3 不同于以往的木星探测器

不同于探索月球和火星,它们是固体星球,嫦娥三号和漫游者探测器可以着陆其表面。而木星和土星是气态的巨行星,没有让探测器着陆的固体表面。

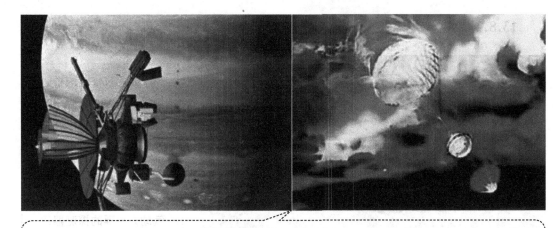

1995年伽利略号飞船飞到木星轨道后，释放了一颗探测器，并以伞降方式进入到了木星的大气层里。由于高温、高压，仅仅工作了一个小时就被压碎熔化了。

不同于坠入大气层的探测器，为了自主地改变方向或产生升力，飘浮式探测器机身四周可以安装旋转装置。

13.8.4 从大自然中获得灵感

飘浮探测器项目的主要研究人员Adrian Stoica，从自然界植物播种方式得到灵感。蒲公英种子在风的作用下，它一边旋转一边下落，可以在空中停留很长时间。他们将试图把这种效应应用于飘浮式探测器的设计中。

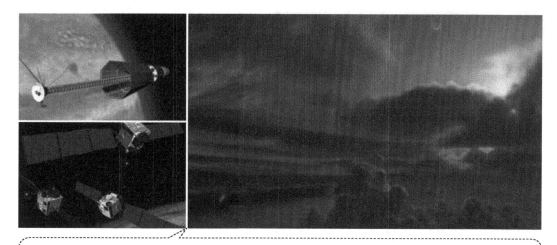

Stoica 和他的同事们认为飘浮式探测器的能源,不会是太阳能,因为探测器可能需要在行星的阴影区长期工作。核能对于飘浮的探测器来说也可能不适用,因为它们太重了。

13.8.5 开展地面模拟试验

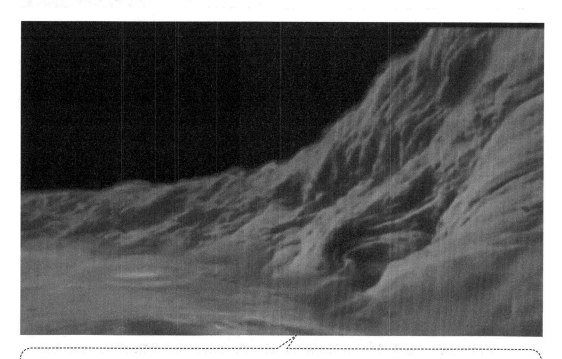

行星环境温度变化,甚至行星磁场都是飘浮式探测器可以利用的潜在能源。

为了避免进入湍流,探测器一定要能感知它周围的气流环境。因此,项目研究组决定制作一个简单的飘浮式探测器模型,这个飘浮式探测器模型将被暴露在湍流场中,以确定如何设计探测器,以便更好地实现自主控制。

13.8.6 未来的关键技术

未来,研究人员将把研究重点转向其他方面,比如能够使飘浮机器人感知周围环境的电子传感器。至于能否把这些功能集成到一个可以运转的原型样机上,目前NASA之外的航天人正在拭目以待。

13.9 一种可以装进衣兜的微小航天器

13.9.1 未来航天器及其应用

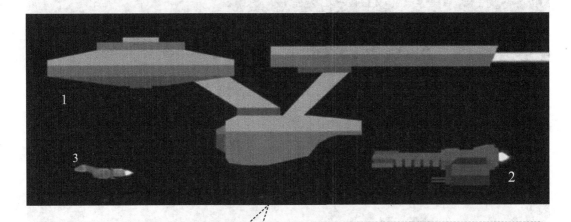

当在纸上画一个航天器时,你可能画出不同样式,也许你画成通常的样式,也许你画得很大,因为航天器要携带很多燃料、人和各种各样的仪器。

第 13 章 新概念航天器 | 335

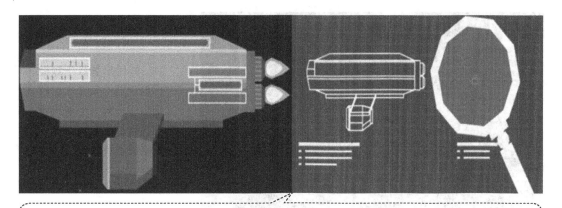

未来航天器将朝着越来越小的趋势发展,甚至可以放进上衣口袋里,其组装过程需要借助显微镜。

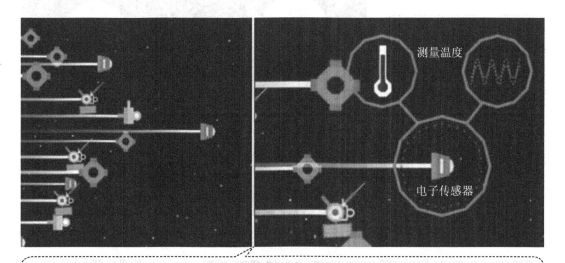

想象部署微小航天器在太空,形成一个群体,派它们去探索遥远的系外星球。它们携带着不同的电子传感器,可以测量宇宙射线温度等信息。

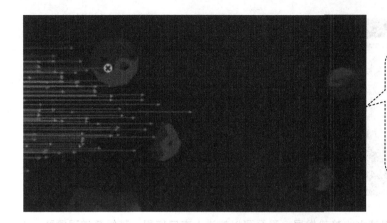

即使部署数千颗微小航天器，其成本也就相当于一颗大型航天器的花费，由此可以减少太空探索的风险。

数千颗微小航天器被部署在地球轨道上，就好像地球环境下的细菌一样，对外太空拍照，收集外太空的信息。例如，利用地球磁场信息，帮助人类预测地震。

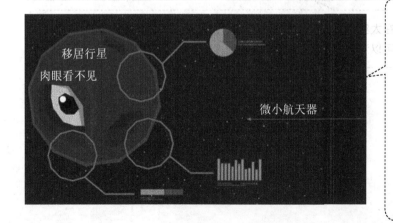

如果将数千颗微小航天器部署在地球轨道之外，人类就可以获得一些肉眼看不见的天文知识。

NASA已经计划发射微小航天器去探测其他行星的宜居性，收集地球上收集不到的天文信息。

13.9.2 未来深空探索任务的瓶颈之一

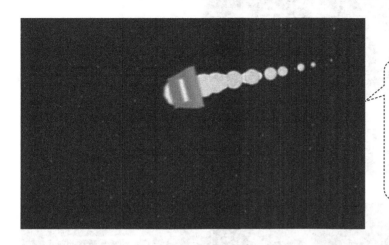

微小航天器不可能像大型航天器一样,携带着大发动机和数吨燃料。那么怎么办呢?这是目前航天工程师面临的瓶颈问题。

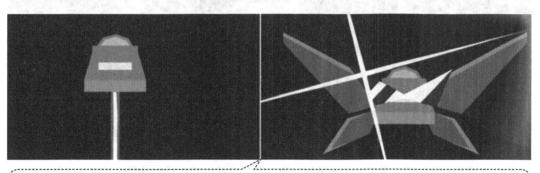

对于微小航天器,需要微型推进器。

13.9.3 基于仿生的微型推进器

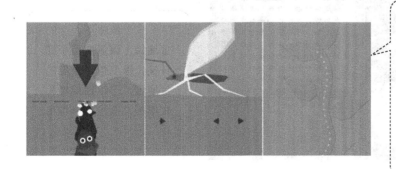

进入微观世界,人类熟悉的物理定律也不适用了,如牛顿定律会出问题。通常的力会变得非常强大,这包括表面张力和毛细管作用。这种现象可以应用于微小航天器。

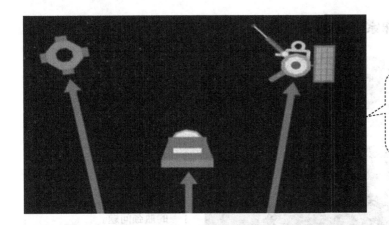

为了产生强大的推力，需要一种微型推进器。

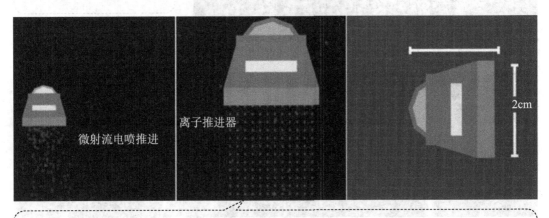

射流电喷推进器，属于离子推进器，通过射出电荷而产生巨大动量。其中一种类型的离子推进器已经被 NASA 的喷气实验室开发出来了，其规模尺寸仅为 2cm。

13.9.4　微射流电喷推进器的工作原理

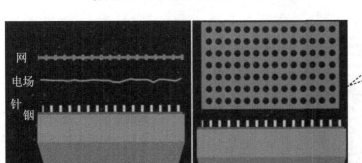

一个像邮票大小的金属牌，镶嵌数百个细针头，涂上熔点较低的金属铟，可以在网格和金属板之间形成一种电场。

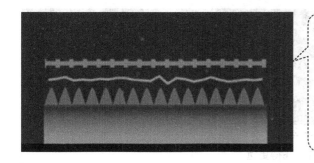

当金属板加热时,金属铟就会被熔化。毛细管就会拉金属液体爬到针的顶部,而表面张力往下拉,于是液体铟就会形成锥形,这也是小半径针的制作技巧,这也使电场克服表面张力成为可能。

按照牛顿第三定律,离子束将驱使航天器朝相反方向运行,尽管离子颗粒非常小,但它们组合起来,就可以驱动航天器产生足够大的加速度。

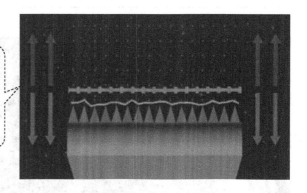

13.9.5 微推进器的应用

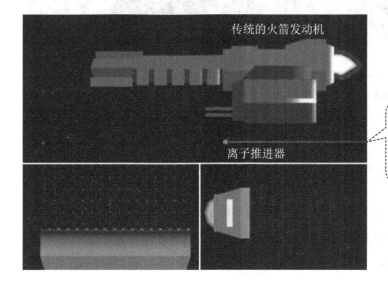

不同于传统火箭发动机,这些离子流很小,但效率非常高。

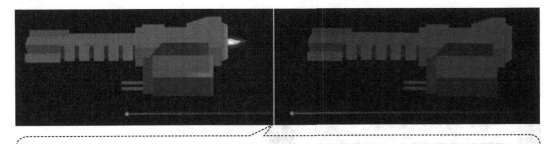

离子微推进器比传统发动机更省燃料,飞得更远。

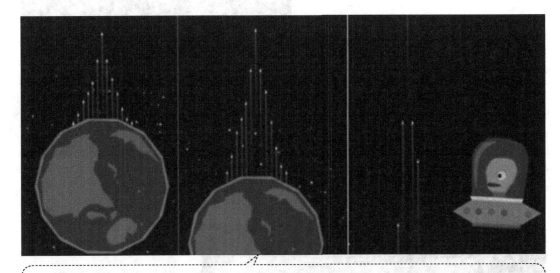

这使得它们更适合深空探测任务。但目前这种离子微推进器还没有通过试验验证,只是科学家认为它能产生足够大的推力。

13.10 星际旅行与艺术

不远的将来,人们假日旅行将不再是选择去哪个国家和地区,而是选择到木星和火星上小憩。在一代又一代的创新者和探险家的不懈努力下,这些憧憬将成为现实。

本节的材料来自于 NASA 组织的太空绘画活动作品,读者可以通过欣赏这些作品,获得知识和展望未来。

游览机器人探索火星的历史(左);在土卫二上观看羽流喷发(右)

沿着旅行者 2 号探测器的足迹访问气体行星(左);到小行星带里去观看谷神星(右)

 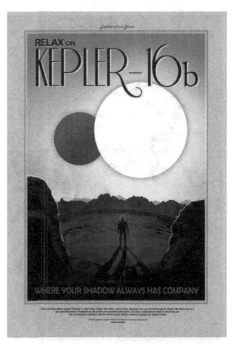

游览自由浮动的行星 PSO J318.5-22（左）；在 Kepler-16b 星球上，可以看见两个太阳和自己双重日影（右）

去木卫二的冰下深海观光（左）；木星极光（右）

厚厚的阴霾包围着土卫六（左）；类似行星开普勒-186f 是一片红光的世界（右）

没有比地球更好的地方了（左）；金星表面是地狱般的，但金星云层上旅游还是值得体验的（右）

思考题

1. 机器航天员具有哪些先进性？
2. R2 共有多少个自由度？分别是哪里？
3. 简述机器航天员研究初期所经历的性能测试和演示实验。
4. 小卫星分为哪几类？它们是以什么标准划分的？
5. 小卫星与传统大卫星相比有哪些优缺点？它们之间有什么联系？
6. 什么是星群？它具有哪些优点和缺点？
7. 在捕获小行星时，选取近月轨道的原因有哪些？
8. 简述捕获小行星的任务过程。
9. 什么是模块化分离卫星？其目的是什么？简述模块化分离卫星的发展历程。
10. 模块化分离卫星具有哪些特征？其先进性和实用性体现在哪些方面？
11. 模块化分离卫星与编队卫星的区别和联系是什么？
12. 什么是群智能技术？
13. 群卫星系统由什么组成？简述其工作过程。
14. 将 13.10 节的图片给予更好的解释，如采用诗歌、散文和议论文的形式，并将自己的作品放在 MOOC 讨论区上，供大家欣赏。